气田井下作业井控技术

长庆油田分公司培训中心　编

石 油 工 业 出 版 社

内 容 提 要

本书主要内容包括气井井控设计、溢流的原因及预防、关井程序、常规压井技术、非常规井控技术、井下作业井控技术、井喷失控处理技术、井控设备、井控实例等内容。本书可作为气田井下作业井控人员的培训教材，也可作为气田、高气油比油田现场管理人员、技术人员、操作人员的参考用书。

图书在版编目（CIP）数据

气田井下作业井控技术/长庆油田分公司培训中心
编 . —北京：石油工业出版社，2017.9
ISBN 978-7-5183-2113-1

Ⅰ . ①气… Ⅱ . ①长… Ⅲ . ①气井-井下作业-井控-技术培训-教材 Ⅳ . ①TE37

中国版本图书馆 CIP 数据核字（2017）第 225203 号

出版发行：石油工业出版社
　　　　　（北京安定门外安华里 2 区 1 号　100011）
　　　　　网　　址：www. petropub. com
　　　　　编辑部：（010）64269289
　　　　　图书营销中心：（010）64523633
经　　销：全国新华书店
印　　刷：北京中石油彩色印刷有限责任公司
2017 年 9 月第 1 版　2024 年 3 月第 2 次印刷
787×1092 毫米　开本：1/16　印张：24
字数：538 千字
定价：60.00 元

《气田井下作业井控技术》
编 审 人 员

主　　编：郭　虹

主　　审：张会森

编写人员：郭　虹　　林　勇　　胡子见　　王效明

　　　　　黎晓苴　　金　婷　　张发展　　刘双全

　　　　　牛彩云　　张耀刚　　欧阳勇　　张旭升

　　　　　沈云波　　李宝琴　　杜春文　　纪　龙

　　　　　胡相君　　景忠峰　　王　捷　　汪雄雄

　　　　　田　军　　卢　冰

审定人员：陆红军　　尚万宁　　张旺宁　　常福寿

　　　　　巩致远　　田建峰　　杨保林

前言

本书是近年来在气田井下作业井控培训教学的过程中，根据管理、技术、操作等各层次培训学员的需求和建议，在现场调研的基础上，总结多年气田井下作业井控培训经验，查阅国内外井控最新文献资料，结合目前在用的井控行业标准和技术规范等编写而成。本书是专门用于气田井下作业井控技术的培训教材，也可以用于气田、高气油比油田从事修井、试油气、采气的现场管理、技术、操作等人员自学井控技术。

结合目前在用的井控行业标准和技术规范，本书部分内容是对中国石油天然气集团公司 2008 版《石油天然气井下作业井控》进行了补充和完善。

本书新增编写了：井下作业井控设计的内容及要求；气井带压作业井控技术与设备；低压易漏失井溢流检测及相对时间法计算油气上窜速度；液压防喷器无钻台、有钻台时各工况发生溢流的关井程序，剪切闸板的关井程序；水平井气侵的特殊性及水平井常规压井技术；非常规井控技术；气田生产井（包括含硫井）、储气库注采井、报废井、长停井井控管理；井下作业用防喷器组合形式、无钻台作业和有钻台作业井口防喷器与管汇组合形式、连续油管防喷器、全封闭电缆防喷器、井下安全阀、井口快速试压装置、RTU、井控应急控制装置等；同时以现场图片案例的形式，对井下作业现场井控安全管理和井控设备安装、使用中具有代表性的隐患问题进行了剖析，并给出了消除隐患的对策。

本书共 18 章。第 1 章由欧阳勇、林勇、郭虹、沈云波编写，第 2 章由胡子见、杜春文编写，第 3 章由黎晓茸、李宝琴、郭虹编写，第 4 章由郭虹、林勇、杜春文编写，第 5 章由郭虹、林勇编写，第 6 章由张耀刚、郭虹、胡子见编写，第 7 章由牛彩云、郭虹、林勇编写，第 8 章由王效明、郭虹、刘双全、胡相君、沈云波编写，第 9 章由林勇、刘双全、郭虹、胡子见、沈云波、金婷、卢冰编写，第 10 章由张发展、郭虹编写，第 11 章由张发展、张旭升编写，第 12 章由张旭升、金婷编写，第 13 章、第 14 章由张旭升、郭虹编写，第 15 章由纪龙、张旭升、汪雄雄编写，第 16 章由张发展、王效明、郭虹、胡相君、胡子见、沈云波编写，第 17 章由刘双全、景忠峰、王捷、汪雄雄、田军编写，第 18 章由郭虹、张耀刚编写。参加本书审稿的人员有陆红军、尚万宁、张旺宁、常福寿、巩致远、田建峰、杨保林。在本书的编写中，长庆油田工程技术管理部、长庆油田气田开发处、长庆油田油气工艺研究院、长庆油田储气库管理处、长庆油田第一采气厂等单位的领导和专家给予了大力支持，全书凝聚的是集体的智慧。中国石化张桂林教授、新疆油田孙孝真等专家对本书的编写给予了悉心指导，在此表示衷心的感谢！

由于编者水平有限，书中不妥之处在所难免，敬请读者批评指正！

目录

第1章 概　　述

井控技术是油气井井下作业技术的重要组成部分，是实施油气井安全作业的关键技术。在井下作业过程中，影响井下作业安全的不确定因素很多，情况十分复杂，无论油（气、水）井的压力高低，都有发生井喷甚至井喷失控的可能。一旦发生井喷，会造成人员伤亡、设备损坏、油气资源浪费、环境污染和井筒报废等重大事故，严重影响正常生产运行，经济损失巨大，造成社会负面影响。

为了保证油（气、水）井井下作业的正常进行，实现油气层保护和井下作业安全，恢复油（气、水）井的正常生产，必须做好井控工作。

1.1　井控基本知识

1.1.1　井控的概念

井控技术就是实施油气井压力控制的技术。

井控技术一般根据油气田勘探开发过程特点的不同，可分为钻井井控、井下作业井控、采油采气井控，三者之间既有联系，又有区别。钻井井控主要是钻井过程中的压力控制。井下作业井控就是油气井试油、测试、压裂酸化、修井等作业过程中的压力控制。采油采气井控主要是采油采气井、注入井、常停井、废弃井的压力控制。

目前的井控技术已从单纯的防喷技术延伸到油气层保护、环境污染防治等多项技术领域，成为保证井下作业安全施工的关键技术，是实现快速低成本井下作业和实施近平衡压力井下作业的重要保证。做好井控工作，既有利于保护油气层，又可以有效地防止井喷、井喷失控或着火事故的发生。

1.1.2　井控分级

1.1.2.1　井下作业井控分级

根据井涌规模和采取的控制方法不同，井下作业井控分为三级，即一级井控、二级井控和三级井控。

1）一级井控

一级井控，就是采用适当的井液（本书指的井液为井下作业过程中所使用的循环介质）密度，建立足够的液柱压力去平衡地层压力的工艺技术。此时没有地层流体侵入井内，井侵量为零，自然也无溢流产生。

2）二级井控

二级井控是指仅靠井内液柱压力不能控制地层压力，井内压力失去平衡，地层流体侵入井内，出现井侵，井口出现溢流。这时候要依靠关闭地面设备，通过建立的回压和井内液柱压力共同平衡地层压力，通过井控设备排除气侵的井液，处理掉溢流，恢复井内压力平衡，使之重新达到一级井控状态。

二级井控的核心：

早发现：及时发现溢流及其征兆。

早关井：发现溢流立即关井，疑似溢流关井检查。

早处理：井关了之后，要尽快排除溢流，需要压井的要尽快压井处理。

二级井控是井控培训的重点内容，是井控技术的核心，也是防喷的重点。

3）三级井控

三级井控是井喷发生后，利用现场设施和井控措施不能控制井口而造成井喷甚至失控，通过采用特殊井控措施重新恢复对油气井控制的井控技术，即井喷抢险，可能需要灭火、抢险，如打救援井、水力喷砂切割旧井口、带火换装新井口等。

1.1.2.2　采气井控分级

采气井控，是指保持气井日常生产与维护和对长停井、废弃井的安全控制。这部分内容在第九章详细介绍。

1）一级井控

一级井控指为保持气井正常生产状态所进行的预防井喷发生的井控技术。气井生产参数正常、井下管柱与井口无泄漏现象，则气井处于一级井控状态。

2）二级井控

二级井控指气井生产参数发生异常或井筒、井口设备出现异常，造成溢流、井涌，通过采取井控措施对井下与井口装置进行控制和处理，使其恢复正常状态的井控技术。

3）三级井控

三级井控指井喷发生后，利用现场设施和井控措施不能控制井口而造成井喷甚至失控，通过采用抢喷装置、特殊井控措施重新恢复对气井控制的井控技术。

1.1.3　井控相关概念

1.1.3.1　井侵

地层流体（油、气、水）侵入井内的现象，通常称为井侵。常见的井侵有油侵、气侵、水侵。

1.1.3.2　溢流

当井侵发生后，井口返出的液量比泵入的液量多，停泵后井口修井液自动外溢，这种现象就称为溢流。

1.1.3.3　井涌

溢流进一步发展，井液涌出井口的现象称为井涌。井涌时井内涌出的流体不能高于作业面之上 2m。

1.1.3.4　井喷

井喷分为地面井喷和地下井喷。

（1）地面井喷：地层孔隙压力高于井底压力时，地层流体（油、气、水）无控制地进入井筒，并喷出作业面 2m 以上的现象称为井喷，即地面井喷。

（2）地下井喷：地层流体从井喷地层无控制地流入其他低压地层的现象称为地下井喷。如果没有特殊说明，本书所讲的井喷，都是指地面井喷。

1.1.3.5　井喷失控

井喷发生后，无法用常规方法控制井口而出现敞喷的现象称为井喷失控。井喷失控的恶性事故，一般会带来严重的后果，造成巨大的损失。

综上所述，井侵、溢流、井涌、井喷、井喷失控反映了地层压力与井底压力失去平衡以后，井下和井口所出现的各种现象及事故发展变化的不同严重程度。

1.1.3.6　三高井

三高井是指高压油气井、高含硫油气井、高危地区油气井。

高压油气井：以地质设计提供的地层压力为依据，当地层流体充满井筒时，预测井口关井压力可能达到或超过 35MPa 的井。

高含硫油气井：地层天然气中硫化氢含量高于 $150mg/m^3$（100ppm）的井。

高危地区油气井：在井口周围 500m 范围内有村庄、学校、医院、工厂、集市等人员集聚场所，油库、炸药库等易燃易爆物品存放点，地面水资源及工业、农业、国防设施（包括开采地下资源的作业坑道），位于江河、湖泊、滩海、海上的含有硫化氢［地层天然气中硫化氢含量高于 15mg/m³（10ppm）］、一氧化碳等有毒有害气体的井。

1.1.3.7　两浅井

两浅井是指浅气层井和浅井（1000m 内）。

1.1.3.8　声波时差

声波时差是指一定频率的声波在地层中穿行单位距离所需要的时间 Δt（时差），单位为 μs/m，主要反映岩石的岩性、压实程度和孔隙度情况。

1.1.3.9　高风险井❶

高风险井应包括高压井、高产气井、含硫等有毒有害气体的高危害井、高敏感区域井、复杂结构井、特殊工艺井等井。

1.1.4　常见井控错误做法

井控作业中的错误做法会带来不良后果，轻者会延误恢复井筒—地层压力系统平衡的时间，重者会造成井下事故并带来更加复杂的井控问题。

1.1.4.1　发现溢流后不及时关井仍循环观察

这只能使溢流更严重，地层流体侵入井筒更多。尤其是天然气侵入井筒发生的溢流，因向上运移中膨胀而排出更多的井内液体。此时的关井油管压力就有可能包含圈闭压力，据此求算的压井液密度就高，压井时油管压力、套管压力、井底压力也越高，发现溢流后继续循环还可能诱发井喷。因此，发现溢流后无论严重与否，必须毫不犹豫地关井。

1.1.4.2　起下管柱溢流时仍侥幸继续作业

这种情况大多发生在起下管柱后期发生溢流时，操作人员企图抢时间起下完。但往往适得其反，关井时间的延误会造成严重的溢流，增加井控的难度，甚至恶化为井喷失控。在装备完善的井口防喷器组（装有环形、全封、半封防喷器）时，其正确方法是关井再下到底，或关井后压井，再下到底。

1.1.4.3　关井后长时间不进行压井作业

对于天然气溢流，长时间关井天然气会滑脱上升积聚在井口，使井口压力和井底压力增高，以致超过井口装置的额定工作压力、套管抗内压强度或地层破裂压力。若长期关井又不活动管柱，还会造成卡钻事故。

---

❶　参见 SY/T 6690—2016《井下作业井控技术规程》。

1.1.4.4　压井液密度过大或过小

地层压力求算不准确会造成压井液密度过大或过小。压井液密度过大会造成过高的井底压力，过小会使地层流体持续侵入而延长压井时间。

1.1.4.5　排除天然气溢流时保持循环罐液面不变

地层流体是否进一步侵入井筒，取决于井底压力的大小。排除天然气溢流时要保持循环罐液面不变，唯一的办法是降低泵速和控制高的套压，关小节流阀不允许天然气在循环上升中膨胀。其恶果是套压不断升高，地层被压漏，甚至套管损坏、卡钻，以致发生地下井喷或破坏井口装置。

排除溢流保持循环罐液面不变的方法仅适用于不含天然气的盐水溢流和油溢流。

1.1.4.6　敞开井口使压井液的泵入速度大于溢流速度

当井内井液喷空后压井，又因其他原因无法关严（如只下了表层套管，井口装置有刺漏等），若不控制一定的井口回压，企图在敞开井口的条件下，尽可能快地泵入压井液建立起液柱压力，把井压住往往是不可能的。尤其是天然气溢流，即使以中等速度侵入井筒，从井筒中举出的井液也比泵入的多。可行的办法是在控制最大井口回压下，提高压井液密度（甚至超重压井液），加大泵入排量并发挥该排量下的最大泵功率。

1.1.4.7　关井后闸板刺漏仍不采取措施

闸板刺漏是因闸板胶芯损坏不能封严管柱，若不及时处理则刺漏会更加严重，很快就会刺坏管柱，致使管柱断落。正确的做法是带压更换闸板。

1.2　井喷失控的危害及原因

1.2.1　井喷失控的危害

近年来，我国井控技术和装备在实践中不断发展完善，井控技术水平不断提高，井控装备承压能力不断增强，井控管理水平不断提升，井控操作逐渐规范，员工的井控意识也有很大程度提高。但随着油气田开发的深入，受新区块、超前注水、多层系开发、大规模体积压裂等开发工艺影响，地下地质条件的变化又带来了新的井控险情。井喷失控的风险仍然威胁着人们的生命、财产安全，造成环境污染和油气资源的损失，其危害可概括为以下几个方面：

（1）井喷失控易引起着火、爆炸或喷出有毒气体，严重危及人员生命安全。

（2）井喷失控后，地层流体喷出地面或从地下高压层进入其他低压层，严重损害油气层、破坏地下油气资源，引起火灾和地层塌陷，生产设施遭到严重破坏甚至油气井报废，带来巨大的经济损失。

（3）井喷失控喷出的原油、天然气、硫化氢、压井液等会造成重大环境污染。

（4）井喷失控影响面广，社会公众关注度极高，由于井喷事故的巨大危害性，易引发社会舆论批评，对企业声誉造成不良影响。

1.2.2　井喷失控的原因

井下作业人员针对以往的事故案例，纵观各油气田井喷失控的实例，分析井喷失控的原因，大致可归结为以下几个方面。

1.2.2.1　井喷失控的客观原因

（1）多数油气井中有高压层和漏失层。作业施工时，井筒内压井液受油气层高压液体的影响，其密度逐步降低，以及漏失层的严重漏失，致使液柱压力与地层压力失去平衡，又无及时的补救措施，而引起井喷。

（2）因井口设备装置、井身结构、油层套管、技术套管等内在质量问题，完井固井质量问题，以及受地面、地下流体的侵蚀和长期生产维护不及时等诸多因素的影响，造成设备损坏、套管破裂，也能引起井喷。

（3）井下工具、封隔器胶皮失灵，起管柱时造成抽汲油层，同样会引起井喷。

1.2.2.2　气井井喷失控的主观原因

（1）井控意识淡薄是导致事故发生的根本原因，如思想麻痹、违章操作、侥幸心理、井控制度不落实等。

① 井口不安装井控装置。

② 井控设备未按规定检测。

③ 安装不标准，或未按规定程序试压。

④ 井控装置不配套，设备故障等。

⑤ 井下作业队伍井控技能满足不了井控安全要求，日常应急演练不扎实，发生溢流或井喷预兆后不能及时关井。

⑥ 空井时间过长，无人观察井口。

⑦ 未按设计要求施工，或者工况发生改变未及时变更设计。

⑧ 不能及时发现溢流或发现溢流后处理措施不当，如未按要求进行压井，或在排除溢流压井过程中造成井喷失控。

⑨ 规章制度不健全或执行不力。

（2）起下钻作业不规范。

① 压井未平稳或不观察、观察时间不够就起钻。

② 起管柱时井内未灌压井液、灌入量不够、灌入不及时。

③ 起管柱产生过大的抽汲力，尤其是带大直径的工具（如封隔器等）时必须控制上提速度。

④ 打捞作业起钻时，未将工具下部聚集气体排出。

（3）设计的影响。

① 地质设计方案未能提供准确的地层压力资料，造成思想准备不足，防范措施不落实。如使用的井液密度低于地层压力当量密度，致使井筒液柱压力不能平衡地层压力，导致地层流体侵入井内。

② 施工设计方案中片面强调保护油气层而使用的井液密度偏小，导致井筒液柱压力不能平衡地层压力。

③ 由于地质、工程设计的失误，有关油层描述参数不准确，井控设计数据不准确，使井下作业施工带有一定的盲目性。

④ 设计的审批程序不规范，设计条件发生变化时，不履行设计变更或不及时变更。

（4）射孔作业不规范。

① 测试地层压力不准。

② 射孔负压差过大。

③ 电缆输送射孔时防喷井口不合格。

④ 井口控制措施不当。

⑤ 没有安装射孔防喷装置或安装不合格。

（5）地面防喷、放喷、测试流程和设备问题。

① 安装不合格，没有试压或未按试压要求试压。

② 材质不满足流体介质要求。

③ 压力控制及紧急泄压系统不合格。

（6）压井液密度偏低或循环漏失。

（7）防喷器组合设计不合适。

（8）内防喷工具缺失或不合格。

（9）钻穿水泥塞、桥塞等，底部有高压气体。

（10）连续油管作业防喷井口安装不合格、未试压；管柱未接内防喷工具。

（11）桥塞、水泥塞、封隔器封闭井段窜气或套管固井不合格，替液时发生溢流。

（12）固井质量差，地层流体在不同压力的层间相互窜通；套管腐蚀穿孔，浅层气进入井筒。

1.2.2.3 不可预见的原因

（1）由于电测解释等技术问题，造成资料分析失误。

（2）自然灾害等人们不可预见的因素。

1.3 井身结构及完井方法

井身结构是指油气井地下部分的结构。井身结构主要包括：各层套管尺寸及下入深度；各层套管对应的钻头尺寸；各层套管外水泥浆的返回高度；井底深度或射孔完成的水泥塞深度；完井方法等。井身结构通常用井身结构图来表示，它是油气井地下部分结构的示意图（图1-1）。

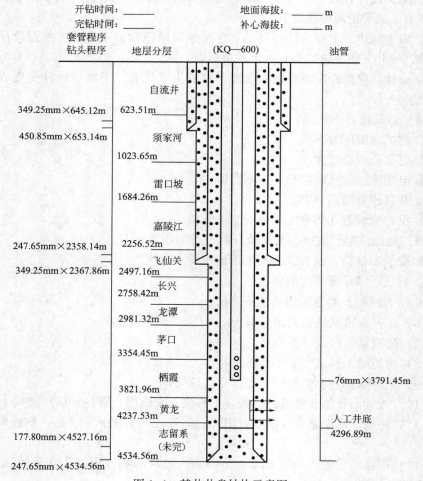

图1-1 某井井身结构示意图

完井是联系钻井和采油气两个生产环节的一个重要生产环节。完井的目的是建立生产层和井眼之间的良好连通，并使井能长期高产稳产。现代完井是建立在对油、气储层的地质结构、储油性质、岩石力学性质和流体性质分析的基础上，研究井筒和生产层的连通关系，追求在井底形成最小的油气流阻力，达到一口井有最大的油气产量和最长的寿命这一目标，达到一口井有最大效益的工艺技术。

1.3.1　井身结构及设计原则

井身结构图包括以下几项数据：（1）地面海拔和补心海拔（钻井时转盘面的海拔为补心海拔）。（2）日期（开钻和完钻日期）。（3）产层段。（4）钻头程序。（5）套管程序。（6）完钻井深及射孔完成井的水泥塞深度。（7）水泥返高。（8）油气层完井方法。（9）其他情况。

1.3.1.1　井身结构设计应遵循的原则

（1）能有效地保护气层，使不同压力梯度的油气层不受钻井液损害。

（2）能降低或避免井漏、井喷、井塌、卡钻等复杂情况的发生，降低施工技术难度，为安全快速钻井创造条件。

（3）钻下部高压地层时所用的较高钻井液的密度产生的液柱压力，不致压漏上一层套管鞋处薄弱的裸露地层。

（4）下套管过程中，井内液柱压力和地层压力之间的压差，不致产生压差卡套管事故。

（5）能有效地减少井内液体对地层水的污染。

（6）有利于提高钻井速度，缩短钻井时间，达到较高的技术经济效益。

根据以上原则，确定合理的井身结构。

下面以长庆油田为例进行详细介绍。

1.3.1.2　长庆气田地层三压力剖面及地层复杂情况

建立地层三压力剖面是确定安全密度窗口、优化井身结构和钻完井、修井等工程方案的设计基础。长庆气田地层三压力剖面如图 1-2 所示，地层从上而下依次为第四系、白垩系、安定组、直罗组、延安组、延长组、纸坊组、和尚沟组、刘家沟组、石千峰组、石盒子组、山西组等地层。长期开发经验表明，安定组、直罗组易掉块，注意防塌、防卡；延安组、延长组地层易出水，防止地层出水和缩径；纸坊组、和尚沟组有泥岩层段，注意防塌、防漏；刘家沟组地层压力低，注意漏失发生；双石层有泥页岩互层，注意缩径、掉块和泥页岩坍塌；山西组为目的层，应注意地层压力变化，防止井喷。

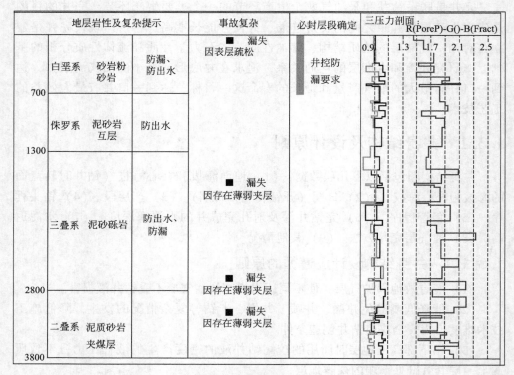

图1-2　长庆气田地层三压力剖面及复杂事故提示图

1.3.1.3　长庆气田直井（定向井）井身结构

井身结构设计的合理性，在很大程度上依赖于对当时钻井技术水平和对地质环境（包括岩性、地下压力特性、复杂地层的分布、井壁稳定性、地下流体特性等）的认识程度。

已钻井的测井资料和地层三压力剖面预测软件有助于了解地层的岩性、地层压力分布情况，已钻井的实钻井史资料有助于对井身结构方案的安全性、经济性等方面进行评价，从而获得优化方案。

实钻经验证明，在钻井过程中采用随钻工艺堵漏技术可以安全钻穿大部分气井易漏地层。刘家沟组长庆气田直井钻井过程中采用表套+气套的二开井身结构，能够满足安全钻井的需要。

生产套管确定：生产套管尺寸的选择是钻（完）井工程的重要环节。按现代完井工程的思路，确定生产套管尺寸，首先应根据气藏能量大小，考虑采气工程的要求，确定合理油管尺寸，然后选定与油管尺寸相匹配的最小生产套管尺寸。天然气井油管、套管尺寸匹配关系见表1-1。

表 1-1　油管直径匹配的生产套管尺寸表

油管直径，mm（in）	48.26（1.9）	60.32（2⅜）	73.02（2⅞）	88.9（3½）	101.6（4）
生产套管尺寸，mm（in）	127（5）		139.7（5½）	177.8（7）	

　　根据油管对产量的敏感性分析、压裂改造及排水采气的需要，确定苏里格气田单（合）层开采和分压合层开采气井均采用 ϕ73.02mm 油管。根据采气管柱的尺寸要求，直井定向井选择采用 ϕ139.7mm 生产套管完全满足采气要求，同时满足后期下入速度管柱要求，主体 ϕ139.7mm 生产套管完井。

　　基于以上分析和现场实践，形成了适合长庆气田的直井井身结构。

　　（1）苏里格、榆林气井考虑后期作业，ϕ139.7mm 生产套管需要固井，参考 SY/T 5431—2008《井身结构设计方法》，采用二开井身结构，见图 1-3。

　　（2）苏里格、神木、靖边气井多层开发的井采用套管滑套完井方式，井身结构见图 1-4。

　　（3）对部分区块上部地层存在漏失或高压地层等特殊情况，用技术套管封隔复杂层位，采用三开井身结构，见图 1-5。

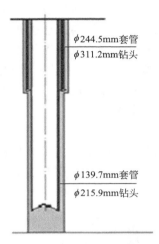

图 1-3　ϕ139.7mm 套管
固井井身结构图

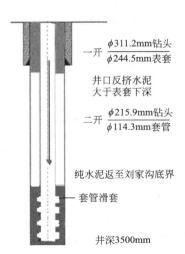

图 1-4　ϕ114.3mm 套管滑套
固井井身结构图

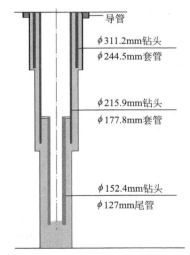

图 1-5　ϕ127mm 尾管
完井井身结构图

1.3.1.4　长庆气田水平井井身结构

　　水平井钻井周期长，钻井技术难度相比斜井和直井复杂，刘家沟组存在漏失问题，上古生界的山西组、太原组、本溪组都存在多套煤层及泥页岩层，且处于40°以上的井斜位置，极易坍塌，为了充分提高单井产量，地质工程人员都倾向于钻出更长的水平段，但长庆气田不论上古生界还是下古生界的储层，非均质性都很强，储层薄，往往夹有易坍塌的炭质泥岩，保证钻井安全的难度大，结合地质条件和现有钻井工艺技术能力，通过实践和优化，确定了长庆气田水平井井身结构以"表套+技术套管+生产套管"的三开井身结构为主。对于部分刘家沟地层漏失严重的区块，为保证钻井安全，采用四开井身结构，专门用一层技术套管封隔漏失层。

　　（1）苏里格、靖边、子洲、神木气田等刘家沟地层承压能力高的区块，采用三开井身结构，如图1-6所示。

　　（2）靖边气田存在上部刘家沟地层易漏区块，适用四开井身结构，如图1-7所示。

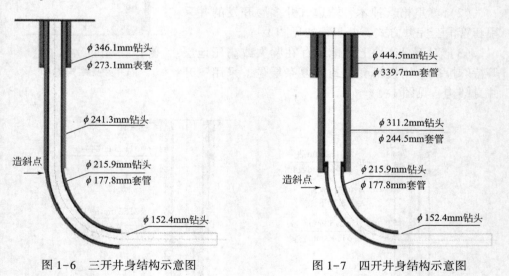

图1-6　三开井身结构示意图　　　　　图1-7　四开井身结构示意图

1.3.1.5　套管及选材

　　为防止井壁垮塌，根据地层情况和钻井、采气工艺要求，钻井过程中沿井壁下入井内的空心管串称为套管。根据井的深度和穿过地层的岩性情况，一口井可有多层套管。

　　1）导管

　　导管引导钻头入井开钻和作为泥浆的出口。导管是在开钻前由人工挖成的深

2m 左右的圆井中下入壁厚 3~5mm 的钢管，外面浇注水泥制成。导管是开钻前下入，用来封隔地表第四系黄土或流沙层，提供钻井液循环通道，避免钻井液漏失影响钻井平台基础的安全，或者造成环境污染的一层"技术套管"，其长度根据第四系表层的具体情况设计，一般 3~5m，易漏、邻近环保敏感区的，如河流、湖泊、农田，可适当加深到 8~10m。

2）表层套管

表层套管是下入井内的第一层套管，用于封隔第四系地层或浅层饮用水层，用于保护水源，确保下一步钻井安全，为安装井口防喷器和支撑技术套管提供条件。表层套管一般下入几十米至几百米。

3）技术套管

技术套管是因为某种技术目的而下的套管，一般情况下是为了降低钻井风险，用来封隔易漏层、易塌层、水源层等；或者为了确保井控安全或地质目的，用于封隔中间油气层；水平段之前下入技术套管的主要目的大多是为"储层专打"提供条件，保障水平段钻井安全，有利于开展储层保护工作。技术套管外面的水泥要求上返至需要封隔地层的上部 100m 左右，对高压气井，为防止窜气，水泥要返至地面。

4）气层套管

气层套管（生产套管）下入生产层位，支撑井眼，为固井、射孔、压裂、修井等作业提供条件，为天然气从井底到地面提供生产通道，其上通过套管头连接采气树。

5）长庆气田套管管材

靖边气田套管选用进口管材（表 1-2），主要来自于日本、阿根廷和奥地利等国。对于井深大于 3500m 的井，套管主要采用 AC95-AC80-N80-P110 组合类型，气井 0~500m 采用 95 级防硫套管，500~2000m 采用 80 级防硫套管，2000~3000m 采用 N80 套管，3000m 至井底采用 P110 套管；对于井深小于 3500m 的气井，主要采用 AC80-N80-P110 组合类型，气井 0~2000m 采用 80 级防硫套管，2000~3000m 采用 N80 套管，3000m 至井底采用 P110 套管。

表 1-2 长庆气田油管、套管应用情况

厂家	日本钢管 NKK	川崎 Kawasaki	住友 Sumito	新日铁 Nippon	世特佳 Tenaris	奥钢联
油管	AC80S、AC95	N80、KO80S	SM95S	NT80SS、NT90SS、NT95SS	AC95、AC80S	N80
套管	AC80、AC90、AC95	KO80S、KO95SS、KO90SS	SM80S、SM95、SM90S	NT80SS、NT95、NT95SS	AC90、P110	N80、P110
特殊扣	NK 3SB	FOX	TM	NSCC	NK 3SB、SEC	VAGT

1.3.2 直井、定向井和水平井完井方法

1.3.2.1 直井、定向井完井方法

目前国内外最常见的气井完井方式有裸眼完井、衬管完井、射孔完井和尾管完井等。各种完井方式都有其各自适用的条件和局限性。因此，了解各种完井方式的特点十分重要。

1）裸眼完井

裸眼完井有先期裸眼完井和后期裸眼完井。当钻到气层顶部时，下油层套管固井，再用小钻头钻开油气层，称为先期裸眼完井，见图1-8。后期裸眼完井则是钻穿油气层后，将生产套管下至产层顶部完井，见图1-9。气井多采用先期裸眼完井。

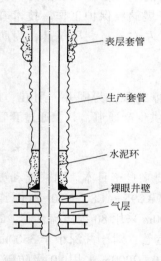

图1-8　先期裸眼完井示意图

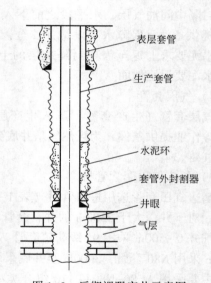

图1-9　后期裸眼完井示意图

裸眼完井法的优点：油气层完全裸露，油气流动的阻力小，在相同地层条件下，气井的无阻流量高。由于单井产量高，在同样开发规模时，气田需要的总井数减少，降低了开发费用和采气成本。对裂缝性油气层，裸眼完井可以使裂缝完全暴露。使用其他完井（射管完井、尾管完井）方法时，要射到裂缝上相当困难。

裸眼完井法的缺点：当油气层中有夹层水不能被封闭时，采气时气水互相干扰，裸眼井段地层易垮塌，不能进行选择性上增产措施。裸眼完井法主要适用于坚硬不易垮塌的无夹层水的石灰岩气层。

2）衬管完井

衬管完井改进了裸眼完井，即当钻到气层顶部时，下油层套管固井，然后钻开油气层，再下带缝或孔的衬管，并用悬挂器将衬管挂在油层套管底部，见图 1-10。衬管完井除具有裸眼完井的优点外，同时可防止地层垮塌。

3）射孔完井

钻完油气层后下油层套管固井，然后用射孔枪在油气层射孔，射孔弹穿过套管和水泥环射入气层，形成若干条人工通道，让油气进入井筒。射孔完井见图 1-11。

射孔完井和裸眼完井的优缺点刚好相反。射孔完井主要用于易垮塌的砂岩油气层、要进行选择性增产措施的油气层、多产层的油气藏、有底水的油气藏，和油、气、水关系复杂的油气层，为防止水对开采的干扰，多采用射孔完井。

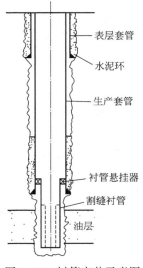

图 1-10　衬管完井示意图

4）尾管完井

钻完油气层后下尾管固井。尾管用悬挂器挂在上层套管的底部，用射孔枪射开油气层。尾管完井如图 1-12 所示。

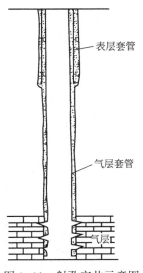

图 1-11　射孔完井示意图

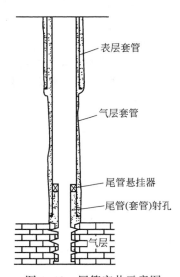

图 1-12　尾管完井示意图

尾管完井具有射孔完井的优点，但又节省了大量套管。尾管顶部装有回接接头，必要时，还可回接套管到井口。尾管完井可用于超深井或者探井这种油气层工业价值未明的井型，降低钻探成本。

为满足致密储层改造技术的要求，国内新疆油田、长庆油田、西南油气田等气区的直井、定向井普遍采用套管射孔完井。

1.3.2.2 水平井完井

相比直井和定向井，水平井在增加产气面积、降低生产压差、提高单井产量、增加气藏的可采储量等方面具有较大优势，在控制气层坍塌、出砂和底水锥进方面也优于其他类型井，对低渗透、裂缝性气藏也都有明显的增产效果。影响水平井完井方式的因素很多，需要综合考虑地质构造、储层物性条件、井眼类型及其稳定性和出砂状况、增产措施、后期测井和修井等井下作业要求、经济综合评价等因素，以确定最科学的完井方式。

1）水平井完井基本原则

（1）应最大限度发挥产能，达到高效开采的目的。

（2）应有效防止井壁垮塌，对胶结疏松的砂岩气层需进行有效防砂。

（3）对穿越复杂带层段的气井，完井时应实施有效分隔。

（4）应便于试井、修井作业时管柱或连续油管重新进入施工。

（5）永久性完井工具应满足长期生产的要求。

气井水平井完井可分为裸眼、衬管、套管固井射孔、管外封隔器等几种不同类型的完井方式。不同气田应根据其储层特点选择最佳完井方式，满足生产需要。

2）水平井完井方法

（1）水平井衬管完井和筛管完井。

对生产过程可能垮塌的储层，采用衬管完井，见图1-13。衬管为钻眼或割缝套管，钻眼直径和缝隙大小依据储层岩性选择。衬管下井后由液压或机械悬挂器坐封在上部套管内。衬管完井适合厚度大、生产稳定、无须进行后期压裂改造的水平井段，完井工艺简单，成本低、效果好。

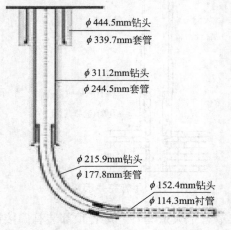

图1-13 水平井衬管完井示意图

ϕ444.5mm钻头
ϕ339.7mm套管
ϕ311.2mm钻头
ϕ244.5mm套管
ϕ215.9mm钻头
ϕ177.8mm套管
ϕ152.4mm钻头
ϕ114.3mm衬管

筛管完井技术适用于产层渗透性较好、不需要采用大型水力压裂进行增产措施的水平井。筛管的孔数、孔径由气层生产能力决定，若气层出砂，则需要采用防砂筛管。水平井筛管完井见图1-14。

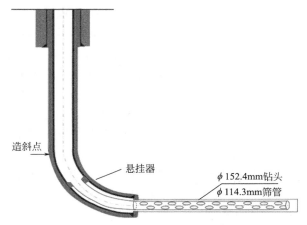

图 1-14 水平井筛管完井示意图

筛管和衬管主要用来支撑井壁，建立油气生产通道，为后期测试或酸化等井下作业创造条件。

（2）水平井预制防砂管完井。

对于储层岩性胶结差、预测出砂的水平井段，采用预制砾石填充防砂管，不锈钢金属纤维棉纱防砂管，防砂效果较好。

（3）水平井裸眼完井。

受随钻导向钻井和生产测井技术的发展影响，目前可以利用管外封隔器、套管、滑套、衬管和防砂管等工具组合对非均值性较强的水平段气层进行分段改造或封隔。水平井裸眼封隔器完井方式见图 1-15。

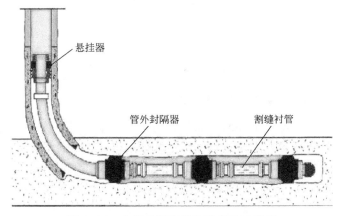

图 1-15 水平井裸眼封隔器完井示意图

（4）水平井套管、尾管固井射孔和套管不固井完井。

对于一些在投产前或生产过程中需要采取增产措施，或由于井壁不稳定，在

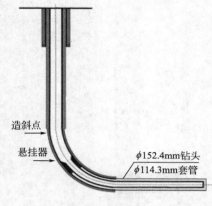

图1-16　水平井套管不固井完井

生产过程中随着地层压力的降低井壁可能垮塌的井，采用下入生产套管或尾管，然后用水泥封固整个水平段及气层顶部，射孔完成；也可以采用下套管，但不打水泥封固的完井方式，如图1-16所示。

（5）膨胀管完井。

膨胀管完井技术就是把钢管及其螺纹的冷扩工艺在井下数千米深处完成，处理复杂工况条件下的完井技术。图1-17为侧钻井中作为技术套管封堵高压地层的膨胀套管完井。

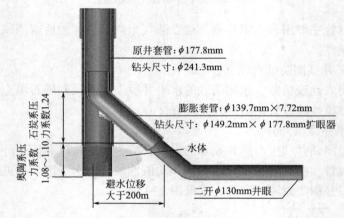

图1-17　膨胀套管完井

（6）智能完井。

智能完井技术，用于减少修井作业次数，优化生产流程，如图1-18所示。

1.3.2.3　储气库注采井井身结构

储气库注采井的特点是井筒寿命长，短时间注采气量大，井型的选择主要依据设计库容量、调峰最大工作气量和储层地质条件等因素，采用水平井井型，增加水平段长，最大可能增加储层裸露面积，以满足工作气量需要。

注采井井身结构设计原则是以固井质量为核心，综合考虑大气量注采、井筒完整性和运行寿命，兼顾钻井和固井工艺水平、低压储层保护等因素，满足两方面要求：一是满足安全钻井的需要；另一方面要保证长周期注采运行过程中井筒在交变压力下的完整性。因此采用大尺寸多层套管井身结构更为可靠。

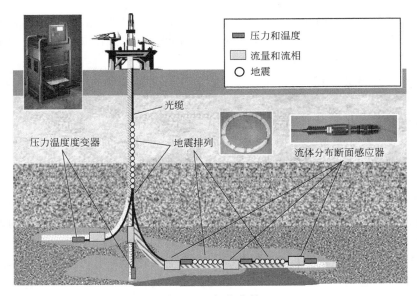

图 1-18 智能完井

1）生产套管尺寸确定

依据地质与气藏工程预测，如陕××井区注采井平均工作气量 $107 \times 10^4 m^3$，根据计算，1500m 的 $\phi 152.4mm$ 水平井眼泄气面积为 $717 m^2$；1500m 的 $\phi 215.9mm$ 水平井眼泄气面积为 $1017 m^2$，比 $\phi 152.4mm$ 井眼提高 42%；2000m 的 $\phi 215.9mm$ 水平井眼泄气面积为 $1356 m^2$，比 $\phi 152.4mm$ 井眼提高 89%。井眼尺寸越大，水平段越长，泄气面积越大，有利于大气量注采（表 1-3）。

表 1-3 水平井眼泄流面积对比表

井眼尺寸，mm	水平段长度，m	泄流面积，m²	泄流面积提高,%
$\phi 152.4$	1500	717	—
$\phi 215.9$	1500	1017	42
$\phi 215.9$	2000	1356	89

根据注采工程要求油管需要采用 $\phi 139.7mm$，配套生产套管选择 $\phi 244.5mm$。

2）井身结构优选

储气库建设区块刘家沟地层普遍存在漏失情况，二叠系存在多套煤层和泥页岩夹层，斜井段钻井安全风险大。综合以上难点，对"四开"和"三开"两种井身结构的优缺点进行比较，为储气库注采井井身结构优选提供依据。

（1）三开井身结构。

井身结构：表层套管 $\phi 339.7mm$ + 生产套管 $\phi 244.5mm$ + 生产尾管（筛管）$\phi 139.7mm$。

三开井身结构的钻井工艺技术比较成熟，钻井速度快，投资费用低，缺点是生产套管封固段长，固井水泥一次很难上返至井口，分级固井风险大、质量难保证，难以确保井筒密封效果。

（2）四开井身结构。

井身结构：套管程序为表层套管 $\phi508.0$mm+技术套管 $\phi339.7$mm+生产套管 $\phi244.5$mm+生产尾管（筛管）$\phi139.7$mm。

采用 $\phi339.7$mm 技术套管封固刘家沟漏失层，可为 $\phi244.5$mm 生产套管固井创造良好条件，生产套管下至水平段入窗点，采用套管回接固井技术更有利于保证固井质量，利于低压水平段"储层专打"，降低钻井风险。

（3）井身结构对比。

通过两种井身结构的对比，考虑储气库对井筒密封的要求，四开结构更具有优势，见表 1-4。考虑另外分级固井工艺的风险和分接箍自身结构的缺陷，保证井筒 30~50a 的密封寿命难度大的情况，要求生产套管采用回接固井技术，回接筒置于上层套管内。

表 1-4　井身结构优缺点对比表

井身结构	优　点	缺　点
四开	封堵刘家沟漏失层，利于斜井段施工；有利于降低生产套管固井风险	井眼尺寸大，工艺复杂，钻井速度慢，周期长、单井成本高
三开	工艺比较成熟，钻井速度快，单井成本低	固井封固段长，分级固井风险大，固井质量难保证，补救措施有限

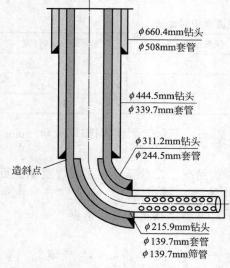

图 1-19　注采井井身结构示意图

造斜点

$\phi660.4$mm钻头
$\phi508$mm套管

$\phi444.5$mm钻头
$\phi339.7$mm套管

$\phi311.2$mm钻头
$\phi244.5$mm套管

$\phi215.9$mm钻头
$\phi139.7$mm套管
$\phi139.7$mm筛管

3）井身结构数据

$\phi508.0$mm 表层套管+$\phi339.7$mm 套管+$\phi244.5$mm 套管+$\phi139.7$mm 筛管完井，见图 1-19。

4）生产套管材质和扣型

生产套管的材质主要依据气井的腐蚀环境选择，以保障生产管柱长周期运行寿命。例如长庆靖边气田，平均 H_2S 含量达到 540mg/m³，CO_2 含量达到 5.74%，属于酸性腐蚀环境，生产套管必须采用抗硫管材，综合考虑生产套管的 SSCC 敏感性和强度校核（抗拉、抗内压、抗外挤），采用组合下入方式，上部 0~2600m 段下入 95S 抗硫管材，

2600m 至气层顶部下入普通 P110 级碳钢。表层套管和技术套管下深均在气层段以上，在正常固井后，与含 H_2S 的天然气接触概率很小，因此表层套管选用 J55 级碳钢，技术套管选用普通 N80 级碳钢，生产尾管（筛管）选用普通 N80 碳钢，$\phi244.5mm$ 套管的壁厚在不影响水平段钻头入井的同时，可适当选择壁厚较厚的套管，利于延长注采井使用寿命。为保证生产套管密封可靠，扣型采用气密封扣。

1.4 有毒有害气体基本知识

1.4.1 长庆部分气田有毒有害气体分布情况

以长庆部分气田为例，各种有毒有害气体均有分布，具体情况如下。

1.4.1.1 靖边气田

靖边气田下古硫化氢（H_2S）分布呈北高南低趋势，H_2S 含量为 33.24g/m³，CO_2 最高含量9.05%；靖边气田上古 H_2S 含量为 45.31mg/m³，CO_2 含量2.18%。高桥区气藏 H_2S 和 CO_2 含量明显低于靖边气田本部。

1.4.1.2 苏里格气田

（1）中区下古 H_2S 平均含量为 442mg/m³，最高为 3018mg/m³，CO_2 含量平均3.61%；上古微含 H_2S。

（2）东区下古 H_2S 平均含量为 241mg/m³，最高为 4796mg/m³，CO_2 含量平均4.41%；上古微含 H_2S。

（3）西区上古气藏 CO_2 含量低，微含 H_2S。

（4）南区下古 H_2S 含量 98.2～10031mg/m³，平均含量为 4126mg/m³；CO_2 含量 0.56%～5.8%，平均含量 2.56%。南区上古微含 H_2S，CO_2 平均含量0.46%。

（5）苏东南下古 H_2S 含量为 3893.58mg/m³，最高为 4268.41mg/m³；CO_2 含量3.44%，最高为 4.61%。上古微含 H_2S。

1.4.1.3 子洲气田

H_2S 平均含量为 4.2mg/m³，属微含 H_2S，CO_2 含量平均1.4%。

1.4.1.4 神木气田

微含 H_2S。

1.4.2 H_2S

1.4.2.1 H_2S 特性

H_2S 气体为酸性气体，了解并熟知它的特性，才能有效地预防 H_2S 的侵害，保证井下作业的安全。H_2S 剧毒，其毒性仅次于氰化物，是一种致命的气体。它的毒性为 CO 的 5~6 倍。在正常条件下，对人的安全临界浓度是不能超过 $30mg/m^3$。现场 H_2S 浓度达到安全临界浓度时立即佩戴正压式呼吸器。

现场若发生 H_2S 中毒，人员出现心跳呼吸骤停时，在现场立即实施心肺复苏。

H_2S 的相对密度为 1.189，比空气重，因此，在通风条件差的环境，它极容易聚集在低凹处。H_2S 在低浓度（$0.195~6.9mg/m^3$）时可闻到臭鸡蛋味，当浓度高于 $6.9mg/m^3$，人的嗅觉迅速钝化而感觉不出 H_2S 的存在。当 H_2S 的含量在 4.3%~46% 时，在空气中形成的混合气体遇火将产生强烈的爆炸（甲烷爆炸浓度 5%~15%）。H_2S 的燃点为 $250℃$（甲烷为 $595℃$），燃烧时为蓝色火焰，并生成危害人眼睛和肺部的 SO_2。

H_2S 可致人眼、喉和呼吸道发炎，严重时还会致人眼瞎。H_2S 易溶于水和油，在 $20℃$、1 个大气压下，1 体积的水可溶解 2.9 体积的 H_2S，随温度升高溶解度下降。

H_2S 及其水溶液，对金属都有强烈的腐蚀作用，如果溶液中同时含有 CO_2 或 O_2，其腐蚀速度更快。

1.4.2.2 H_2S 有关术语

（1）阈限值：几乎所有工作人员长期暴露都不会产生不利影响的某种有毒物质在空气中的最大浓度。H_2S 的阈限值为 $15mg/m^3$，CO 的阈限值为 $31.25mg/m^3$，SO_2 的阈限值为 $5.7mg/m^3$。

（2）安全临界浓度：工作人员在露天安全工作 8h 可接受的有害气体最高浓度。H_2S 的安全临界浓度为 $30mg/m^3$，CO 的安全临界浓度为 $62.5mg/m^3$。

（3）危险临界浓度：达到此浓度时，对生命和健康会产生不可逆转的或延迟性的影响。H_2S 的危险临界浓度为 $150mg/m^3$，CO 的危险临界浓度为 $375mg/m^3$。

（4）含 H_2S 天然气：天然气的总压等于或大于 0.4MPa，而且该气体中 H_2S 分压等于或高于 0.0003MPa；或 H_2S 含量大于 $75mg/m^3$ 的天然气。

（5）H_2S 分压：在相同温度下，一定体积天然气中所含 H_2S 单独占有该体积时所具有的压力。

（6）呼吸区：从肩膀算起前方半径为 152~229mm（6~9in）的半球形区域。

（7）H_2S 的爆炸极限：H_2S 气体与空气混合后能够爆炸的浓度范围。H_2S 的爆炸极限为 4.3%~46%。

1.4.2.3 H_2S 对金属的腐蚀

H_2S 对金属材料的腐蚀形式有电化学失重腐蚀、氢脆和硫化物应力腐蚀开裂，以后两者为主，一般统称为氢脆破坏。氢脆破坏往往造成井下管柱的突然断脱、地面管汇和仪表的爆破、井口装置的破坏，甚至发生严重的井喷失控或着火事故。

1.4.2.4 H_2S 对非金属材料的腐蚀

（1）橡胶会产生鼓泡胀大，失去弹性。

（2）浸油石墨及石棉绳上的油被溶解而导致密封件失效。

1.4.3 CO

CO 无色、无味、无刺激性、易燃，是有毒气体，微溶于水。CO 相对分子质量 28.01，相对密度 0.967（与空气比）。由于 CO 的密度与空气相差无几，人员在高处和低处，都存在风险，逃生时若只考虑往高处还是往低处撤离，是危险的，因此，应迅速向上风向撤离。

含碳物质不完全燃烧均可产生 CO 气体，汽车尾气、爆炸气体、机车废气中均含有。石油天然气开发中爆燃压裂、射孔等作业过程可产生一定量的 CO 气体，天然气中 CO 含量因区块而异，油田伴生气中也含有 CO。

CO 有毒，吸入可能引起脑损害，影响中枢神经系统，吸入高浓度 CO 可致人死亡。CO 影响血液中氧与红细胞结合，CO 中毒后红细胞不能携带氧，增加心脏和循环系统负荷。

饮酒、吸烟、肥胖者及患有心脏病者比健康人对 CO 更敏感。

紧张、疲劳、饥饿时，及有高温或其他有害气体（如油田伴生气）存在时，人对 CO 的敏感性增高。

CO 易燃，受热、遇明火或火花可引起燃烧，与空气能形成爆炸性混合物，爆炸极限 12%~74%。

当空气中 CO 含量超过阈限值（31.25mg/m³）时，启动报警，提示现场作业人员 CO 的浓度超过阈限值。第二级报警值应设置在安全临界浓度（62.5mg/m³），达到此浓度时，现场作业人员应佩戴正压式空气呼吸器，控制 CO 泄漏。第三级报警值应设置在危险临界浓度（375mg/m³），启动报警，立即组织现场人员撤离。

CO 中毒人员出现心跳呼吸骤停时，在现场立即实施心肺复苏。

CO 泄漏时应隔离泄漏区，疏散无关人员并建立警戒区；进入密闭空间之前必须先通风；佩戴正压式呼吸器；消除所有点火源（泄漏区附近禁止吸烟，消除所有明火、火花或火焰）。

1.4.4 CO₂

1.4.4.1 特性

CO_2 是一种无色气体，密度 $1.964mg/cm^3$，比空气重，极易溶解于水形成碳酸，CO_2 溶解于水中发生二级电离。CO_2 的腐蚀产物在金属表面形成保护膜，由于各种因素对生成物的影响，仍会出现局部腐蚀（坑点腐蚀、轮癣状、台面状腐蚀）。

1.4.4.2 腐蚀影响因素

1）CO_2 的分压

CO_2 分压指在相同温度下，一定体积天然气中所含 CO_2 单独占有该体积具有的压力。

碳钢的腐蚀速率随 CO_2 分压的升高而增加。据经验：CO_2 分压大于 $0.21MPa$，严重腐蚀；CO_2 分压小于 $0.021MPa$，没有腐蚀；CO_2 分压在 $0.021\sim0.21MPa$ 之间，可能产生腐蚀。

在 40℃ 以下时，碳钢表面生成疏松的 $FeCO_3$ 腐蚀产物，其均匀腐蚀速率随温度升高而增加（$FeCO_3$ 薄膜溶解，形成深坑腐蚀）。

2）温度

温度对腐蚀速率的影响既重要又复杂。CO_2 分压在 60Pa 时，在 $40\sim80$℃ 出现坑蚀，60℃ 时坑蚀密度最大，大于 100℃ 时 $FeCO_3$ 膜溶解度降低形成致密膜，腐蚀速率降低。

对于含 9% Cr、13% Cr、25% Cr 的铬钢，耐 CO_2 腐蚀的临界温度分别为 100℃、150℃ 和 250℃。在此温度下，有良好的耐蚀性，超过此温度，铬钢的失重腐蚀与在介质中暴露时间成正比。

3）Cl⁻ 浓度

（1）碳钢：随 Cl⁻ 的浓度增大而坑蚀严重。

（2）铬钢：温度低于各种铬钢的临界温度时，Cl⁻ 不影响 CO_2 对铬钢的腐蚀状态。温度高于各种铬钢的临界温度时，Cl⁻ 对铬钢的耐蚀性是有害的。

4）合金元素

钢中随铬、铌和钴含量的增加，钢材的耐蚀性显著提高。

5）流速

（1）碳钢和低合金钢：总趋势是腐蚀速率随流速的增大而增大。

（2）铬钢：小于临界温度时，流速几乎不影响腐蚀速率。

6）O_2

（1）碳钢：O_2 加速腐蚀。

（2）铬钢：大于临界温度时，O_2 不干扰 CO_2 对钢材的腐蚀；小于临界温度时，O_2 会加重 CO_2 对钢材的腐蚀。

7）H_2S

（1）碳钢：H_2S 浓度低于 $4.95mg/m^3$ 时，H_2S 加速 CO_2 对碳钢的腐蚀；H_2S 浓度增大时，暂时形成 FeS 膜而减缓腐蚀；H_2S 浓度大于 $495mg/m^3$ 时，使腐蚀率降低。

H_2S 对碳钢的腐蚀程度与温度有关，当温度高于 150℃ 时，由于钢材表面形成致密的 $FeCO_3$ 薄膜，腐蚀速率不受 H_2S 浓度的影响。

（2）铬钢：H_2S 浓度越高，腐蚀趋势越明显，并随温度升高而加重。抗 CO_2 腐蚀的含铬不锈钢，不能抗 H_2S 应力腐蚀开裂。含 CO_2 的油气井中，H_2S 分压超过含硫油气井划分标准时，应按含 H_2S 的油气井对待。

法国拉克气田用分点记录测井规测量腐蚀，并以管壁减薄量 C（以 mm/a 表示）划分腐蚀程度：轻微腐蚀，$0<C<0.8$；中等腐蚀，$0.8<C<2.4$；严重腐蚀，$C>2.4$。

1.4.5　应急处置

（1）当检测到空气中 H_2S 浓度达到 $15mg/m^3$ 或 CO 浓度达到 $31.25mg/m^3$ 阈限值时启动并执行关井程序，现场应：

① 立即关井，切断危险区的电源；向上级（第一责任人及授权人）报告。

② 立即安排专人观察风向、风速以便确定受侵害的危险区。

③ 安排专人佩戴正压式空气呼吸器到危险区检查泄漏点。

④ 开启排风扇，向下风向排风，驱散工作区域的弥漫的 H_2S、CO 等有毒有害及可燃气体。

⑤ 非作业人员撤入安全区。

（2）当检测 H_2S 浓度达到 $30mg/m^3$ 或 CO 浓度达到 $62.5mg/m^3$ 的安全临界浓度时，启动作业队处置预案，现场应：

① 戴上正压式空气呼吸器。

② 启动并执行试油（气）作业关井程序，控制 H_2S 或 CO 泄漏源。

③ 切断作业现场可能的着火源。

④ 指派专人至少在主要下风口距井口 50m、100m 和 500m 处进行 H_2S 或 CO

监测，需要时监测点可适当加密。

⑤ 向上级（第一责任人及授权人）报告。

⑥ 清点现场人员，撤离现场的非应急人员。

⑦ 通知救援机构。

（3）若当现场 H_2S 达到 150mg/m³ 或 CO 浓度达到 375mg/m³ 危险临界浓度时，启动应急预案，先切断电源、作业机立即熄火，迅速组织现场人员全部撤离，撤离路线依据风向而定，均选择上风向撤离，H_2S 向高处撤离。现场总负责人按应急预案的通信表通知（或安排通知）其他有关机构和相关人员（包括政府有关负责人）。由施工单位和建设单位（项目组）按相关规定分别向上级主管部门报告，并通知救援机构等待救援。

（4）当发生井喷失控，现场 H_2S 含量达到 150mg/m³ 或 CO 浓度达到 375mg/m³ 时，在人员生命受到威胁、失控井无希望得到控制的情况下，作为最后手段应按抢险作业程序，制定点火安全措施，对油气井井口实施点火，油气井点火决策人应由生产经营单位代表或其授权的现场总负责人来担任（特殊情况下由施工单位自行处置），并做好人员撤离和安全防护。

（5）现场警示标志要求。

当检测到井口周围有 H_2S、CO 时，在作业现场入口处挂牌或挂旗警示，由坐岗人员负责。

① 绿色警示：H_2S 浓度在 0~15mg/m³，CO 浓度在 0~31.25mg/m³。

② 黄色警示：H_2S 浓度在 15~30mg/m³，CO 浓度在 31.25~62.5mg/m³。

③ 红色警示：H_2S 浓度大于 30mg/m³，CO 浓度大于 62.5mg/m³。

第2章 压 力

2.1 井下各种压力的概念

压力是井控技术中最重要的基本概念之一。了解压力的概念及各种压力之间的关系对于掌握井控技术和防止井喷是十分必要的。

2.1.1 压力

压力是指物体单位面积上所受到的垂直方向上的力，物理学上也称压强。

$$p = \frac{F}{S} \tag{2-1}$$

式中　p——压力，N/m^2；

F——作用于面积 S 上的垂直方向的力，N；

S——面积，m^2。

压力的国际标准单位是帕斯卡，符号是 Pa。

有关压力单位的换算：

$$1Pa = 1N/m^2$$

$$1kPa = 1000Pa = 10^3Pa$$

$$1MPa = 1000kPa = 10^6Pa$$

$$1kgf/cm^2 = 98.067kPa \approx 0.1MPa（误差约2\%）$$

$$1psi = 6.895kPa \approx 7kPa$$

2.1.2 静液柱压力

静液柱压力是由静止液体重力产生的压力。

$$p = \rho g H / 1000 \tag{2-2}$$

式中　p——静液柱压力，MPa；

g——重力加速度，$9.8m/s^2$；

ρ——液体密度，g/cm^3；

H——液柱高度，m。

对井深需要特别注意的是，井深必须用垂直井深，而不是测量井深（管柱下入深度）。静液柱压力的大小仅取决于流体的密度和液柱的垂直高度，与井筒尺寸无关。

2.1.3 当量流体密度

工程上为了方便起见，常使用当量流体密度这一概念。地层某一位置的当量流体密度是这一点以上各种压力之和（静液柱压力、回压、环空压力损失等）折算成流体密度，简称当量密度。其计算公式为：

$$p = \rho_e 9.8H/1000 \tag{2-3}$$

式中 p——作用于该点的总压力，MPa；

ρ_e——当量流体密度，g/cm³。

2.1.4 压力梯度

压力梯度是指每增加单位垂直深度压力的变化值，即每米垂直井深压力的变化值或每 10m 垂直井深压力的变化值。其计算公式为：

$$G = p/H = \rho g \tag{2-4}$$

式中 G——压力梯度，kPa/m；

p——压力，kPa；

H——深度，m 或 10m。

2.1.5 压力四种表示方法

（1）用压力单位表示。这是一种直接表示法，如 1000kPa 或 1MPa。

（2）用压力梯度表示。其好处或方便之处是在对比不同深度地层中的压力时，可消除深度的影响，而该点的压力只要把压力梯度乘上深度即可得到。

（3）用当量密度表示。与压力梯度类似，也可以在对比不同深度压力时消除深度的影响。

（4）用压力系数表示。压力系数指某点压力与该点纯水柱静液压力之比，无因次，其数值等于该点的当量密度。

2.1.6 地层压力

地层压力指地下岩石孔隙中流体所具有的压力。正常情况下，地下某一深度的地层压力等于地层流体作用于该处的静液柱压力。清水和地层盐水是两种常见的地层流体，地层水密度在 1~1.07g/cm³ 之间，压力梯度在 9.8~10.5kPa/m 为正常地层压力（图2-1）。

地层压力正常或者接近正常静液柱压力，则地层内的流体必须一直和地面连通，这种通道常常被封闭层或隔层截断。在这种情况下，隔层下部的流体必须支撑上部岩层。岩石重于盐水，所以上覆岩层压力是某深度以上的岩石和其中流体对该深度所形成的压力。

上覆岩层压力与地层孔隙压力的关系是：

$$p_0 = p_M + p_p \qquad (2-5)$$

式中　p_0——上覆岩层压力，MPa；

　　　p_M——基体岩石压力，MPa；

　　　p_p——地层孔隙压力，MPa。

地层压力可能超过井液压力。我们称这种

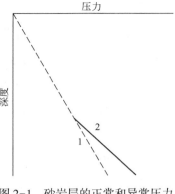

图 2-1　砂岩层的正常和异常压力
1—正常压力；2—异常压力

地层压力为异常高压地层，如图 2-1 所示。有些地层是异常低压的，即其压力低于盐水柱压力。这种情况发生于衰竭产层和大孔隙的老地层。

2.1.7　地层破裂压力

地层破裂压力是指某一深度地层发生破碎和裂缝时所能承受的压力。当达到地层破裂压力时，地层原有的裂缝扩大延伸或地层产生裂缝。井内压力过大会使地层破裂并将全部修井液漏入地层。

为了便于比较，地层破裂压力通常以梯度或当量密度来表示，常用单位是 kPa/m 或 g/cm^3。

井下作业时，修井液液柱压力的下限要保持与地层压力相平衡，既不污染地层，又能实现压力控制；而其上限则不能超过地层的破裂压力以免压裂地层造成井漏。尤其是地层压力差别较大的裸眼井段，如设计不当会造成先漏后喷的事故。

2.1.8　循环压力损失、泵压、油压、套压

2.1.8.1　循环压力损失

流体流动过程中产生的压力降低称为循环压力损失或者循环阻力，阻力方向与流体流动方向相反。阻力大小取决于井内液体的密度、黏度、井深、排量和过流面积等。

2.1.8.2　泵压

泵压是克服井内循环系统中摩擦损失所需的压力。正常情况下，摩擦损失发生在地面管汇、油管和环形空间中。如果环形空间与油管之间压力不平衡，也将

影响泵压。

2.1.8.3　油管压力（油压）

油管压力就是油气从井底流动到井口后的剩余压力。

2.1.8.4　关井油管压力（关井油压）

关井油管压力是指在管柱内地层压力、圈闭压力大于管柱内液柱压力时的剩余压力。

2.1.8.5　套管压力（套压）

油管与套管环形空间内，油和气在井口的压力。

2.1.8.6　关井套管压力（关井套压）

关井套压是指油管与套管环形空间内，地层压力、圈闭压力大于环空液柱压力时对井口所产生的压力。

2.1.9　波动压力

抽汲压力和激动压力又统称为波动压力。

抽汲压力：起钻时使井底压力减小的压力。这部分压井液在流动时的流动阻力，其结果是降低有效的井底压力。

激动压力：下钻时使井底压力增加的压力。产生于下管柱时，因为管柱下行，挤出下部的压井液，压井液流动受到的阻力，便是激动压力。

抽汲压力和激动压力的影响因素：

（1）管柱的起下速度；

（2）压井液黏度；

（3）压井液静切力；

（4）井眼和管柱或钻具之间的环形空隙；

（5）压井液密度；

（6）环形节流（如扶正器、封隔器等）；

（7）井径不规则，摩擦系数越大，井液的流动阻力越大，波动压力越大；

（8）管柱开闭状态，管柱处于堵塞状态时产生的波动压力比管柱处于畅通状态时更大。

因此，应严格控制起下钻速度，防止速度过快，尤其是在油气层附近更应高度重视；起下管柱时严禁猛提猛放，以防产生过大的波动压力；应调整好井液性能，压井液黏度、切力要适当；大修侧钻作业中要防止钻头泥包和井眼缩颈引起波动压力增大；应保持井筒畅通。

2.2 井底压力分析

2.2.1 井底压力

井底压力是指井口和井内各种压力作用在井底的总压力。这个压力以井筒静液柱压力为主，还有环空流动阻力、波动压力、地面压力等，井底压力随着作业工况的不同而变化。

2.2.2 井底压差

井底压差是指井底压力与地层压力之间的差值。

$$\Delta p = p_b - p_p \qquad (2-6)$$

式中　p_b——井底压力；

　　　p_p——地层压力。

当井底压力大于地层压力，即 $\Delta p > 0$ 时，称为正压差；当 $\Delta p = 0$ 时，称为平衡；当井底压力小于地层压力，即 $\Delta p < 0$ 时，称为负压差。

井下作业就是在井底压力稍大于地层压力、保持最小井底压差（近平衡压力）的条件下进行的。这样既可以提高作业速度，又可达到保护油、气层的目的。

2.2.3 各种工况下的井底压力

井底压力就是指地面和井内各种压力作用在井底的总压力。

（1）井内井液处于静止状态时：井底压力 = 井液静液柱压力。

（2）起钻时：井底压力 = 井液静液柱压力 - 抽汲压力 - 起管柱时因液面下降而减少的静液柱压力。

（3）下钻时：井底压力 = 井液静液柱压力 + 激动压力。

（4）循环井液时：井底压力 = 井液静液柱压力 + 环空流动阻力。

（5）节流循环时：井底压力 = 井液静液柱压力 + 环空流动阻力 + 循环时节流回压。

（6）空井时：井底压力 = 井液静液柱压力。

第 3 章　井控设计

依据 SY/T 6690—2016《井下作业井控技术规程》《中国石油天然气集团公司井下作业井控技术规范》《中国石油天然气集团公司井下作业井控管理规定》，井下作业的地质设计、工程设计、施工设计中必须有相应的井控要求或明确的井控设计，主要包括：满足井控安全的各种资料数据，施工前的准备工作，合理的井场布置，适合地层特性的井液类型，合理的井液密度，符合行业标准的井控装备系统，有关法规及应急计划等。

3.1　井控设计的主要依据

井下作业方案是根据油田开发的要求来编制的。多年的实践证明，正确地进行井下作业设计，不仅能够确保井下作业施工安全可靠地进行，还将提高施工效果和取得较好的经济效益。井下作业方案中的地质方案、井筒工程方案和施工设计内容中都应有相应的井控设计或要求，并按程序审核、审批。

井控设计是实现油气井压力控制的前提，是井下作业安全施工的前提，是避免井喷失控的前提，主要依据地质方案、工程方案及相关的法律法规和行业标准规定，并结合当前作业技术水平来编写。

井控的源头就在于地下地质情况，地质应为井筒工程设计提供详细的资料，从源头上做好井控风险预防工作，基本要求主要涵盖两方面内容：一是地面与施工安全有关的数据，主要明确所提供井位是否符合安全距离的要求，标注或说明井周围环境、设施以及隐蔽工程等。二是地下与井控安全有关的数据，主要提供本井地层压力、地层破裂压力、浅气层、油气水显示和复杂情况，提供有毒有害气体情况（层位、埋藏深度及含量等）。

施工设计是依据地质方案和工程方案编制，以现场实施为目的，编制内容更为详细，是对地质和工程方案要求的具体细化，井控设计方面也更为具体，应满足 SY/T 6690—2016《井下作业井控技术规程》、Q/SY 1553—2012《中国石油天然气集团公司井下作业井控技术规范》中井控设计关于设计目的、基本情况、风险提示、井控设备设计、井液设计、施工过程中防范井喷事故措施、井喷事故应急预案等内容的要求，主要包括井控装置准备、安装、试压要求，压井液（灌入液）准备和灌液措施，含硫化氢等有毒有害井气防设备的配备等。

3.1.1 设计依据的法律、法规

《中华人民共和国安全生产法》《中华人民共和国环境保护法》《中华人民共和国矿产资源法实施细则》《中华人民共和国清洁生产促进法》《中华人民共和国放射性污染防治法》《中华人民共和国职业病防治法》等，是井控设计编写的重要依据。另外，施工所在行政区域地方法规在设计时也应加以引用和遵守。

参与国外区域采油采气项目作业时，对所在国有关的法令和条例，在设计时应加以引用和遵守。

3.1.2 设计依据的标准和规定

井控安全方面主要有 SY/T 6690—2016《井下作业井控技术规程》、Q/SY 1553—2012《中国石油天然气集团公司井下作业井控技术规范》《中国石油天然气集团公司井下作业井控管理规定》、SY/T 6610—2014《含硫油气田井下作业推荐做法》、SY/T 6277—2017《硫化氢环境人身防护规范》、SY/T 6203—2014《油气井井喷着火抢险做法》、AQ 2012—2007《石油天然气安全规程》、SY/T 6276—2014《石油天然气工业健康、安全与环境管理体系》及本油田井下作业井控实施细则等有关安全环保方面的规定。

井控设计方面主要有 SY/T 6690—2016、Q/SY 1553—2012、SY/T 6610—2014、SY/T 5053.2—2007《钻井井口控制设备及分流设备控制系统规范》、SY/T 7010—2014 井下作业用防喷器、GB/T 20174—2006《石油天然气工业钻井和采油设备钻通设备》及本油田井下作业井控实施细则等国家、行业、企业标准，是井控设计的直接依据。

大修侧钻井井控设计除上述国家、行业、企业标准外，应依据 GB/T 31033—2014《石油天然气钻井井控技术规范》及施工所在油田石油与天然气钻井井控实施细则。

应注意的是，在设计中一定要使用最新在用的法律、法规、标准和规定。

3.2 三项设计的井控要求

3.2.1 地质设计的井控要求

地质设计（地质方案）中应提供压力数据、本井或邻井有毒有害气体含量、地层流体性质和产能、特殊层提示、井身结构、固井情况、油套管情况、作业层温度、井况、井场周围环境、人居情况调查资料以及与井控有关的提示。

3.2.1.1 基础数据

（1）钻完井数据应包括当前井身结构，套管头结构，各层套管钢级、壁厚、外径、螺纹类型和下入深度，生产套管分级固井时分级箍的位置，人工井底、射孔井段、层位、钻进中遇放空层、特大漏失层、塑性地层、易垮塌地层提示，定向井、水平井应提供井眼轨迹数据，水泥返深，固井质量，井斜数据等资料。新井应提供钻井油气水显示、测录井解释、中途测试结论及钻井液参数等油气藏评价资料。

（2）地层流体性质包括产层流体（油、气、水）性质、气液比等，并明确井型和油气藏类型。

（3）压力数据包括本井的原始地层压力或地层压力系数、当前地层压力或地层压力系数等。

（4）生产数据包括油、气、水的产量（测试产量及无阻流量），生产时间，产量变化，注水、注气量，液面等。

（5）井筒现状包括水泥塞（塞厚）或桥塞位置，生产管柱的钢级、壁厚、螺纹类型、外径、下深、套管试压情况，井下工具名称规范，井下套管腐蚀、磨损、变形情况，井下落物或存在的安全隐患等资料。

（6）邻井情况包括注水、注（汽）气井口压力，本井与邻井地层层间连通、窜通情况，邻井的流体性质、产量、压力及有毒有害气体等资料。

（7）作业层温度包括各作业层温度情况，异常高温提示。

（8）井口情况包括采油（气）井口装置的规格、闸阀完好状况、有无泄漏等。

3.2.1.2 风险提示

（1）敏感环境提示应在地质设计中标注和说明井场周围一定范围内的居民住宅、学校、厂矿（包括开采地下资源的矿业单位）、国防设施、高压电线、地下管网、地貌情况、水资源情况以及风向变化、人口分布等环境勘察评价资料等情况，高含硫探井应扩大到井口周围3km、开发井井口周围2km范围。

（2）异常压力提示包括本井及本构造区域内可能存在的压力异常低压、异常高压情况。

（3）有毒有害气体提示包括本井及本构造区域内硫化氢、二氧化硫、一氧化碳、二氧化碳等有毒有害气体含量情况。

（4）本井及本构造区域内井喷失控史的提示。

3.2.2 工程设计的井控要求

工程设计应根据地质设计提供的地层压力和流体性质，预测井口最高关井压力，根据地质设计的参数，明确压井液的类型、密度、性能、备用量及压井要求等，进行生产套管控制参数计算及生产套管适应性分析，确定防喷器、节流压井管汇及井口装置的类型、规格及数量，进行油管柱的选择与强度计算，应对井控装置现场安装后提出试压具体要求，对井下作业各重点工序提出相应的井控要求和技术措施，根据地质设计提供的井场周围一定范围内的环境、人居情况以及硫化氢等有毒有害气体的含量，制订相应的井控防范措施。

3.2.2.1　选择作业方式

应依据地质设计提供的油气藏产能、油气水井的压力、生产数据和井场周围环境，选择压井、不压井或带压作业方式，并确定风险控制重点。

3.2.2.2　设计最大允许关井套压值和试压值

应进行井口最大允许关井套压值和试压值设计，宜如下设计：

（1）新井井口最大允许关井套压应不超过套管和套管头抗内压强度的80%、采油（气）井口装置、防喷器额定工作压力三者中的最小值。

（2）老井井口最大允许关井套压设计时，可参考最近一次的套损检测资料及套管试压数据。

（3）特殊工艺井、复杂结构井应设计节流控制压力。

（4）工程设计应进行油层套管压力控制设计。检测和评价套管的安全性，确定当前套管能否进行后续的井下施工作业。油层套管压力控制设计及生产套管适应性分析应包括以下内容：

① 生产套管控制参数设计应包括但不限于清水时最大掏空深度、纯天然气时最低套压、井内为清水时最高套压和纯天然气时的最高套压。

② 检测和评价套管的安全性，确定当前的套管能否进行后续的井下施工作业。

③ 结合井口最高关井压力和套管控制参数做生产套管安全评价。

3.2.2.3　压井液密度设计

压井液密度设计应根据地质设计与作业层位的最高地层压力当量密度值为基准，另加一个安全附加值确定压井液密度。附加值可选用下列方法确定：

（1）气井密度附加值为 $0.07 \sim 0.15 \mathrm{g/cm^3}$（含硫化氢等有毒有害气体的井取最高值）。压力附加值为 $3.0 \sim 5.0 \mathrm{MPa}$。

（2）煤层气井密度附加值为 $0.02 \sim 0.15 \mathrm{g/cm^3}$。

确定密度时还应考虑：地层压力大小、流体的性质、油气水层的埋藏深度、钻井时的钻井液密度、井控装置、套管强度和井内管柱结构、作业特点和要求等。

3.2.2.4 压井液要求

应根据地层配伍性，设计压井液的密度、类型、性能、明确储备量和压井要求。

3.2.2.5 井控装置的选择

（1）防喷器等级和组合形式具体依据 SY/T 6690—2016《井下作业井控技术规程》A1~A6，并应符合以下要求：

① 高压井宜采用有钻台作业方式，并增配井下安全阀。高压井、复杂结构井可以参考 SY/T 6690—2016 的 4.2.5.3 选择，也可以按照重点增加防喷器组的层级或重新设计防喷器组、四通组合形式，并绘制安装示意图。

② 高危害井宜依据地质设计有毒有害气体提示，增加环形防喷器，封闭油套环空，降低井口有毒有害气体的浓度。

③ 高敏感地区的作业井宜选择带压作业方式或提升防喷器组的层级，并满足人口疏散、重要设施定向防护、资源保护隔离等防护保障技术要求。

④ 特殊工艺井、复杂结构井施工宜根据压力级别、特殊工艺施工要求确定防喷器的层级、提出压力控制（全程灌注、压井）的技术要求，制定终止溢流（关井、压井）的程序。

（2）节流管汇、压井管汇应符合以下要求。

① 节流管汇、压井管汇不同压力等级及组合形式依据 SY/T 6690—2016 附录 A 中 A7~A12。

② 不需要配节流压井管汇进行井下作业的，宜设计简易压井、防放喷管线，其组合形式依据 SY/T 6690—2016 附录 A 中 A13~A15。

③ 高压井、高产井宜选用有钻台作业方式的管汇，增加引流的专业作业四通、控压分流、排放、燃烧等处理装置。

④ 高危害井应依据地质设计有毒有害气体的提示，设计有毒有害气体地面分流、排放、燃烧等处理装置，并满足人口疏散保障要求。

⑤ 高敏感地区的作业井宜提升控制管汇的功能，并满足人口疏散、重要设施定向防护、资源保护隔离等防护保障技术要求。

⑥ 特殊工艺井、复杂结构井可以参考 SY/T 6690—2016 4.2.6.1 选择，也可以重新设计防喷管线、控制闸阀的组合形式，并绘制与四通连接的安装示意图。

（3）处理装置应符合以下要求：

① 分离器的选择应根据已知井内流体性质、压力、产量、气液处理量、分离压力、分离温度等基础资料，结合现场具体防护需要选择其类型、安装位置及连接方式。

② 点火装置的选择应根据井内流体性质、分理处气体的介质资料、有毒有害气体含量及环境保护等因素确定引出距离、点火方式。

③ 处理装置的选择应满足 SY/T 0515—2014《油气分离器规范》中的相应规定。

（4）采油（气）井口装置的额定工作压力应不小于预测井口最高关井压力，材质应满足抗有毒有害流体腐蚀的要求，以及井下作业施工和后期开采需要。

3.2.2.6　油管柱的选择

（1）油管材质应具有抗地层流体腐蚀性能。

（2）油管柱结构能满足井控需求。

（3）油管柱强度设计能满足井下作业需求。

3.2.2.7　现场安装后试压要求

对井控装置现场安装后提出试压具体要求。现场试压一般要求：

（1）井控装置现场组合安装后，按工程设计压力进行试压。

（2）防喷管线、测试流程试验压力不低于 10MPa。

（3）现场每次拆装防喷器和井控管汇后，应重新试压。

（4）分离器和安全阀的现场试压，执行工程设计要求。

（5）压裂酸化的井口装置，应按其设计要求进行试压。

3.2.2.8　井控要求和技术措施

对井下作业各重点工序提出相应的井控要求和技术措施。

工程设计应依据地质设计提供的井场周围一定范围内的的环境、人居情况以及硫化氢等有毒有害气体的含量，制订相应的防范措施。

3.2.3　施工设计的井控要求

施工单位应依据地质设计和工程设计编制施工设计，确定压井液性能及数量、清水、添加剂及加重材料储备量，井控装置的规格、组合形式、安装示意图，井控装置调试与试压方式，内防喷工具规格、型号、数量，作业过程中具体井控技术措施，施工过程中溢流关井方法的确定，环境保护、防火、防爆和防硫化氢等有毒有害气体的具体措施及器材准备，应急处置程序等。

在施工设计中细化各项井控措施。施工单位应复核在井场周围一定范围内的居民住宅、学校、厂矿等工业与民用设施情况，并制订具体的预防和应急措施。施工设计中的井控内容应包括但不限于：

（1）工作液性能、数量。

（2）压井材料准备：清水、添加剂和加重材料等。

（3）井控装置。

防喷器的规格、组合及示意图，节流、压井管汇规格及示意图，内防喷工具规格、型号、数量，控制装置规格，溢流检测装置、抢喷装置规格等。

（4）井控装置的现场安装、调试与试压要求。

对防喷器、内防喷工具等井控装置的现场安装、调试与试压、保养、地面流程检查提出具体要求。

（5）作业过程的井控措施。

起下管柱、旋转作业（钻、磨、套、铣等）、起下大直径工具、绳索作业以及压井、换井口作业等各重点工序具体的井控技术措施。不同工况的井控要求，具体参见第6章。

（6）溢流时关井方法。

施工作业过程中，发生溢流时关井方法的确定（软关井或硬关井）。

（7）保护环境及防火、防中毒措施。

应明确环境保护、防火和防硫化氢、一氧化碳等有毒有害气体的具体措施、防护器具、器材、检测仪器的配备要求等。

（8）保护生产套管的具体要求和措施。

分析作业过程中可能会对生产套管造成损伤的因素和环节，制订相应的保护生产套管的具体要求和措施。

（9）高压井、高产井宜结合油气藏（产层）压力和产量，增配关井、放喷、压井、回收、点火等处理装置。

（10）高危害井应结合有毒有害气体含量、类型和现场实际，增设气体检测仪、报警装置、设计回收、排风扩散、举升放空、点火等处理装置。

（11）高敏感区域宜结合地面环境安全距离和防护对象类型，增设隔离墙（带）、引流通道、围堵等保障设施。

高敏感地区的作业井宜选择带压作业方式或提升防喷器组的层级，并提出满足人口疏散、重要设施定向防护、资源保护隔离等防护保障技术要求。

（12）特殊工艺井、复杂结构井宜结合工艺技术实际，增配专用开关工具、压力或气体检测装置，制订关井、压井的应急程序，设计临界溢流量，在监测流量下完成特殊作业。

特殊工艺井、复杂结构井施工宜根据压力级别、特殊工艺施工要求确定防喷器的层级、提出压力控制（全程灌注、压井）的技术要求，制定终止溢流的程序。

（13）应急预案。

根据地质设计中提供的周边环境调查情况和工程设计的相关要求制订相应的

措施和防硫化氢和防井喷应急预案。

3.2.4 压井液设计

一个好的压井液方案，应从以下两个方面考虑：

（1）压井液性能的选择。

压井液的选择要基于完成主要功能、适合地层特性、密度合理。也就是说，所选压井液对油层造成的伤害程度最低；其性能应满足本井、本区块地质要求；能满足作业施工安全要求，达到经济合理。

压井液和地层配伍性好，有利于保护油层；合理的密度，有利于平衡地层压力，防止井喷；适合的黏度，减少渗漏。对含硫化氢地层的井液必须进行特殊考虑。

（2）估算压井液用量。

3.2.5 井控设备选择

在选择设备时应结合地层压力、井眼尺寸、套管尺寸、套管钢级、井身结构等情况，综合考虑。所选设备能在作业中发生溢流、井涌时，迅速关闭井口。

井控设备的选择原则：

（1）井控设备必须是经中国石油资质认证的生产厂家的合格产品。

（2）应结合具体施工和地层流体的特点，配备满足井控技术安全要求的井控装置。含硫化氢、二氧化碳的井，其井控装置应分别具备抗硫、抗二氧化碳腐蚀的能力。

（3）根据地层压力和井型，选择井控设备的压力级别，气井防喷器压力级别必须大于预测最高地层压力。防喷器通径应与套管内径相匹配以满足井内所下工具尺寸要求，闸板尺寸和类型应满足施工井所下管柱尺寸要求和作业井井控风险的安全需求。

（4）采气树、高压生产阀门、内防喷工具、防喷管线、变径法兰的压力级别必须大于最高地层压力。

（5）对高压、高产气井，在出口管线上必须安装远程液压控制的紧急关闭阀，以实现远程开关控制。

（6）检测设备：溢流液面检测报警仪、四合一气体检测仪、正压式空气呼吸器及充气设备的配备必须满足油气井的井控风险要求。

（7）井控设备的试压要求在满足行业、企业要求的前提下，依据本油田井下作业井控实施细则要求。

3.2.6 井控设计应考虑的几个问题

3.2.6.1 成本与安全要求

施工安全应包括井控设计、HSE、应急预案等。特别对没有掌握地层压力、井下储层认识不清、井下压力体系发生变化、井下问题复杂以及新勘探区，从最安全的角度考虑，编制一口井的设计非常重要。当安全与成本发生矛盾时，应以安全作为首先考虑的对象，在保证安全的前提下降低井下作业成本，从而设计出既安全又经济的井下作业方案。

3.2.6.2 后勤供应

不同地区井的设计是不同的，井的位置决定了后勤供应要满足的条件。例如山区、林区、沙漠腹地、气候恶劣地区、井位离驻地遥远等，在一口井的设计中，应以最坏的供应条件考虑井的安全问题。

3.2.6.3 井场布置要求

从井控安全的角度考虑，一口井的井控工作是从作业前的准备工作（工程）开始的。在进行作业前的准备工作（工程）前，必须考虑季节风向、道路，进而确定井场的方向和位置，泵、循环系统、油罐、水罐等设备摆放，放喷管线的走向，材料房、值班房的位置等。井场设备布置合理与否，关系到井控工作的成败。

3.3 井控应急预案

应急预案在应急系统中起着关键作用，它明确了在突发事件发生之前、发生过程中以及刚刚结束之后，谁负责做什么、何时做，以及相应的策略和资源准备等。它是针对可能发生的重大事故及其影响和后果的严重程度，为应急准备和应急响应的各个方面所预先作出的详细安排，是开展及时、有序和有效事故应急救援工作的行动指南。

应急救援工作的核心内容是及时、有序、有效地开展应急救援工作的重要保障。

应急预案使应急准备和应急管理不再无据可依，无章可循；是企业应对各种突发重大事件的相应基础；有利于作出及时的应急响应，降低事故后果；有利于提高全社会的风险防范意识。

应急救援体系是针对具体设备、设施、场所或环境，在安全评价的基础上，评估了事故形式、发展过程、危害范围和破坏区域的条件下，为降低事故造成的人身、财产与环境损失，就事故发生后的应急救援机构和人员，应急救援的设备、设施、条件和环境，行动的步骤和纲领，控制事故发展的方法和程序等，预先作出的、科学而有效的计划和安排。

在制订应急预案时（即事故可能发生时）主要考虑三个方面的问题：人员安全、防止污染、恢复控制。

应急救援体系的目标：控制事态发展、保障生命财产安全、恢复正常状态。

3.3.1　应急原则

（1）坚持"以人为本、安全第一、保护公众、保护环境"的原则。切实履行企业的主体责任，把保障员工和人民群众健康和生命财产安全作为首要任务，最大限度地减少突发事故及造成的人员伤亡和危害。

（2）坚持"居安思危、预防为主"的原则。对重大安全隐患进行评估、治理、坚持预防和应急相结合，做好应对突发事故的各项准备工作。

（3）坚持统一领导，实行"分级负责"的原则。在应急领导小组指导下，建立健全"分类管理、分级负责、条块结合、属地管理"的应急管理体制，落实领导责任制，切实履行公司机关的管理、监督、协调、服务职能，充分发挥专业应急机构的作用。

（4）坚持提高素质，实现"依靠科技"的原则。通过技术创新，从风险评估、预案演练、应急状态监控和应急处置等各个方面，全面提高各级应急队伍人员业务素质和装备水平，充分发挥科技在突发事故处理中的作用。

（5）坚持规范程序，推行"归口管理"的原则。依据有关的法律法规和管理制度，加强应急管理，使应急工作程序化、制度化、法制化。

（6）坚持整合资源，确保"联动处置"的原则。实行区域应急联防制度，整合油田范围内的应急资源，加强应急处置队伍建设，形成统一指挥、反应灵敏、功能齐全、协调有序、运转高效的应急管理机制。

3.3.2　主要内容

在井下作业施工前，要对全体员工进行系统的健康、安全与环境管理培训。应急预案的内容主要包括但不限于以下内容：

（1）应急救援的组织机构和职责。

明确应急反应组织机构、参加单位、人员及其作用；明确应急反应总负责人，以及每一具体行动的负责人；列出本区域以外能提供援助的有关机构；明确政府和企业在事故应急中各自的职责。

（2）参与事故处理的部门和人员。

（3）应急救援程序。

（4）危害辨识与风险评价。

① 确认可能发生的事故类型、地点；

② 确定事故影响范围及可能影响的人数；

③ 按所需应急反应的级别，划分事故严重度。

④ 有害物料的潜在危险及应采取的应急措施。

（5）通告程序和报警系统。

① 确定报警系统及程序；

② 确定现场24h的通告、报警方式，报警器，内、外部联络方式等；

③ 确定24h与政府主管、部门的通信、联络方式，以便应急指挥和疏散居民；

④ 明确相互认可的通告、报警形式和内容（避免误解）；

⑤ 明确应急反应人员向外求援的方式；

⑥ 明确向公众报警的标准、方式、信号等；

⑦ 明确应急反应指挥中心怎样保证有关人员理解并对应急报警作出反应。

（6）应急设备与设施。

① 明确可用于应急救援的设施，如办公室、通信设备、应急物资等；

② 列出有关部门，如企业现场、武警、消防、卫生防疫等部门可用的应急设备；

③ 描述与有关医疗机构的关系，如急救站、医院、救护队等；

④ 描述可用的危险监测设备；

⑤ 列出可用的个体防护装备；

⑥ 列出与有关机构签订的互援协议。

（7）评价能力与资源。

① 明确决定各项突发事件危险程度的负责人；

② 描述评价危险程度的程序；

③ 描述评估小组的能力；

④ 描述评价危险所使用的监测设备；

⑤ 确定外援的专业人员。

（8）保护措施程序。

① 明确可授权发布疏散居民指令的负责人；

② 描述决定是否采取保护措施的程序；

③ 明确负责执行和核实疏散居民（包括通告、运输、交通管制、警戒）的机构；

④ 描述对特殊设施和人群的安全保护措施，如学校、幼儿园、残疾人等；

⑤ 描述疏散居民的接收中心或避难场所；

⑥ 描述决定终止保护措施的方法。

（9）信息发布与公众教育。

① 明确各应急小组在应急过程中对媒体和公众的发言人；

② 描述向公众发布事故应急信息的决定方法；

③ 描述为确保公众了解如何面对应急情况所采取的周期性宣传以及提高安全意识的措施。

（10）事故后的恢复程序。

① 描述确保不会发生未授权而进入事故现场的措施；

② 描述宣布应急取消的程序；

③ 描述恢复正常状态的程序；

④ 描述连续检测受影响区域的方法；

⑤ 描述调查、记录、评估应急反应的方法。

（11）培训与演练。

① 对应急人员进行培训，并确保合格者上岗；

② 描述每年培训、演练计划；

③ 描述定期检查应急预案的情况；

④ 描述通信系统检测频率和程度；

⑤ 描述进行公众通告测试的频率和程度并评价其效果；

⑥ 描述对现场应急人员进行培训和更新安全宣传材料的频率和程度。

3.3.3　应急管理及预案演练

3.3.3.1　应急管理

应急管理是一个过程，包括预防、预备、响应和恢复四个阶段。

（1）预防就是为预防、控制和消除事故对人类生命财产的长期危害所采取的行动，目的是减少事故的发生。

（2）预备就是在事故发生之前采取的行动，目的是提高事故应急行动能力并提高响应效果。

（3）响应就是事故即将发生或发生期间采取的行动。目的是尽可能降低生命、财产和环境损失，并有利于灾害恢复。

（4）恢复就是生产、生活恢复到正常状态或进一步改善。

3.3.3.2　预案演练

预案演练一般可分为室内演练和现场演练两种。室内演练又称组织指挥演练。

1）预案演练的目的

（1）检验预案。查找应急预案中存在的问题，进而完善应急预案，提高应急预案的实用性和可操作性。

（2）完善准备。检查应对突发事件所需应急队伍、物资、装备、技术等方面的准备情况，发现不足及时予以调整补充，做好应急准备工作。

（3）锻炼队伍。增强演练组织单位、参与单位和人员等对应急预案的熟悉程度，提高其应急处置能力。

（4）磨合机制。进一步明确相关单位和人员的职责任务，理顺工作关系，完善应急机制。

（5）科普宣教。普及应急知识，提高公众风险防范意识和自救互救等灾害应对能力。

2）室内演练

（1）桌面演练：通常在会议室，利用电话等通信工具进行应急预案演练，并形成书面演练总结和改进意见。其目的是解决应急响应和协作配合能力。

（2）功能演练：不限于办公室，在一个或更多应急中心进行，模拟或有限度地采用场外资源，与现场活动同时进行（如现场运输）。其目的是检验单个功能或其中一项活动的运转效率。

（3）全面演练：作业现场模拟事故场景，按应急预案调动人员、物资、装备，与地方政府进行联动演练，并形成演练总结和改进意见。其目的是检验、评价应急预案在运行过程中的合理性、科学性和可操作性。

3）现场演练

现场演练即事故实地演练。根据其任务要求和规模可分为单项演练、部分演练、综合演练三种。

（1）单项演练。它是针对性地完成应急任务中的某个单项科目而进行的基本操作，如个人防护演练、空气监测演练、通信演练等单一项目演练。

（2）部分演练。部分演练是检验应急任务中的某几个相关联的项目、某几个部分准备情况、同应急单位之间的协调程度等进行的基本演练。

（3）综合演练：演练的序列要强调时间性，演练程序符合逻辑性。

每一次预案演练后，应核对该计划是否被全面执行，并发现不足和缺陷。事故应急救援预案应随着条件的变化而调整，以适应新条件的要求。

3.3.4　应急预案的维护和更新

明确应急预案维护和更新的基本要求，定期进行评审，实现可持续改进。

（1）明确每项应急预案更新、维护的负责人。

（2）根据演练、检测结果完善应急预案。

① 企业应把在演习中发现的问题及时提出解决方案，对事故应急预案进行修订完善。

② 企业应在现场危险设施和危险物发生变化时及时修改事故应急处理预案。

（3）动态管理。

① 变化：工艺流程、设施设备、人员配备等。

② 应急预案应按工艺流程、设施设备、人员的变化而不断更新和完善。

3.3.5　应急预案备案

依据《生产经营单位生产安全事故应急预案编制导则》（GB/T 29639—2013）第二十六条：生产经营单位应当在应急预案公布之日起 20 个工作日内，按照分级属地原则，向安全生产监督管理部门和有关部门进行告知性备案。

油田公司级应急预案向集团公司和油田所在地政府相关部门备案。

二级单位应急预案按照属地管理的原则，报当地政府有关部门和油田公司生产运行处备案。

3.3.6　企业应急预案需要承担法律责任

依据《生产安全事故应急预案管理办法》（国家安全生产监督管理总局令 88号）第四十四条生产经营单位有下列情形之一的，由县级以上安全生产监督管理部门依照《中华人民共和国安全生产法》第九十四条的规定，责令限期改正，可以处 5 万元以下罚款；逾期未改正的，责令停产停业整顿，并处 5 万元以上10 万元以下罚款，对直接负责的主管人员和其他直接责任人员处 1 万元以上 2万元以下的罚款：

（1）未按照规定编制应急预案的；

（2）未按照规定定期组织应急预案演练的。

第4章 溢流的原因、预防及气侵的影响

尽早发现溢流及其预兆是井控技术的关键环节。井喷通常很少是突然发生的，大多数井在井喷前都有一些先兆，只要观察及时，准备充分，加以有效的预防措施，绝大多数井喷都是可以避免的。

4.1 溢流的原因

在井下作业的各种工况下，地层流体向井筒内流动须具备以下条件：

（1）井底压力小于地层压力。

（2）地层具有必要的渗透性，允许流体流入井内。

发生溢流最本质的原因是井内压力失去平衡，井底压力小于地层压力。要维持一口井处于一级井控状态，必须要保证适当的井底压力。井底压力是指地面和井内各种压力作用在井底的总压力。因此，任何一个或多个引起井底压力降低的因素，都有可能最终导致溢流或井涌。其中最常见的原因有以下几点。

（1）井内液面过低。

起管柱时井内液面下降，降低了静液柱压力，现场未灌修井液或灌量不足，导致井底压力小于地层压力。

（2）起钻抽汲作用。

起管柱时，井内液流向下流动产生抽汲压力。抽汲压力与井底压力方向相反，减小了井底压力。

（3）循环漏失。

① 井液密度过高。

② 过大的激动压力。

③ 地层疏松。

④ 裂缝或溶洞性地层。

⑤ 异常低压地层。

（4）密度过低。

① 地层压力掌握不准，配制的压井液密度偏低。

② 气体侵入井内。

③ 加重材料沉降。

④ 注水导致地层压力升高。

（5）地层压力异常。

如地层注水影响、老井管外窜通等导致压力异常。

4.2　溢流的检测与预防

4.2.1　溢流预防的要求

预防溢流要求液柱压力稍大于地层压力，就是说在保证压井液液柱压力大于地层压力的同时，不能造成井漏，致使压井液进入地层，造成地层污染。

4.2.2　起下管柱时的溢流预兆与预防

4.2.2.1　起下管柱时的溢流预兆

（1）起下管柱时灌注或返出井液量与管柱体积不符。

起管柱时，灌入井内的液量小于起出管柱体积，则表明地层流体已经进入井内。下管柱时，如果返出液量大于管柱体积，也表明井内发生溢流。

（2）起下管柱停止作业时井口外溢。

停止起下管柱，如果井口井液外溢，说明溢流已经比较严重了。

4.2.2.2　起下管柱时的溢流预防

为了减少由于起管柱时未灌入足量的压井液而造成的溢流，应做到以下几点：

（1）连续灌注。使用灌液罐连续灌注，并定期检测环空液面在起下管柱时是否正常下降。

（2）正确计量。计算起下管柱的体积，测量灌满井眼所需压井液的液量，定期将修井液体积与起出管柱的体积进行比较并记在起、下管柱坐岗记录本上。

如果两种体积不相符合要立即采取措施。

管柱的体积取决于每段管柱的长度、外径、内径。对于大多数普通尺寸的管柱可从体积表查出，也可由下面的公式计算：

$$排替量（m^3/m）= 7.854 \times 10^{-7}[外径^2（mm）-内径^2（mm）]$$

由于某种原因（管柱水眼堵）造成湿提，即起管柱喷修井液，这种情况下灌入的修井液体积应等于所提出管柱的排替量与内容积之和。此时有：

$$灌浆量（m^3/m）= 排替量+内容积 = 7.854 \times 10^{-7} \times 外径^2（mm）$$

灌修井液的原则是：起管柱时，要及时按设计要求灌压井液，并对压井液灌入量进行计量。

（3）防止起管柱时产生过大的抽汲压力。

起管柱时为了减小抽汲作用，应尽量控制井底压力略高于地层压力（这个超出的压力就是安全附加压力）；环形空间间隙要适当；控制起管柱的速度。

（4）对于低压井、漏失井液面不在井口，无法建立循环。现场可配备井下液面监测仪、压井液实时监测系统等。

① EM 液面监测系统。

通过地面液面监测，可折算出井底漏层、目的层的实际地层压力，为下步堵漏或压井作业采用合理的井液密度提供依据；通过地面液面监测，及时了解掌握井内液面动态变化，提供合理的灌浆措施，减少不必要的灌浆量；针对喷漏同存含气井，通过环空液面监测，可提前预知地层气体进入井筒状况，及时进行措施作业，防止出现井控复杂情况。

EM 液面监测系统主要包括：EM 型液位仪、发射枪及供气部分（氮气）、专用高屏蔽信号电缆、数据处理电脑、压力表、其他相关配套辅助设备。图 4-1 为 EM 型液位仪，图 4-2 为发射枪。

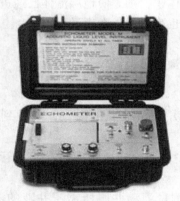

图 4-1　EM 型液位仪

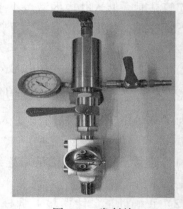

图 4-2　发射枪

EM 液面监测系统工作原理见图 4-3。采用回声测距工作原理，由发射枪发射压力脉冲，产生声波在井筒中传播、反射。EM 液面监测仪接收反射信号并分别处理。计算机通过曲线识别计算液面深度。

② LLT-2 型井下液面监测仪。

LLT-2 型井下液面监测仪如图 4-4 所示。井下液面监测仪可实时监测井筒液面；定时监控、定量吊灌的井下液面监测方法，实时分析和判断井下液面的变化情况，及时发现井内溢流、及时采取措施控制井口并及时进行处理。该系统可以在线实时监控井筒液面，可以在钻进、起下钻、静止、堵漏等情况下从井筒内监控井下液面，及时发现溢流并报警，并可实现自动根据井下液面灌浆，保证安全起钻，同时可大大提高堵漏成功率。

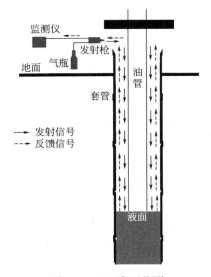

图4-3　EM液面监测
系统工作原理示意图

图4-4　LLT-2型井下液面监测仪

该系统由以下几部分组成：

a. 雷达液位监测仪：用于在转盘下防溢管处监控液面；

b. 压差式液位监测仪：用于在四通（或套管阀）处监控液面；

c. 脉冲液位监测仪：用于在井漏时对井下液面进行监控；

d. 防爆变频器；

e. 灌浆泵；

f. 计算机控制系统（两台——钻台和地面）；

g. 信号传输线；

h. 灌浆管线；

i. 一套控制软件；

j. 喇叭报警器及位移监视器。

压井液实时监测系统是对整个作业过程进行监控，通过传感器采集来的数据。压井液实时监测系统由终端、高速数据采集器、打印设备、信号隔离器等组成。可实时的发现井漏和溢流现象，以便现场迅速作出决策，降低作业成本，提高作业速度，减少意外事故的发生。该系统可将全部数据存入数据库，可快速方便地查询历史数据和打印。

4.2.3　循环时的溢流预兆与预防

4.2.3.1　循环时的溢流预兆

（1）井液返出量增加。

在泵排量不变的情况下，井口返出液量增加或井口返出流速增加，是发生溢流的主要显示之一。

（2）循环罐中液量增加。

侵入井内的地层流体使循环液体的总体积增加。因此，除了其他原因（如添加修井液或重新配制修井液）以外，循环罐液面升高是修井时地层流体侵入的可靠信号。

安装液面指示和记录装置检测。若发现循环罐液面升高，应立刻关井。

在没有增加液量的情况下，循环罐的液量增加，说明溢流正在发生。

（3）修井液从井中自动外溢。

溢流首先表现为出口管返出修井液流速加快，然后循环罐液面升高，最后在地面出现天然气。如果泵的排量没有变化，而排返出修井液的流速突然加快，就表明已有地层流体侵入。

如果在停泵时井口有溢出，而循环罐液面停止上升，应关闭防喷器观察油压、套压。

当停泵以后，井液继续外流，说明正在发生溢流或者气体膨胀。当管柱内井液密度比环空井液密度高时，井液也会外流。

（4）循环压力下降，泵速增加。

井内发生溢流后，若溢流物密度小于修井液密度，管柱内液柱压力大于环空液柱压力，由于 U 形管效应使管柱内的修井液向环空流动，故泵压下降，泵负荷减小，则泵速增加。

（5）修井液性能发生变化。

发生溢流后，井内的修井液性能发生变化。油侵入修井液，会使修井液密度和黏度下降；天然气侵入井内会使修井液密度下降，黏度上升；地层水侵入，会使修井液黏度下降。若地层水密度大于修井液，则密度升高，若地层水密度小于修井液，则密度下降。修井液中还有油花、气泡、油味或硫化氢味。

（6）悬重变化。

当油气水侵入井内，井内流体的密度下降时，钻具的浮力减少，地面上观察到的管柱悬重增加。某些地层盐水密度大于井内压井液时，也会使悬重减小。发生溢流后，环空与管柱内存在压差，在这一压差的作用下，给井内管柱一个上抬力，也使钻具悬重减小。有时钻具甚至被推出井眼。

4.2.3.2　循环时的溢流预防

（1）严格执行施工（工程）设计的井液密度值。

（2）及时发现地层压力变化并相应调整井液密度。

（3）及时发现井漏等复杂情况。

（4）发现返流速度增加、循环池液面升高、泵压下降或泵冲增加时，及时进行溢流检查。

（5）对于低压井、漏失井液面不在井口，无法建立循环，可配备井下液面监测仪，实时监测井筒液面，采用定时监控、定量吊灌的井下液面监测方法，实时分析和判断井下液面的变化情况，及时发现井内溢流、及时采取措施控制井口并及时进行处理。

4.2.4　空井及测井时的溢流预兆与预防

4.2.4.1　空井及测井时的溢流预兆

（1）井口外溢。

测井时，电缆或钢丝在下放和起升过程中，井口有明显的井液外溢，说明已发生溢流。应立即停止测井作业，根据溢流情况决定继续起出电缆或钢丝还是切断电缆或钢丝关井。

（2）关井地面压力显示。

观察到地面压力显示，应确定井是否关闭可靠、有无泄漏，并继续观察，记录油压和套压以便在压井前观察是否存在潜在问题。

4.2.4.2　空井及测试时的溢流预防

（1）尽管电缆绳索自身体积相对较小，起下过程中，排出或需要补充的压井液量小，但仍不能忽视，特别是带有大直径工具的电缆或绳索起下作业，应该控制速度，避免因抽汲导致溢流。

（2）停止作业时应有专人坐岗观察井口，发现溢流预兆及时处理。

（3）长期空井时应关井。

4.2.5　压井过程中溢流预兆与预防

4.2.5.1　压井时的溢流预兆

（1）进口排量小，出口排量大，出口液体中气泡增多。

（2）进口液体密度大，出口液体密度小，密度有下降的趋势。

4.2.5.2　压井时的溢流预防

（1）密切观察进、出口排量变化，出口液体中是否有气泡增多。

（2）观察进、出口液体密度是否有下降的趋势。

4.2.6　射孔或补层时溢流预兆与预防

4.2.6.1　射孔或补层时的溢流预兆

射孔方式有电缆射孔、过油管射孔和油管传输射孔。射孔后的溢流主要显示为：

（1）井内液面上升，井口射孔液自动外溢。

（2）电缆射孔关井有套压，过油管射孔和油管传输射孔关井有油压、套压。

4.2.6.2　射孔或补层时的溢流预防

（1）观察井内液面变化及井口射孔液是否外溢。

（2）观察关井是否有油管、套管压力。

及时发现溢流及其预兆并发出报警信号非常重要。无论发现了一个还是多个溢流显示，都要及时判断原因并始终监测这些现象，以判断是否发生了溢流。无论何种工况或遇到任何井下复杂情况，发现溢流或溢流征兆，都要坚持"疑似溢流关井检查，发现溢流立即关井"的原则。

4.3　天然气溢流的几种情形

（1）地层能量很充足，地层压力高于井底压力。

地层流体从井底直接推动压井液上行。地层打开就来，停泵就来，来势凶猛，有时几分钟内溢流就可达到几十立方米。这种情况，地面都检测不到井侵就溢流了。

（2）地层能量比较充足，井筒压力低于地层压力。

气侵压井液被推高到一定程度再发生溢流。有些产层的孔隙、裂缝连通不是十分好，在一定的井筒压差下，单位时间内侵入量不是太大。侵入到一定程度后被推高到井筒某个高度，才会推动压井液外溢。这种情形地面都检测不到井侵就溢流了。

（3）全井筒气侵，导致溢流。

地层能量较低，在该压差下单位时间内出气量较少，以至于全井筒充满气侵压井液才能推动压井液外溢。这时地面能检测到气侵的存在，压井液密度、黏度都有变化。

（4）全井筒气侵也不溢流。

地层能量很低，或者说没有负压差存在。单位时间内侵入量很少，以至于全井筒压井液都充满气侵也不溢流。这就是人们经常说的高压低渗、低产井。但是静止时间长了，随着侵入量的增加也可能溢流。在产层发育很好的地层，岩屑气、扩散气会连续侵入井内。

（5）一段气侵压井液被推到某一高度，导致溢流。

这通常是后效诱发溢流。静止一段时间，侵入井筒的天然气聚集一段，开泵循环后被上推到某一高度，天然气膨胀推动压井液外溢。

（6）压缩空气诱发溢流。带止回阀的管柱，下钻灌压井液不排空气，压缩空气到环空，也容易诱发溢流。

4.4　气侵的影响

地层中流体存在的状态既有油、气、水单独存在，又有油、气、水共存。由于气体的特性，天然气无论是在侵入的方式方面，还是在井内的运动状态方面，都不同于油侵和水侵。为了有效地进行溢流检测、防喷和压井作业，熟练掌握气侵的特点是十分重要的。

4.4.1　气侵的特点

天然气与液体最显著的区别在于压缩性和膨胀性。其体积取决于其上所加的压力。压力增加，体积减小；压力降低，体积增大。天然气的压力与体积变化情况，近似于"反比例"。

天然气密度比修井液密度小得多，在 0℃ 及 101325kPa（1 个大气压）条件下天然气的密度为 $0.7174kg/m^3$，相对密度为 0.5548。修井液中的天然气，在密度差的作用下，不论是开着井还是关着井，气体向井口的运移总是要产生的。开井时天然气在上升过程中体积膨胀，关井时，气体保持压力不变向上运移。

天然气还具有扩散性大、易燃、易爆的特点，使井控工作复杂化，

天然气中的 H_2S 有剧毒，对人身安全造成威胁，对管柱和井控装置有很强的腐蚀性，会造成氢脆破坏；H_2S 能加速非金属材料的老化，使管柱中的封隔器胶皮、井控装置中的密封件失效；H_2S 对水基修井液具有较大污染，甚至形成流不动的冻胶。

4.4.2　气侵的途径与方式

气体进入井中有以下几种可能的途径和方式：

（1）岩屑气侵。大修侧钻作业钻开油气层时，随着地层岩石被破碎，岩石孔隙中所含的气体侵入修井液。

（2）重力置换。如果是大段含气岩层，侵入修井液的天然气总量可能相当

大。特别是遇到未被封住或套管漏失大裂缝或溶洞气藏，就可能出现置换性的大量气体突然侵入，在井底聚集形成气柱，这是应该注意的。

（3）扩散气侵。扩散进入井内的气体量主要取决于气层面积、浓度差、固井质量等。以上这三种途径，即使在地层压力小于修井液液柱压力时，气体也会不可避免地侵入井内。

（4）气体溢流。压力差侵入，井底压力小于地层压力时，天然气会在压差作用下气体由气层以气态或溶解状态大量地流入和渗入井内；或在起钻时由于停止循环、抽汲作用等原因，使井底压力降低。较长时间地停止循环，可能会在井底积聚大量气体形成气柱。

即使在井底压力大于地层压力时，气体也会不可避免地侵入井内。

4.4.3 气侵对修井液液柱压力的影响

气体侵入修井液后，以游离状态即微小气泡吸附在修井液中微粒的表面，随着井液循环上返。由于气体是可以压缩的，气泡在滑脱上升过程中，所处的压力不断减小，体积就逐渐膨胀增大，如图4-5所示。

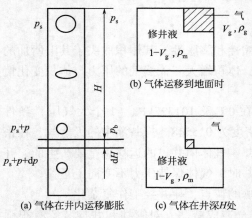

图4-5 气侵修井液柱压力的变化

气侵对井液液柱压力减少的影响，浅井大于深井。由于气体的可压缩性，少量气体在井中并不能排除和替代许多修井液，只有在气体接近地面时才膨胀得非常快。

只要采取有效的除气措施，保证泵入的修井液保持原有的密度就能防止井喷险情的发生。如果让气侵修井液重新泵入井内，而且继续受到进一步气侵，则井内压力失去平衡而导致井喷。

4.4.4 开井时气体运移对井筒压力的影响

各种原因较长时间停泵时，侵入井底的气体往往不是均匀分布，会产生积聚形成气柱。气柱在井内滑脱上升或者被循环的井液推着上行时体积会不断膨胀。

4.4.4.1 相对时间法计算油气上窜速度

相对时间法，是利用压井液循环中各种时间所占相对比例进行计算的。在发生油气侵、水侵等情况下，钻具（管柱）下入后循环时，井眼上部未受到侵污的压井液有一定的显示时间，下部受侵污压井液返出后也显示并持续一定的时间。这两部分时间分别代表着未受侵污井段和受到侵污井段的相对长度，对其进行记录并引入计算当中，即可计算出油气上窜速度，这就是相对时间法的基本原理。

相对时间法是通过测取修（压）井液从井内返出井口的相对时间，换算为在井内占据相应高度的一种计算方法。因为采用了时间的相对值，所以不受排量等具体数值的影响。基本原理如图 4-6 所示。

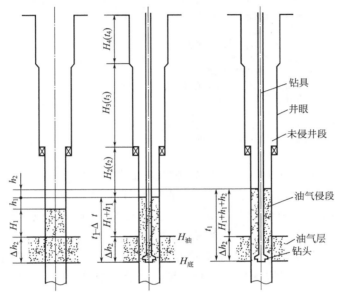

图 4-6　相对时间法计算油气上窜速度原理图（管柱下入深度大于油气层顶部深度）

用相对时间法计算油气上窜速度常用计算公式见表 4-1。

表 4-1　用相对时间法计算油气上窜速度常用计算公式

	管柱底部深度在油气层顶界以上	管柱底部深度在油气层顶界位置	管柱底部深度在油气层顶界以下
单一井径井眼	$v = \dfrac{H_{底1}}{q\left(\dfrac{t_2}{q_1 t_1} + \dfrac{1}{q_1 + q_内}\right) t_静} + \dfrac{\Delta h_1}{t_静}$	$v = \dfrac{H_油}{q\left(\dfrac{t_2}{q_1 t_1} + \dfrac{1}{q_1 + q_内}\right) t_静}$	$v = \dfrac{H_底}{q\left(\dfrac{t_2}{q_1 t_1} + \dfrac{1}{q_1 + q_内}\right) t_静} - \dfrac{\Delta h_2}{t_静}$
二级复合井径井眼	$v = \dfrac{H_{底1} + \left(\dfrac{q_3}{q_1} - 1\right) H_3}{q\left(\dfrac{t''}{q_1 t_1} + \dfrac{1}{q_1 + q_内}\right) t_静} + \dfrac{\Delta h_1}{t_静}$	$v = \dfrac{H_油 + \left(\dfrac{q_3}{q_1} - 1\right) H_3}{q\left(\dfrac{t''}{q_1 t_1} + \dfrac{1}{q_1 + q_内}\right) t_静}$	$v = \dfrac{H_底 + \left(\dfrac{q_3}{q_1} - 1\right) H_3}{q\left(\dfrac{t''}{q_1 t_1} + \dfrac{1}{q_1 + q_内}\right) t_静} - \dfrac{\Delta h_2}{t_静}$

续表

	管柱底部深度在油气层顶界以上	管柱底部深度在油气层顶界位置	管柱底部深度在油气层顶界以下
三级复合井径井眼	$v=\dfrac{H_{底1}+\left(\dfrac{q_3}{q_1}-1\right)H_3+\left(\dfrac{q_4}{q_1}-1\right)H_4}{q\left(\dfrac{t''}{q_1 t_1}+\dfrac{1}{q_1+q_内}\right)t_静}+\dfrac{\Delta h_1}{t_静}$	$v=\dfrac{H_{油}+\left(\dfrac{q_3}{q_1}-1\right)H_3+\left(\dfrac{q_4}{q_1}-1\right)H_4}{q\left(\dfrac{t''}{q_1 t_1}+\dfrac{1}{q_1+q_内}\right)t_静}$	$v=\dfrac{H_{底}+\left(\dfrac{q_3}{q_1}-1\right)H_3+\left(\dfrac{q_4}{q_1}-1\right)H_4}{q\left(\dfrac{t''}{q_1 t_1}+\dfrac{1}{q_1+q_内}\right)t_静}-\dfrac{\Delta h_2}{t_静}$

注：$H_油$——油气层顶部深度，m；

$H_{底1}$——钻具（管柱）底部深度（应不大于油气层顶部深度），m；

$H_底$——钻具（管柱）底部深度（应大于油气层顶部深度），m；

H_3，H_4——相应井段长度，m；

q_1，q_3，q_4——H_1、H_3、H_4井段环空容积，L/m；

t''——从开泵循环到见到油气显示时间，h；

$t_静$——从停泵起钻至本次开泵的总静止时间，h；

t_1——循环时井口油气显示的时间（$H_1+h_1+h_2$段），h；

q——油气侵井段井眼容积，L/m；

$q_内$——钻具（管柱）内容积，L/m；

Δh_1——钻具（管柱）浅于油气层的长度，m；

Δh_2——钻具（管柱）下入油气层中的长度，m；

v——油气上窜速度，m/h。

从表4-1公式中可知，对一口具体的井而言，油气层顶部深度（$H_油$），钻具（管柱）底部深度（$H_{底1}$、$H_底$），（管柱）浅于油气层的长度（Δh_1），钻具（管柱）下入油气层中的长度（Δh_2），油气侵井段井眼容积（q），环空容积（q_1、q_3、q_4），钻具（管柱）内容积（$q_内$）是确定的，因此，开泵循环后，只要准确记录两个时间（t_1、t''）和总静止时间（$t_静$）一起带入公式即可求出油气上窜速度。也就是说计算虽然看起来烦琐，但公式中只有三个未知数，可借助计算机进行计算。

相对时间法计算油气上窜速度较为准确，通过一次下钻就能将油气上窜速度计算出来，解决了迟到时间测量误差和开发井一般不测量迟到时间的问题，具有更广泛的适用性，是钻井和井下作业现场一种方便、准确的计算方法。

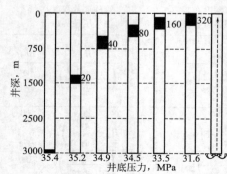

图4-7　气体在井内膨胀上升示意图

相对时间法未考虑开泵后油气滑脱上升、气体膨胀等因素，实际显示时间反映的井段长度应大于井底实际油气侵井段长度，计算油气上窜速度数值偏大。这种计算对井控安全更为有利。

4.4.4.2　开井时井内气体的运移膨胀规律

图4-7表明在3000m处0.26m³天然气气柱的膨胀上升情况。这种情况在

一些起管柱开始时发生局部抽汲的井中是容易发生的。起初，膨胀是很小的，但当天然气接近地表时膨胀迅速增加。例如在井深 750m 时，天然气体积将增至 4 倍，在井深 187.5m 时，天然气体积将增至 16 倍。当气柱上升到一定高度后，由于气柱上面压力的减小，气柱体积的膨胀就足以使上部井液自动外溢喷出。

由于起钻抽汲以及较长时间停止循环，而在井底积聚相当数量的天然气，并形成气柱。当到达某一井深时就会发生修井液自动外溢喷出。

4.4.5　关井时气体运移对井筒压力的影响

在一口受到气侵而已经关闭的井中，环形空间仍是不稳定的，天然气滑脱上升，理想状态下，假设关井后井筒空间密闭，无地层漏失和气体膨胀，则天然气保持较高的压力在井内上升。图 4-8 表明了这种情况。

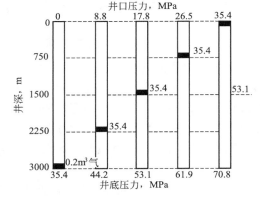

图 4-8　关井情况下气侵修井液
作用于井筒的压力

（1）考虑到关井时井口将作用有相当高的压力，因此要求井口装置必须具有足够高的工作压力。

（2）关井后天然气滑脱上升使井口和井底压力同时升高，可能造成井口设备损坏或井漏事故的发生。所以当井口压力达到最大允许关井套压时，应节流放压，其主要目的是允许气体膨胀，降低压力。

关井条件下，天然气在环空滑脱上升的速度可以通过套压的升高来计算。由于天然气在环空不能膨胀，压力就保持不变。因此，关井套压升高值就是天然气上面井液压力的减小值。

天然气滑脱上升的速度：

$$v_{\mathrm{g}} = (p_{\mathrm{a1}} - p_{\mathrm{a2}}) / [10^3 \rho_{\mathrm{m}} g (t_2 - t_1)] \tag{4-1}$$

式中　v_{g}——天然气柱滑脱上升的速度，m/h；

　　　p_{a1}——关井后 t_1 时刻的关井套压，MPa；

　　　p_{a2}——关井后 t_2 时刻的关井套压，MPa；

　　　ρ_{m}——井液密度，g/cm³；

　　　g——重力加速度，9.81m/s²；

　　　t_1, t_2——关井时刻。

（3）在较长期的关井以后，由于天然气在井内上升而不能膨胀，井口压力不断上升。

（4）不应使井长时间关闭而不循环。因为长期关井将使井口、井底承受很高的压力，这就有可能超过井口装置的耐压能力，或者超过井中套管或地层所能承受的压力，造成井口失去控制，套管憋破，地层憋漏，以致发生井漏、井喷等严重复杂情况。

因此当关井一段时间后，如果井口压力不断上升，井口和井内的压力有可能超过上述耐压极限，这时应该开启节流阀以释放部分压力。

上述理论计算是假设在理想状态下进行的，而地层的实际情况要复杂得多。在地层漏失量很小可忽略的情况下，可以用理论计算来测算井内压力的变化趋势，但是一旦地层开始漏失和气体扩张的时候，上述理论计算就不适合了。事实上，当作用在地层上的压力大于地层漏失压力时，压井液就开始向地层渗漏了。

4.4.6　天然气水平井、大斜度井气侵的特殊性

4.4.6.1　天然气水平井的特殊性

水平井储层泄气面积大、气量大，天然气由产层扩散到井内的量远比直井多。高含硫天然气水平井，有可能导致更为严重的后果。由于水平井在产层内的井段远大于直井，当含气饱和度增加时会导致气体在井内含量大幅度增加；修井液压力大于气层孔隙压力时，由于浓度差效应仍会使产层天然气渗透扩散至井内，因水平段油气泄漏面积大导致天然气侵入量远大于直井。

水平段往往会穿越多个油层，或存在小段夹层，如图4-9所示。分支井、多底井、水平段长，油气藏在井筒暴露面积明显增大，导致油气侵和气液两相流或多相流，其流动规律与直井相差甚远。水平井油气侵有多相流、超临界流等影响。

图4-9　水平段穿越多个油层，存在小段夹层

水平井段中开始流体产生相对较慢，侵入时井筒内的压力变化不是很明显。而一旦溢流进入垂直段，将会很快发生井涌。当井涌仅发生在水平井段时，关井油管压力和关井套管压力差别很小，产生的流量和罐体积的变化在开始时很慢，但是一旦溢流进入垂直井段，就会变化非常快。

水平段永远不是真正的水平，水平段的上下起伏易使气体圈闭在"顶部口袋"中，如图4-10所示。它很少或没有机会移动，而且井底压力也不减小。水平段的天然气运移相对缓慢且容易积聚，易形成体积较大的气塞，当这些气塞一旦被循环或起下钻等因素携带进入直井段时，将产生体积较大的气体段塞，使液

柱压力迅速减小，发生险情。

图 4-10 水平段的上下起伏易使气体圈闭在"顶部口袋"

4.4.6.2 水平井气侵与直井气侵的主要区别

水平井气侵与直井气侵的主要区别在于气侵发生后，侵入气体首先要在水平段运移、聚集。气体在水平段聚集之后，就使得水平段内的混合密度降低，如果是直井的话，井底压力必定会有所降低。但对于水平井而言，水平段内混合物密度降低对井底压力产生的影响非常小。

水平井段通常是螺旋形，易使气体圈闭在"顶部口袋"中。对于衬管完井和裸眼完井的水平井，水平段气量尤其是"顶部口袋"中积聚的高压气体很难准确预测，起钻过程中钻具的抽吸作用容易造成溢流。循环时水平段承受的液柱压力不相等，存在激动压力，井底更易漏失。

另一方面，由于气体进入使得井筒内液体的上升速度升高，水平段的摩阻增大，反而引起水平井井底压力的略微升高。一旦气体运移至倾斜段，井底压力则很快发生明显下降。气侵量越大，井底压力降低越多，变化也越快。

4.4.6.3 水平井和大斜度井井控技术应考虑的特殊性

水平井和大斜度井可以运用常规的井控技术，但由于井眼尺寸小和井斜大需要增加一些特殊的考虑，主要包括：

（1）由于水平井和大斜度井通过产层的井段长，产生的井涌将更加强烈；

（2）由于井眼尺寸小和井段长，其循环流体当量密度较直井为高；

（3）溢流、井涌的检测较直井复杂，修井液的增量（修井液罐液面）检测极其重要；

（4）在大斜度井气体的上移速度相对于直井要慢，在水平井段甚至可能不发生气体上移；

（5）关井压力为零并不意味着没有发生井涌，修井液量的增加说明已经发生了井涌；

（6）由于环空的液柱压力降低很少或没有降低，所以关井套压和关井油压（立压）非常接近。

第5章 关井程序

一旦发生溢流，应当按照正确的程序关井。为保证关键时刻能够迅速而正确地关井，需要制定合理的关井程序，并经常性地进行防喷演习。

关井要及时果断。一旦发生溢流，关井越早、越迅速，溢流量就越小。溢流量越小，越容易控制，也越安全。目前采用的关井方法主要有两种：一是软关井；二是硬关井。

软关井是当发生溢流或井喷后，节流阀通道开启，其他旁侧通道关闭的情况下关闭防喷器，然后关节流阀关井。这种关井方法的优点是可以避免突然关井而产生的水击效应，万一套管压力过高，还可以采用其他的井控方法（如低节流压力法等）关井，所以关井比较安全。缺点是关井时间比较长，在关井的过程中地层流体还会继续侵入井内。

硬关井是当发生溢流或井喷后，在防喷器、四通等旁侧通道关闭的情况下关闭防喷器，这种关井方法的优点是关井时间比较短，可以迅速制止地层流体进入井内。缺点是关井时容易产生水击现象，使井口装置、套管和地层所承受的压力急剧增加，甚至超过井口装置的额定工作压力、套管抗内压强度和地层破裂压力，而造成井口失控。为了便于观察套压，可以在4#阀靠近四通的一侧安装套压表。

实施关井操作时，井下作业队各岗位人员必须明确各自的井控岗位职责，按照中国石油天然气集团公司《井下作业井控技术规范》要求及本油田"井下作业井控实施细则"中井控岗位分工要求，按关井程序迅速控制井口，真正做到各尽其责。溢流报警信号为一长鸣笛，不少于15s，关井信号为两短鸣笛，关井结束信号为三短鸣笛，解除信号为一短鸣笛。

5.1 无钻台液压防喷器的关井操作程序

现场的作业机无钻台，配备的井控装置有液压闸板防喷器，远程控制台（以FK125-3为例），使用简易压井放喷管线。

5.1.1 起、下油管时发生溢流的关井程序

5.1.1.1 抢装旋塞，关防喷器关井程序

1）发信号（发）

人员：司钻、值班干部、技术员、坐岗工。

司钻：接到坐岗工发现溢流汇报（同时汇报有毒有害气体检测情况），司钻立即发出报警信号（一声长笛不少于15s）。

值班干部：听到溢流报警信号，值班干部立即赶到井口负责全面指挥。

技术员：确认溢流后，立即向上级汇报。

2）停止作业（停）

人员：值班干部、司钻、副司钻、司机（发电工）、井架工、一岗、二岗、三岗、资料员。

停止一切作业，各岗位按照井控岗位职责分工，迅速进入井控操作位置。

值班干部：到井口负责全面指挥，监督各岗操作，处理突发情况。

司机（发电工）：关井口、井架灯，夜间开探照灯，保证远程控制台用电，检查消防器材完好。

司钻：立即停止起下管柱作业。

副司钻：立即到远控台做以下检查：电源指示灯亮、主令开关在自动位、蓄能器压力19~21MPa，管汇压力10.5MPa，半封闸板、全封闸板换向阀均处于开位，旁通阀关位，备用换向阀中位，油箱油位正常。

井架工：游车过指梁后，从二层台迅速撤离至地面。

一岗：确认油管旋塞、防喷井口处于开启状态。

二岗：确认套放管线处于开启状态。

三岗：检查防喷器扳手、旋塞扳手、压力表、钢圈、管钳、井口专用扳手等完好，并准备好黄油、螺纹油、钢丝刷等。

资料员：准备好记录本。

3）抢装油管旋塞阀（抢）

人员：司钻、一岗、二岗、三岗。

司钻目视井口下放游车，当吊卡下放至距防喷器上保护法兰上平面0.4~0.5m时，一岗、二岗两人同时握住吊环，待吊环平稳坐在防喷器上平面时，摘吊环一次成功。司钻上提游车到一定高度，同时三岗递送油管旋塞至井口，一岗、二岗抢装油管旋塞阀。司钻上提钻具至关闭防喷器的适当高度（提离法兰面即可）。

4）关井（关）

人员：司钻、副司钻、一岗、三岗。

司钻：发关闭防喷器的信号，两声短笛。

副司钻听到警报后，立即在远控台上将控制半封闸板防喷器的换向阀手柄扳至关位，给一岗打防喷器关闭手势，一岗观察半封闸板到位后，给司钻打防喷器关闭手势。司钻下放吊卡坐于防喷器上保护法兰上，一岗关闭油管旋塞。

三岗：关套放阀门（眼看套压表，套压未超过最大允许关井套压）。

司钻：发出关井结束信号，三短鸣笛。

5）观察关井油、套管压力及溢流量（看）

人员：一岗、二岗、三岗、资料员、坐岗工。

资料员、三岗配合安装油管压力表（装压力表前，三岗打开泄压丝堵泄压）。

资料员认真观察、准确记录关井油管压力，三岗记录关井套压，坐岗工录取溢流量，向值班干部、甲方监督汇报，技术员收集有关资料后，按程序向上级汇报。

关井后全体人员根据风向在紧急集合点集合，值班干部清点人数。

需要长期关井时，一岗和二岗同时转动防喷器半封闸板锁紧杆手轮，锁紧闸板。

5.1.1.2　起下钻发生溢流时抢装防喷井口关井程序

1）发信号（发）

人员：司钻、值班干部、技术员、坐岗工。

司钻：接到坐岗工发现溢流汇报时，司钻立即发出报警信号（一声长笛不少于15s）。

值班干部：听到溢流报警信号，值班干部立即赶到井口负责全面指挥。

技术员：立即向上级汇报。

2）停止作业（停）

人员：值班干部、司钻、副司钻、司机（发电工）、一岗、二岗、三岗、资料员。

停止一切作业，各岗位按照井控岗位职责分工，迅速进入井控操作位置。

值班干部：到井口负责全面指挥，监督各岗操作，处理突发情况。

司钻：停止作业。

司机（发电工）：关井口、井架灯，夜间开探照灯，保证远程控制台用电，检查消防器材完好。

副司钻：立即到远控台做以下检查：电源指示灯亮、主令开关在自动位、蓄能器压力19~21MPa，管汇压力10.5MPa，半封闸板、全封闸板换向阀均处于开位，旁通阀关位，备用换向阀中位，油箱油位正常。

井架工：游车过指梁后，从二层台迅速撤离至地面。

一岗：到井口确认防喷井口处于开启状态。

二岗：确认套放管线处于开启状态。

三岗：检查防喷器扳手、旋塞扳手、压力表、钢圈、管钳、井口专用扳手等完好，并准备好黄油、螺纹油、钢丝刷等。

资料员：准备好记录本。

3）抢装防喷井口（抢）

人员：值班干部、司钻、副司钻、井架工、一岗、二岗、三岗、资料员。

值班干部：到井口负责全面指挥，监督各岗操作，处理突发情况。

司钻下放游车至合适高度，一岗、二岗挂吊环至防喷井口吊卡上一次成功，插上吊卡销，扶好吊环；司机和井架工用牵引绳拉住井口，上提游车。三岗将钢圈套在吊卡上部，缓慢下放游车。一岗和二岗、司机扶正防喷井口与井口油管头对接，用手旋转上 2～3 扣。三岗递送管钳，一岗、二岗用管钳将防喷井口紧扣，上提游车，当油管接箍提离井口吊卡 5～10cm 时，摘吊卡。三岗立即在钢圈上涂抹黄油并放入钢圈槽，下放防喷井口待下法兰盘下平面距井口上法兰盘上平面 20cm 左右刹车。三岗递螺栓，一、二岗穿好全部螺栓，下放井口坐好，对角上紧井口四条螺栓（司机、三岗打底钳，一岗、二岗上螺栓），再上紧其余全部螺栓，摘吊卡，司钻上提游车至适当高度。

4）关井（关）

人员：值班干部、一岗、二岗、三岗、资料员。

值班干部：到井口负责全面指挥，监督各岗操作。

防喷井口安装到位后，一岗和二岗迅速关闭防喷井口阀门。

三岗关闭套放阀门（眼看套压表，套压未超过最大允许关井套压）。

司钻发出关井结束信号，三短鸣笛。

5）观察关井油、套管压力及溢流量（看）

人员：资料员、坐岗工、三岗。

资料员、三岗配合安装油管压力表（装压力表前，三岗打开泄压丝堵泄压）。

资料员认真观察准确记录关井油管压力，三岗记录关井套压，坐岗工录取溢流量，向值班干部、甲方监督汇报，技术员收集有关资料后，按程序向上级汇报。

关井后全体人员根据风向在紧急集合点集合，值班干部清点人数。

5.1.2　起、下复合管柱发生溢流的关井程序

5.1.2.1　抢装防喷单根，关防喷器程序

鉴于井下作业小修、试油等作业现场大多配备的是单闸板防喷器，现场必须提前将防喷单根连接好，涂红色油漆标识；井内若是复合管柱，在溢流时起出的管柱尺寸与闸板芯子不配套，这时必须抢装防喷单根。

防喷单根：油管旋塞+油管（油管尺寸与闸板芯子匹配）+变扣接头。

1）发信号（发）

人员：司钻、值班干部、技术员、坐岗工。

司钻：接到坐岗工发现溢流汇报时，司钻立即发出报警信号（一声长笛不少于15s）。

值班干部：听到溢流报警信号，值班干部立即赶到井口负责全面指挥。

技术员：立即向上级汇报。

2）停止作业（停）

人员：值班干部、技术员、司钻、副司钻、司机（发电工）、井架工、一岗、二岗、三岗、资料员。

停止起下管柱作业，各岗位按照井控岗位职责分工，迅速进入井控操作位置。

值班干部：到井口负责全面指挥，监督各岗操作，处理突发情况。

司机（发电工）：关井口、井架灯，夜间开探照灯，保证远程控制台用电，检查消防器材完好。

司钻：立即停止起放管柱作业。

副司钻：立即到远控台做以下检查：电源指示灯亮、主令开关在自动位、蓄能器压力19~21MPa，管汇压力10.5MPa，半封闸板、全封闸板换向阀均处于开位，旁通阀关位，备用换向阀中位，油箱油位正常。

井架工：游车过指梁后，从二层台迅速撤离至地面。

一岗：到井口确认防喷单根连接完好无误，油管旋塞、防喷井口处于开启状态。

二岗：确认套放管线处于开启状态。

三岗：检查旋塞扳手、压力表、钢圈、管钳、井口螺栓、专用扳手等完好，黄油筒、螺纹油、少量棉纱、钢丝刷等齐全。

资料员：准备好记录本。

3）抢装内防喷工具（防喷单根或油管旋塞）

下面仅介绍抢装防喷单根关井程序。

人员：值班干部、司钻、副司钻、一岗、二岗、三岗、资料员。

值班干部：到井口负责全面指挥，监督各岗操作。

司钻松刹把下放游动滑车。司钻上提游车到一定高度。

一岗、二岗将吊卡扣在防喷单根上。

司钻吊起防喷单根。

一岗和二岗将防喷单根与井内管柱对扣，紧扣。

司钻上提管柱，一岗、二岗去掉吊卡。

司钻下放防喷单根至适当位置，准备关井。

4）关井（关）

人员：值班干部、司钻、副司钻、一岗、二岗、三岗、资料员。

司钻发关闭防喷器的信号（两声短笛）。

副司钻听到警报后，立即在远控台上将控制半封闸板防喷器的换向阀手柄扳至关位，给一岗打防喷器关闭手势，一岗观察半封闸板到位后，给司钻打防喷器关闭手势，司钻下放吊卡坐于防喷器上法兰上，一岗关闭油管旋塞（三岗送油管旋塞的专用扳手到井口）。三岗关闭套放阀门（眼看套压表，套压未超过最大允许关井套压）。

司钻发出关井结束信号，三短鸣笛。

5）观察关井油、套管压力及溢流量（看）

人员：资料员、坐岗工、三岗。

资料员、三岗配合安装油管压力表（装压力表前，三岗打开泄压丝堵泄压）。

资料员认真观察，准确记录关井油管压力，三岗记录关井套压，坐岗工录取溢流量，向值班干部、甲方监督汇报，技术员收集有关资料后，按程序向上级汇报。

关井后全体人员根据风向在紧急集合点集合，值班干部清点人数。

需要长期关井时，一岗和二岗同时转动防喷器半封闸板锁紧杆手轮，锁紧闸板。

5.1.2.2 起、下大直径工具发生溢流时抢装井口程序

起、下大直径工具（封隔器、水力锚等）管柱时或复合管柱发生溢流抢装防喷井口的程序，同起下钻工况。

5.1.3 电缆射孔时发生溢流后井口有失控前兆的关井程序

电缆射孔作业井口必须装双闸板防喷器，带全封闸板，若遇射孔时井口有失控前兆，立即剪断电缆，按空井关全封闸板关井。

5.1.3.1 发信号（发）

人员：司钻、值班干部、技术员、坐岗工。

司钻：接到坐岗工发现溢流汇报（同时汇报有毒有害气体检测情况），司钻立即发出报警信号（一声长笛不少于15s）。

值班干部：到井口负责全面指挥，监督各岗操作，处理突发情况。

技术员：立即向上级汇报。

5.1.3.2 停止作业（停）

人员：值班干部、技术员、司钻、副司钻、司机（发电工）、一岗、二岗、三岗、资料员。

停止一切作业，各岗位按照井控岗位职责分工，迅速进入井控操作位置。

值班干部：负责全面指挥，监督各岗操作。

司机（发电工）：关井口、井架灯，夜间开探照灯，保证远程控制台用电，检查消防器材完好。

司钻：立即停止起放管柱作业。

副司钻：立即到远控台做以下检查：电源指示灯亮、主令开关在自动位、蓄能器压力 19~21MPa，管汇压力 10.5MPa，半封闸板、全封闸板换向阀均处于开位，旁通阀关位，备用换向阀中位，油箱油位正常。

一岗：到井口确认油管旋塞、防喷井口处于开启状态。

二岗：确认套放管线处于开启状态。

三岗：检查电缆剪线钳（或远程剪电缆装置）完好，防喷器扳手、压力表、管钳等工具完好。

资料员：准备好记录本。

5.1.3.3　抢剪电缆（抢）

溢流险情发生后，若井口出现井喷失控前兆，抢剪电缆，关防喷器全封闸板。

一岗、二岗负责抢剪电缆，必要时使用远程控制剪电缆装置。

5.1.3.4　关井（关）

人员：值班干部、司钻、副司钻、一岗、二岗、三岗。

司钻：发关闭防喷器的信号（两声短笛）。

副司钻听到警报后，立即在远控台上将控制全封闸板防喷器的换向阀手柄扳至关位，给一岗打防喷器关闭手势。一岗观察全封闸板到位后，给司钻打防喷器关闭手势，司钻下放吊卡坐于防喷器上平面。三岗关套放阀门（眼看套压表，套压未超过最大允许关井套压）。

司钻发出关井结束信号，三短鸣笛。

5.1.3.5　观察关井套管压力及溢流量（看）

人员：坐岗工、三岗。

三岗认真观察准确记录关井套压，坐岗工录取溢流量，向值班干部、甲方监督汇报，技术员收集有关资料后，按程序向上级汇报；关井后全体人员根据风向在紧急集合点集合，值班干部清点人数。

需要长期关井时，一岗和二岗同时转动防喷器全封闸板锁紧杆手轮，锁紧闸板。

5.1.4　空井时发生溢流的关井程序

5.1.4.1　发信号（发）

人员：司钻、值班干部、技术员、坐岗工。

司钻：接到坐岗工发现溢流汇报时，司钻立即发出报警信号（一声长笛不少于 15s）。

值班干部：听到溢流报警信号，值班干部立即赶到井口负责全面指挥。

技术员立即向上级汇报。

5.1.4.2 停止作业（停）

人员：值班干部、司钻、副司钻、司机（发电工）、一岗、二岗、三岗、资料员。

停止一切作业，各岗位按照井控岗位职责分工，迅速进入井控操作位置。

值班干部：到井口负责全面指挥，监督各岗操作，处理突发情况。

司钻：停止作业。

司机（发电工）：关井口、井架灯，夜间开探照灯，保证远控台的用电，检查消防器材完好。

副司钻：立即到远控台做以下检查：电源指示灯亮、主令开关在自动位、蓄能器压力 19~21MPa，管汇压力 10.5MPa，半封闸板、全封闸板换向阀均处于开位，旁通阀关位，备用换向阀中位，油箱油位正常。

一岗：到井口确认防喷井口处于开启状态。

二岗：确认套放管线处于开启状态。

三岗：检查防喷器扳手、旋塞扳手、压力表、钢圈、管钳、井口专用扳手等完好，并准备好黄油、螺纹油、钢丝刷等。

资料员：准备好记录本。

5.1.4.3 抢装防喷井口

人员：值班干部、司钻、副司钻、井架工、一岗、二岗、三岗。

值班干部：到井口负责全面指挥，监督各岗操作。

司钻下放游车至合适高度，一岗、二岗挂吊环至防喷井口吊卡上一次成功，插上吊卡销，扶好吊环；司机和井架工用牵引绳拉住井口，上提游车。三岗立即在钢圈上涂抹黄油并放入钢圈槽，下放防喷井口待下法兰盘下平面距井口上法兰盘上平面 20cm 左右刹车。三岗递螺栓，一、二岗穿好全部螺栓，下放井口坐好，对角上紧井口四条螺栓（司机、三岗打底钳，一岗、二岗上螺栓），再上紧其余全部螺栓，摘吊卡，司钻上提游车至适当高度。

5.1.4.4 关井（关）

人员：值班干部、一岗、二岗、三岗。

值班干部：到井口负责全面指挥，监督各岗操作。

防喷井口安装到位后，一岗和二岗迅速关闭防喷井口阀门。

三岗关闭套放阀门（眼看套压表，套压未超过最大允许关井套压）。

司钻发出关井结束信号，三短鸣笛。

5.1.4.5 观察关井套管压力及溢流量（看）

人员：坐岗工、三岗。

三岗认真观察准确记录关井套压，坐岗工录取溢流量，向值班干部、甲方监督汇报，技术员收集有关资料后，按程序向上级汇报。

关井后全体人员根据风向在紧急集合点集合，值班干部清点人数。

5.1.5 螺杆泵钻磨铣作业发生溢流的关井程序

5.1.5.1 抢装旋塞关防喷器关井程序

1）发信号（发）

人员：司钻、值班干部、技术员、坐岗工。

司钻：接到坐岗工发现溢流汇报时，司钻立即发出报警信号（一声长笛不少于15s）。

值班干部：听到溢流报警信号，值班干部立即赶到井口负责全面指挥。

技术员：立即向上级汇报。

2）停止作业（停）

人员：值班干部、司钻、副司钻、司机、井架工、泵注车操作手、一岗、二岗、三岗、资料员。

停止作业，各岗位按照井控岗位职责分工，迅速进入井控操作位置。

值班干部：到井口负责全面指挥，监督各岗操作，处理突发情况。

司钻：停止旋转作业。

司机（发电工）：关井口、井架灯，夜间开探照灯，保证远程控制台用电，检查消防器材完好。

副司钻：立即到远控台做以下检查：电源指示灯亮、主令开关在自动位、蓄能器压力19~21MPa，管汇压力10.5MPa，半封闸板、全封闸板换向阀均处于开位，旁通阀关位，备用换向阀中位，油箱油位正常。

泵注车操作手：停泵。

一岗：确认油管旋塞、防喷井口处于开启状态。

二岗：确认套放管线处于开启状态。

三岗：检查旋塞扳手、压力表、钢圈、管钳、井口螺栓、专用扳手等完好，黄油筒、螺纹油、少量棉纱、钢丝刷等齐全。

资料员：准备好记录本。

3）抢提钻具（抢）

人员：值班干部、司钻、司机、井架工、一岗、二岗、三岗。

值班干部：到井口负责全面指挥，监督各岗操作，处理突发情况。

司钻：上提钻具，一岗和二岗卸下起出的这根油管，司钻下放游车，井架工、司机配合拉卸下的这根油管及水龙带，摆放在管桥上。司钻上提游车至合适高度刹车。

三岗递送油管旋塞至井口，一岗和二岗抢装油管旋塞阀。司钻下放游车到适当高度，一岗和二岗迅速挂好吊卡，司钻上提游车至关闭防喷器的适当高度。

4）关井（关）

人员：值班干部、司钻、副司钻、一岗、二岗、三岗。

司钻发关闭防喷器的信号（两声短笛）。

副司钻听到警报后，立即在远控台上将控制半封闸板防喷器的换向阀手柄扳至关位，给一岗打防喷器关闭手势，一岗观察半封闸板到位后，给司钻打防喷器关闭手势，司钻下放吊卡坐于防喷器上平面，一岗关闭油管旋塞（三岗送油管旋塞的专用扳手到井口）。一岗和二岗同时进行手动锁紧。

三岗关闭套放阀门（眼看套压表，套压未超过最大允许关井套压）。

司钻发出关井结束信号，三短鸣笛。

5）观察关井油、套管压力及溢流量（看）

人员：资料员、坐岗工、三岗。

资料员、三岗配合安装油管压力表（装压力表前，三岗打开泄压丝堵泄压）。

资料员认真观察准确记录关井油管压力，三岗记录关井套压，坐岗工录取溢流量，向值班干部、甲方监督汇报，技术员收集有关资料后，按程序向上级汇报。

关井后全体人员根据风向在紧急集合点集合，值班干部清点人数。

需要长期关井时，一岗和二岗同时转动防喷器半封闸板锁紧杆手轮，锁紧闸板。

5.1.5.2　旋转作业（钻磨铣）时发生溢流的关井程序

旋转作业（钻磨铣）时发生溢流的关井程序也即螺杆钻抢装防喷井口关井程序。注意：旋转作业若井口安装自封封井器，则无法抢装防喷井口。

1）发信号（发）

人员：值班干部、技术员、司钻、坐岗工。

司钻：接到坐岗工发现溢流汇报时，司钻立即发出报警信号（一声长笛不少于 15s）。

值班干部：听到溢流报警信号，值班干部立即赶到井口负责全面指挥。

技术员立即向上级汇报。

2）停止作业（停）

人员：值班干部、技术员、司钻、副司钻、司机、井架工、一岗、二岗、三岗、资料员。

停止一切作业，各岗位按照井控岗位职责分工，迅速进入井控操作位置。

值班干部：到井口负责全面指挥，监督各岗操作，处理突发情况。

司机（发电工）：关井口、井架灯，夜间开探照灯，保证远程控制台用电，检查消防器材完好。

司钻：立即停止旋转作业。

泵注车操作手：停泵。

副司钻：立即到远控台做以下检查：电源指示灯亮、主令开关在自动位、蓄能器压力 19~21MPa，管汇压力 10.5MPa，半封闸板、全封闸板三位四通换向阀均处于开位，旁通阀关位，备用换向阀中位，油箱油位正常。

一岗：到井口确认油管旋塞、防喷井口处于开启状态。

二岗：确认套放管线处于开启状态。

三岗：检查旋塞扳手、压力表、钢圈、管钳、井口螺栓、专用扳手等完好，黄油筒、螺纹油、少量棉纱、钢丝刷等齐全。

资料员：准备好记录本。

3）抢装防喷井口

人员：值班干部、司钻、副司钻、一岗、二岗、三岗、资料员。

值班干部：到井口负责全面指挥，监督各岗操作，处理突发情况。

司钻下放游车至合适高度，一岗、二岗挂吊环至防喷井口吊卡上一次成功，插上吊卡销，扶好吊环。司机和资料员用牵引绳拉住井口，上提游车。三岗将钢圈套在吊卡上部，缓慢下放游车。一岗和二岗、司机扶正防喷井口与井口油管头对接，用手旋转上 2~3 扣。三岗递送管钳，一岗、二岗用管钳将防喷井口紧扣，上提游车，当油管接箍提离井口吊卡 5~10cm 时，摘吊卡。三岗立即在钢圈上涂抹黄油并放入钢圈槽，下放防喷井口待下法兰盘下平面距井口上法兰盘上平面 20cm 左右刹车。三岗递螺栓，一、二岗穿好全部螺栓，下放井口坐好，对角上紧井口四条螺栓（司机、三岗打底钳，一岗、二岗上螺栓），再上紧其余全部螺栓，摘吊卡，司钻上提游车至适当高度。

4）关井（关）

人员：值班干部、一岗、二岗、三岗。

值班干部：到井口负责全面指挥，监督各岗操作。

防喷井口安装到位后，一岗和二岗迅速关闭防喷井口阀门。

三岗关闭套放阀门（眼看套压表，套压未超过最大允许关井套压）。

司钻发出关井结束信号，三短鸣笛。

5）观察关井油、套管压力及溢流量（看）

人员：资料员、坐岗工、三岗。

资料员、三岗配合安装油管压力表（装压力表前，三岗打开泄压丝堵泄压）。

资料员认真观察，准确记录关井油管压力，三岗记录关井套压，坐岗工录取溢流量，向值班干部、甲方监督汇报，技术员收集有关资料后，按程序向上级汇报。

关井后全体人员根据风向在紧急集合点集合，值班干部清点人数。

5.1.6　险情解除后无钻台开井操作程序

（1）看：观察油管、套管压力为零，向值班干部和甲方监督报告。

（2）发：发出解除信号，一短鸣笛。

（3）查：检查手动锁紧装置是否解锁。

（4）开：打开放喷管线阀门，泄掉井内余压（开闸阀的顺序是从井口依次向外逐个打开，以避免发生开、关困难）。

（5）开：打开旋塞阀。

（6）开：打开防喷器（液压防喷器先进行手动解锁，再从下至上打开防喷器），认真检查是否完全开启。

5.2　有钻台作业关井操作程序

大修作业，现场配备的作业机有钻台。井控装置为液压双闸板防喷器（环形防喷器）、远程控制台、钻具回压阀、旋塞阀、节流压井管汇。

5.2.1　转盘旋转作业发生溢流的关井程序

5.2.1.1　发信号（发）

人员：司钻、值班干部、技术员、坐岗工。

司钻：接到坐岗工发现溢流汇报（同时汇报有毒有害气体检测情况）时，司钻立即发出报警信号（一声长笛不少于15s）。

值班干部：听到溢流报警信号，值班干部立即上钻台负责全面指挥。

技术员：确认溢流后，立即向上级汇报。

5.2.1.2　停转盘（停）

人员：值班干部、司钻、副司钻、司机（发电工）、井架工、一岗、二岗、三岗、资料员。

各岗位按照井控岗位职责分工，迅速进入井控操作位置。

司钻发报警信号的同时迅速停转盘。

值班干部：负责全面指挥，监督各岗操作，处理突发情况。

司机（发电工）：关井口、井架灯，夜间开探照灯，保证远程控制台用电，检查消防器材完好。

司钻：立即停止起下管柱作业。

副司钻：立即到远控台做以下检查：电源指示灯亮、主令开关在自动位、蓄能器压力正常，管汇压力10.5MPa，半封闸板、全封闸板、环形防喷器换向阀均处于开位，旁通阀关位，备用换向阀中位，油箱油位正常。

井架工：游车过指梁后，从二层台迅速撤离至地面。

一岗：确认油管旋塞处于开启状态（钻具回压阀完好并连接好顶开装置）。

三岗：检查防喷器扳手、旋塞扳手、管钳等配套完好。

资料员：准备好记录本。

5.2.1.3　抢提方钻杆，停泵

人员：司钻、一岗、二岗、三岗。

司钻上提钻具并停泵，使方钻杆下第一根钻杆本体露出转盘面0.5m左右刹车，一岗、二岗扣好吊卡（关防喷器之前钻杆不得坐在吊卡上）。

5.2.1.4　开4号平板阀

4号阀为液动阀时，由副司钻在远控台上开启，三岗去确认4号阀是否正常打开，给钻台传递平板阀打开手势。4号阀为手动阀时，由三岗开启，并给钻台传递平板阀打开手势。

5.2.1.5　关井（关）

人员：司钻、副司钻、一岗、三岗。

司钻：发关闭防喷器的信号，两声短笛。

副司钻关防喷器（有环形防喷器时，先关环形，再关半封闸板防喷器），一岗关内防喷工具。

井架工关节流阀（眼看套压表，套压未超过最大允许关井套压），试关井，三岗再关节流阀前的平板阀。

司钻：发出关井结束信号，三短鸣笛。

5.2.1.6　观察关井油管、套管压力及溢流量（看）

人员：一岗、二岗、三岗、资料员、坐岗工。

资料员认真观察，准确记录关井油管压力（立管压力），三岗记录关井套

压，坐岗工录取溢流量，向值班干部、甲方监督汇报，技术员收集有关资料后，按程序向上级汇报。

关井后全体人员根据风向在紧急集合点集合，值班干部清点人数。

需要长期关井时，一岗和二岗同时顺时针旋转防喷器半封闸板锁紧杆手轮到位，手动锁紧闸板。

5.2.2 起下钻杆（油管）中发生溢流时关井程序

5.2.2.1 发信号（发）

人员：司钻、值班干部、技术员、坐岗工。

司钻：接到坐岗工发现溢流汇报（同时汇报有毒有害气体检测情况），司钻立即发出报警信号（一声长笛不少于 15s）。

值班干部：听到溢流报警信号，值班干部立即上钻台负责全面指挥。

技术员：确认溢流后，立即向上级汇报。

5.2.2.2 停止作业（停）

人员：值班干部、司钻、副司钻、司机（发电工）、井架工、一岗、二岗、三岗、资料员。

停止一切作业，各岗位按照井控岗位职责分工，迅速进入井控操作位置。

值班干部：负责全面指挥，监督各岗操作，处理突发情况。

司机（发电工）：关井口、井架灯，夜间开探照灯，保证远程控制台用电，检查消防器材完好。

司钻：立即停止起下管柱作业。

副司钻：立即到远控台做以下检查：电源指示灯亮、主令开关在自动位、蓄能器压力正常，管汇压力 10.5MPa，半封闸板、全封闸板、环形防喷器换向阀均处于开位，旁通阀关位，备用换向阀中位，油箱油位正常。

井架工：游车过指梁后，从二层台迅速撤离至地面。

一岗：确认油管旋塞处于开启状态（钻具回压阀完好并连接好顶开装置）。

三岗：检查防喷器扳手、旋塞扳手、管钳等配套完好。

资料员：准备好记录本。

5.2.2.3 抢装旋塞阀或钻具回压阀（抢）

人员：司钻、一岗、二岗、三岗。

司钻目视井口下放游车，当吊卡下放至距井口 0.4~0.5m 时，一岗、二岗将吊环平稳坐于井口，摘吊环一次成功。司钻上提游车到适当高度，同时三岗递送旋塞阀（或回压阀）至井口，一岗、二岗抢装旋塞阀（或钻具回压阀）。

5.2.2.4 开4号平板阀

4号阀为液动阀时，由副司钻在远控台上开启，三岗去确认4号阀是否正常打开，给钻台传递平板阀打开手势。4号阀为手动阀时，由三岗开启，并给钻台传递平板阀打开手势。司钻上提钻具至关闭防喷器的适当高度。

5.2.2.5 关井（关）

人员：司钻、副司钻、一岗、三岗。

司钻：发关闭防喷器的信号，两声短笛。

副司钻关防喷器（有环形防喷器时，先关环形，再关半封闸板防喷器），一岗关内防喷工具。

井架工关节流阀（眼看套压表，套压未超过最大允许关井套压），试关井，三岗再关节流阀前的平板阀。

司钻：发出关井结束信号，三短鸣笛。

5.2.2.6 观察关井油、套管压力及溢流量（看）

人员：一岗、二岗、三岗、资料员、坐岗工。

资料员认真观察，准确记录关井油管压力（立管压力），三岗记录关井套压，坐岗工录取溢流量，向值班干部、甲方监督汇报，技术员收集有关资料后，按程序向上级汇报。

关井后全体人员根据风向在紧急集合点集合，值班干部清点人数。

需要长期关井时，一岗和二岗同时顺时针旋转防喷器半封闸板锁紧杆手轮到位，手动锁紧闸板。

5.2.3 起下大直径工具（钻铤或封隔器等）中发生溢流时关井程序

5.2.3.1 发信号（发）

人员：司钻、值班干部、技术员、坐岗工。

司钻：接到坐岗工发现溢流汇报（同时汇报有毒有害气体检测情况），司钻立即发出报警信号（一声长笛不少于15s）。

值班干部：听到溢流报警信号，值班干部立即上钻台负责全面指挥。

技术员：确认溢流后，立即向上级汇报。

5.2.3.2 停止作业（停）

人员：值班干部、司钻、副司钻、司机（发电工）、井架工、一岗、二岗、三岗、资料员。

停止一切作业，各岗位按照井控岗位职责分工，迅速进入井控操作位置。

值班干部：负责全面指挥，监督各岗操作，处理突发情况。

司机（发电工）：关井口、井架灯，夜间开探照灯，保证远程控制台用电，检查消防器材完好。

司钻：立即停止起下管柱作业。

副司钻：立即到远控台做以下检查：电源指示灯亮、主令开关在自动位、蓄能器压力正常，管汇压力 10.5MPa，半封闸板、全封闸板、环形防喷器换向阀均处于开位，旁通阀关位，备用换向阀中位，油箱油位正常。

井架工：游车过指梁后，从二层台迅速撤离至地面。

一岗：确认防喷单根、旋塞阀处于开启状态（钻具回压阀完好并连接好顶开装置）。

防喷单根自上而下为：旋塞阀（或钻具回压阀带顶开装置）+油管（或钻杆）单根+变扣接头。防喷单根必须提前连接好以备用。

三岗：检查防喷器扳手、旋塞扳手、管钳等配套完好。

资料员：准备好记录本。

5.2.3.3　抢装旋塞阀（或钻具回压阀或防喷单根）（抢）

人员：司钻、一岗、二岗、三岗。

司钻目视井口下放游车，当吊卡下放至距井口 0.4~0.5m 时，一岗、二岗将吊环平稳坐于井口，摘吊环一次成功。起下钻铤时，一岗、二岗配合抢接防喷单根。若起下封隔器等大直径工具时，司钻立即将封隔器等大直径工具下放入井内，在大直径工具上部管柱上抢装旋塞阀（或钻具回压阀）。司钻上提钻具至关闭防喷器的适当高度。

5.2.3.4　开 4 号平板阀

4 号阀为液动阀时，由副司钻在远控台上开启，三岗去确认 4 号阀是否正常打开，给钻台传递平板阀打开手势。4 号阀为手动阀时，由三岗开启，并给钻台传递平板阀打开手势。

5.2.3.5　关井（关）

人员：司钻、副司钻、一岗、三岗。

司钻：发关闭防喷器的信号，两声短笛。

副司钻关防喷器（有环形防喷器时，先关环形，再关半封闸板防喷器），一岗关内防喷工具。

井架工关节流阀（眼看套压表，套压未超过最大允许关井套压），试关井，三岗再关节流阀前的平板阀。

司钻：发出关井结束信号，三短鸣笛。

5.2.3.6 观察关井油、套管压力及溢流量（看）

人员：一岗、二岗、三岗、资料员、坐岗工。

资料员认真观察准确记录关井油管压力（立管压力），三岗记录关井套压，坐岗工录取溢流量，向值班干部、甲方监督汇报，技术员收集有关资料后，按程序向上级汇报。

关井后全体人员根据风向在紧急集合点集合，值班干部清点人数。

需要长期关井时，一岗和二岗同时顺时针旋转防喷器半封闸板锁紧杆手轮到位，手动锁紧闸板。

5.2.4 空井发生溢流时关井程序

5.2.4.1 发信号（发）

人员：司钻、值班干部、技术员、坐岗工。

司钻：接到坐岗工发现溢流汇报（同时汇报有毒有害气体检测情况），司钻立即发出报警信号（一声长笛不少于15s）。

值班干部：听到溢流报警信号，值班干部立即上钻台负责全面指挥。

技术员：确认溢流后，立即向上级汇报。

5.2.4.2 停止其他作业（停）

人员：值班干部、司钻、副司钻、司机（发电工）、井架工、一岗、二岗、三岗、资料员。

停止一切作业，各岗位按照井控岗位职责分工，迅速进入井控操作位置。

值班干部：负责全面指挥，监督各岗操作，处理突发情况。

司机（发电工）：关井口、井架灯，夜间开探照灯，保证远程控制台用电，检查消防器材完好。

副司钻：立即到远控台做以下检查：电源指示灯亮、主令开关在自动位、蓄能器压力正常，管汇压力10.5MPa，半封闸板、全封闸板、环形防喷器换向阀均处于开位，旁通阀关位，备用换向阀中位，油箱油位正常。

三岗：检查防喷器扳手等工具配套完好。

资料员：准备好记录本。

5.2.4.3 开4号平板阀

4号阀为液动阀时，由副司钻在远控台上开启，三岗去确认4号阀是否正常打开，给钻台传递平板阀打开手势。4号阀为手动阀时，由三岗开启，并给钻台传递平板阀打开手势。司钻上提钻具至关闭防喷器的适当高度。

5.2.4.4　关井（关）

人员：司钻、副司钻、一岗、三岗。

司钻：发关闭防喷器的信号，两声短笛。

副司钻：关防喷器（有环形防喷器时，先关环形，再关全封闸板防喷器）。

井架工关节流阀（眼看套压表，套压未超过最大允许关井套压），试关井，三岗再关节流阀前的平板阀。

司钻：发出关井结束信号，三短鸣笛。

5.2.4.5　观察关井套管压力及溢流量（看）

人员：一岗、二岗、三岗、坐岗工。

三岗记录关井套压，坐岗工录取溢流量，向值班干部、甲方监督汇报，技术员收集有关资料后，按程序向上级汇报。

关井后全体人员根据风向在紧急集合点集合，值班干部清点人数。

需要长期关井时，一岗和二岗同时顺时针旋转防喷器半封闸板锁紧杆手轮到位，手动锁紧闸板。

注：空井发生溢流时，以迅速控制井口为主。若井内情况允许，在确保井下安全的前提下，可在发出信号后抢下几柱钻杆（油管）后实施关井。

5.2.5　剪切闸板的关井程序

当内防喷工具失效或井口管柱弯折等原因，造成无法关井、无法控制井口时，可用剪切闸板剪断井内管柱实施关井。

（1）发：发出报警信号。

（2）停：停止其他作业。调整管柱位置，确保接头不在剪切闸板位置。

（3）开：开节流阀前的平板阀，打开主放喷管线泄压。使用预先计算好的间距，将管柱坐挂在剪切闸板下面的半封闸板防喷器的闸板上。在转盘面以上管柱适当位置安装死卡固定器，并与井架底座固定牢靠。锁定绞车刹车装置。

（4）关：关环形防喷器。打开蓄能器旁通阀，关闭剪切闸板防喷器，直至剪断井内管柱。上提钻具，关闭全封闸板防喷器。

（5）关：关节流阀试关井，再关节流阀前的平板阀。

（6）看：认真观察，准确记录套管压力以及循环罐压井液增减量，并向值班干部、甲方监督汇报，技术员收集有关资料后，按程序向上级汇报。

5.2.6　带压作业的关井程序

带压作业关井程序与常规作业关井程序基本相同，所不同的有以下两点：

起下管柱时发生溢流的关井程序。在关安全防喷器时首先要关安全防喷器卡瓦闸板，再发出关闭防喷器的两短鸣笛信号，关安全防喷器半封闸板。井口确认半封闸板关闭，必要时手动锁紧。

空井时发生溢流的关井程序。发出关闭防喷器的两短鸣笛信号，关安全防喷器全封闸板，井口确认全封闸板关闭，必要时手动锁紧。

5.2.7　险情解除后开井程序

（1）看：观察油管、套管压力为零，向值班干部和甲方监督报告。

（2）发：发出险情解除信号，一短鸣笛。

（3）查：检查手动锁紧装置是否解锁。

（4）开：先打开节流阀前的平板阀，再打开节流阀，泄掉井内余压（开闸阀的顺序是从井口依次向外逐个打开，以避免发生开、关困难）。

（5）开：打开防喷器（液压防喷器先进行手动解锁，再从下至上打开防喷器）。

（6）关：关闭手（液）动 4 号平板阀。

（7）认真检查是否完全开启、关闭。

5.2.8　关井手势

（1）关闭闸板防喷器：双臂向两侧平举呈一直线，五指伸开，手心向前，然后同时向前平摆，合拢于胸前，见图 5-1。

（2）打开闸板防喷器：手掌伸开，掌心向外，双臂胸前平举展开，见图 5-2。

图 5-1　关闭闸板防喷器

图 5-2　打开闸板防喷器

（3）关闭环形防喷器：双臂向两侧平举呈一直线，五指呈半弧状，然后同时向上摆合拢于头顶，见图5-3。

图 5-3　关闭环形防喷器

（4）打开环形防喷器：手掌伸开，掌心向外，双臂侧上方高举展开，见图5-4。

（5）关闭平板阀：左臂向左平伸，右手向下顺时针划平圆，见图5-5。

图 5-4　打开环形防喷器

图 5-5　关闭平板阀

图 5-6　打开平板阀

（6）打开平板阀：左臂向左平伸，见图 5-6。

（7）关闭节流阀：左臂向前平伸，右手向下顺时针划平圆。此手势与关闭平板阀的区别只是左臂向前平伸，右手动作同关闭平板阀。

（8）打开节流阀：左臂向前平伸。此手势与关闭平板阀的区别只是左臂动作。

注：修井队若没有司机（发电工）这一岗位人员时，上述关井程序中司机（发电工）的工作依据本油田"井下作业井控实施细则"的规定，例如可由修井队班长完成。

第6章 井下作业过程中的井控工作

由于气井井下作业施工是在敞开井口或高压密闭的情况下进行的，高压气流随时都可能喷出或泄漏，影响正常作业施工。为防止井喷，保证安全施工，完善防喷措施至关重要。一是建立井口控制系统，利用井口井控装置，迅速有效地控制井喷；二是在施工中严格执行各项防喷操作规程，包括平衡地层压力的措施、平稳操作以及射孔、替喷、特殊工艺施工的安全措施等。

井喷是井下作业施工过程中的严重工程事故，但只要预防准备工作充分，措施得当，及时组织抢险加以控制，是可以避免的。因此，必须做好井下作业过程的井控工作。

6.1 施工前的井控准备工作

6.1.1 井下作业队施工前的井控准备

（1）对地质、工程和施工设计中提出的有关井控方面的要求和技术措施，现场技术负责人在施工前应向全队职工进行技术交底，明确作业班组各岗位分工，并按设计要求准备相应的井控装备及工具。

（2）对施工现场安装的防喷器等井控装备在施工作业前必须进行检查、试压合格，使之处于完好状态。

（3）施工现场使用的放喷管线、节流及压井管汇必须符合使用规定，并安装固定，试压合格。

（4）施工现场应备足满足设计要求的压井液、加重材料等。

（5）施工现场应备有能连接井内管柱的旋塞阀或简易防喷装置作为备用的内、外防喷工具。

（6）开工前，井下作业队应严格按照设计要求做好施工准备，自查自改合格后申请验收。井控验收按照气井的井控风险级别，制定相应的井控验收标准，特别对于高危地区（居民区、市区、工厂、学校、人口稠密区、加油站、江河湖泊等）、高温、高压井、含有毒有害气体井、射孔（补孔）井及压裂酸化井等。所有井井控验收合格后方可施工。

（7）落实井控岗位职责，作业队以班组为单位，按井控应急预案进行演练，做到能及时发现溢流险情，发现溢流能及时按正确的关井程序关井，控制井口，关井后能采取正确有效的应对措施，直至重建井内压力平衡。

6.1.2 井控装置准备

所谓井控装置，是指实施油、气井压力控制技术所用的设备、专用工具和管汇等。

为满足控制气井压力需要，井控装置必须具备在施工过程中监测井口情况、对异常情况进行准确预报等功能，以便采取相应的预防措施。当井涌或井喷时，井控装置能迅速控制井口，节制井筒内流体压力的释放，并及时泵入性能合格的加重压井液，恢复和重建井底平衡压力。即使发生强烈井喷或井喷失控以致发生火灾事故时，井控装置应具备有效处理事故及进行不压井起下钻等特殊作业的功能。

作业施工过程中井控装置由以下几部分组成：

（1）井口装置，包括防喷器、采油（气）树、套管头、四通、转换法兰等。

（2）控制装置，包括司钻控制台、远程控制台、辅助遥控控制台等。

（3）井控管汇，主要包括节流管汇及液动节流阀控制箱、防喷管线、放喷管线、压井管汇、注水及灭火管线、反循环管线等。

（4）内防喷工具，主要包括管柱旋塞阀、止回阀、油管堵塞器及各类形式的井下开关等。

（5）井控监测仪器、仪表，主要包括循环罐液面检测与报警仪、井液密度监测报警仪、返出井液流量监测报警仪、井液返出温度监测报警仪、起管柱时井筒液面监测报警仪、泵冲等参数的监测报警仪、有毒有害及易燃易爆气体检测仪等。

（6）辅助装置，主要包括压井液加重设备、液气分离器、除气器、起管柱自动灌液装置等。

（7）其他井控装置，如能适用于特殊作业和失控后处理事故的专用设备、工具等，包括自封头、旋转防喷器、带压作业起下钻装置、点火装置、专用灭火设备、拆装井口设备及工具等。

作业前，按设计要求进行井控装置和工具的配套、安装固定及试压。

施工现场必须配有通信联系工具。当发生溢流、井喷时，能迅速报警和及时向有关部门联系汇报，不失时机地采取措施，控制住井喷事故的继续发展。

6.1.3 施工井场布置

作业井施工现场的电路布置、设备安装、井场周围的预防设施的安装摆放，都要确保作业正常施工，特种车辆有回旋余地。

（1）井场平整无积水，发电房、值班房、锅炉房和储油罐、工具房、值班房、爬犁等的摆放及井场电器设备、照明器具和输电线路的安装满足 SY/T 5727—2014《井下作业安全规程》和 SY/T 5225—2012《石油天然气钻井、开发、储运防火防爆安全生产技术规程》中的相应规定执行。

（2）井场设备的布局要考虑防火的安全要求。在草原、苇塘、林区、采油（气）场站等地进行井下作业时，应采取有效的防火隔离措施。

（3）井场明显处和有关的设施、设备处应设置安全警示标志。

（4）作业机和柴油机的排气管无破漏和积炭，并有冷却防火装置，出口不朝向油罐。

（5）钻台上下、机泵房周围禁止堆放杂物及易燃易爆物，钻台、机房下无积油。

（6）消防器材的配备执行本油田中的相应规定，并定岗、定人、定期维护保养和更换失效器材，悬挂检查记录标签。

6.1.4　压井液准备

6.1.4.1　压井液性能、数量

压井液在保证不溢不漏的前提下，应充分考虑油气层保护。其性能应满足本井、本区块地质要求，满足正常作业施工要求，达到经济合理。

为满足井控要求，一般应储备 1.5 倍以上井筒容积、满足设计要求的压井液。根据井的井控风险分级，距离加重材料储备点的距离以及交通是否便利等，依据设计要求储备一定数量的加重材料和加重压井液备用。

6.1.4.2　压井材料准备

在开工前应将清水、添加剂和加重材料等准备充足，材料的消耗必须根据每天的清单进行检查落实，保证满足作业施工需要。

6.1.4.3　质量检验

压井液质量直接关系着井下安全，决定着作业能否顺利进行，因此应高度重视。

材料质量检验是重要的工作之一。材料的检验应在材料进入井场前检验合格，严格检验程序，确保质量合格。作业现场也应对质量问题进行检查控制合适检验合格证，落实生产厂商是否对口、运输和储存中是否发生问题，数量是否充足，压井液密度、黏度、切力、pH 值、含砂量等是否达到设计要求等。

含硫地层应准备除硫剂，如碱式碳酸锌等，应保持压井液的 pH 值在 9.5 以上，以使 H_2S 分解。

6.2 作业过程中的井控要求

6.2.1 压井作业的井控要求

（1）根据设计要求，配制符合要求的压井液。对一般无明显漏失的井，配液量为井筒容积的 1.5~2 倍。

（2）压井施工前，必须根据地质设计和工程设计做出压井施工设计和压井施工单，提出压井施工的具体要求，应进行技术交底。

（3）压井液密度设计应依据地质设计与作业层位的最高地层压力当量密度值为基准，另加一个安全附加值确定压井液密度。气井附加值为 $0.07 \sim 0.15 \text{g/cm}^3$。

具体选择时应考虑：地层压力大小、气层的埋藏深度、有毒有害气体的含量、钻井时的钻井液密度、井控装置、套管强度和井内管柱结构等。

（4）根据设计要求，配制符合要求的压井液。压井液性能在满足压井要求条件下，尽可能降低对油气层的伤害。对一般无明显漏失层的井，配制液量通常为井筒容积的 1.5~2 倍。

（5）严格按照试压规则对井口防喷器和地面流程进行试压，压井进口管线须试压达到预计泵压的 1.2~1.5 倍，不刺不漏。高压气井压井施工中，高压和放喷管线须用钢质直管线，禁止用软管线、低压管线，并固定牢固。循环压井作业时，活动弯头、水龙带应拴保险绳。

（6）压井施工前，认真仔细维护和保养好施工设备（起升设备和泵注设备），确保设备正常工作。压井中途不宜停泵，出口要适当控制排量，做到压井液既不漏又不被气侵。待井内返出的液体与进口性能一致时方可停泵。若停泵后发现外溢或有喷势，应再循环排除溢流，然后开井放空检查效果。

（7）井底常压法循环压井施工中，出口应用节流阀控制节流循环，注意控制井底压力必须略大于地层压力且保持不变，避免地层流体继续进入井内。压井施工前对压力较高的井，应先用油嘴控制出口排气，然后打入适量的清水作为前置液，后用高密度液体压井。

（8）施工人员要搞清楚管柱结构和井下情况，控制好排量，防止管线被砂堵，导致压力骤升，造成憋泵。压井施工中，井口四通顶丝必须上紧，防止压力升高时，将井内管柱顶出，造成事故。

（9）循环压井过程中要计量进、出口排量，漏失量，喷吐量。当进口液量超过理论井筒容积 1.2 倍仍不返出或大量漏失时，应停止施工，采取有效措施。

（10）挤压井时，挤压井的液体泵入深度，应控制在油层顶部以上 50m 处。

关井一段时间，开井检查效果。

（11）压井施工中，压井液的 pH 值要求控制在 9.5 以上。加强对压井液中硫化氢浓度的测量，保持压井液中硫化氢浓度含量在 50mg/m³ 以下。当在空气中硫化氢含量超过安全临界浓度的污染区进行作业时，应按 SY/T 6610—2017《硫化氢环境井下作业场所作业安全规范》做好人员安全防护工作。

（12）压井施工后，如需观察，停泵后开井观察时间为下一道作业工序所需时间以上，井内稳定无变化为压井合格，起钻前需用压井液再循环一周，将井内余气排尽。

（13）压井失败，必须分析原因，不得任意加大压井液密度。

（14）不同类别井开工前的压井作业要求不同。

（15）考虑到摩阻影响，反循环压井开泵时应在套管上加部分压力，安全系数应足以弥补环空压耗而不会引起漏失，通常环空摩阻很小（一般小于0.7MPa），注意如果井下有大直径工具（如封隔器），则需要较大的附加压力以克服环空摩阻。

（16）反循环压井，如果环空内有气体（比如封隔器管尾周围的气体），由于气体上窜速度决定最小泵送速度，因此，反循环排除气体溢流时环空流体的泵速必须大于气体上窜的速度。同时应注意控制油管摩阻不引起过高的井底压力而产生漏失的可能性。

6.2.2　洗井作业的井控要求

（1）按施工设计的管柱结构要求，将洗井管柱下至预定深度。

（2）连接地面管线，地面管线试压至设计施工泵压的 1.5 倍，经 5min 后不刺不漏为合格。

（3）开套管阀门打入洗井液。洗井时要注意观察泵压变化，排量由小到大，出口排液正常后逐渐加大排量，将设计用量的洗井工作液全部打入井内。

（4）洗井过程中，随时观察并记录泵压、排量、出口排量及漏失量等数据。泵压升高洗井不通时，应停泵及时分析原因并进行处理，不得强行憋泵。

（5）严重漏失井采用有效堵漏措施后，再进行洗井施工。

（6）出砂严重井优先采用反循环法洗井，保持不喷不漏、平衡洗井。若正循环洗井，应经常活动管柱。

（7）洗井过程中加深或上提管柱时，洗井工作液必须循环一周以上方可起下管柱，并迅速连接好管柱，直到洗井至施工设计深度。

6.2.3　换装井口装置的井控要求

（1）换井口装置前应确保井筒静液柱压力能平衡地层压力，压井后敞井观察时间应大于一个换装井口装置作业周期的安全作业时间。

（2）换井口装置前应提前准备好内防喷工具、简易防喷工具、油管挂、配合接头及快速抢装工具等。

（3）敞井进行后效观察结束后，应用压井成功的压井液再次进行循环或压井一周以上，无异常后再进行换装井口作业。

6.2.4　起下管柱的井控要求

（1）起下作业应符合 SY/T 5587.5—2004《常规修井作业规程　第 5 部分：井下作业井筒准备》中 4.1 的规定。

（2）防喷器、远程控制台和井控管汇的安装、试压应符合 SY/T 6690—2016《井下作业井控技术规程》的要求。

（3）起下管柱前，在井口附近应准备好简易防喷工具或防喷单根、配合接头、管柱死卡及其固定附件等。

（4）气井溢流压井后，应观察一个施工周期无溢流，用同一密度压井液循环压井不少于 1 周，再进行下步作业。

（5）起管柱作业的基本要求：

① 产层暴露井，井筒液柱压力应能平衡地层压力。压井后静止观察时间应大于下一作业周期时间，出口无异常，经再次循环井筒压井液 1.5 周无异常后才能进行起下管柱作业。

② 循环时，工作液进出口密度差不大于 $0.02g/cm^3$。

③ 循环井筒工作液不少于 1.5 倍井筒容积。

④ 静止观察时间应大于下一作业周期的时间。

⑤ 观察结束后应再次进行循环或压井作业，无异常后再进行起管柱作业。

（6）应坐岗观察和记录。起管柱的灌入量或下管柱的排出量，应与起下管柱的本体体积计算值相符。

（7）起下大直径工具时，距射孔段 300m 以内，起下管柱速度不得超过 5m/min，以减小波动压力。

（8）起下带封隔器的管柱时，要注意观察悬重及井口液面的变化。如有异常情况，不得强行起管柱。

（9）在水平井、大斜度井、高产井等产层已打开的井进行起下管柱作业时，应按设计要求控制起下钻速度。

（10）起管柱完毕空井筒时，在等措施期间，应下入不少于井深三分之一的管柱；停止施工期间，应及时安装简易防喷井口或关闭防喷器全封闸板。

（11）起下钻过程中发生溢流时，迅速按关井程序关井，测取井口压力，做好压井准备。

（12）溢流关井后，应有防井内管柱上顶的措施。

（13）对于井漏或液面不在井口的井，应用井下液面监测仪对井筒液面进行监测，根据监测情况确定吊灌量和吊灌频次。

（14）起下特殊管柱的要求。

起下特殊管柱主要指起下钻铤、完井工具、测试工具、玻璃钢油管、腐蚀油管、打捞管串、射孔管串、复合管串等与防喷器闸板尺寸不相匹配的管柱。

① 起下特殊管柱前，应备齐与防喷器闸板尺寸相匹配的防喷单根及起下特殊管柱所用的接头、工具（如射孔枪卡板等）。

② 起下特殊管柱发生溢流时，按起下特殊管柱关井操作程序关井。

③ 在原井液条件下的油管传输射孔作业，射孔后可将射孔枪起出射孔井段，再下至原射孔井深，观察大于下一作业工序周期的时间，循环无异常后起枪检查。

6.2.5　测井、射孔的井控要求

6.2.5.1　测井

（1）裸眼井电缆测井作业前，测试队应了解井筒安全作业时间，安装远程电缆剪切装置，并试压合格。

（2）裸眼井电缆测井作业时，相关方应实行24h坐班制度，监测井口显示情况。

（3）裸眼井电缆测井过程中发生溢流，应立即停止作业，起出测井仪器或剪断电缆，迅速控制井口。

（4）生产测井作业执行 SY/T 6751—2016《电缆测井与射孔带压作业技术规范》中的相应规定。

6.2.5.2　射孔

1）电缆射孔

（1）作业前应根据设计中提供的压井液及压井方法进行压井。射孔液密度应为油气层压力当量压井液密度再增加附加值，天然气井取 $0.07\sim0.15g/cm^3$。压井后应进行后效观察，待井口无液、无气、无溢流后，方可进行下步作业。

（2）电缆射孔作业下射孔枪前必须用压井液灌满井筒（负压射孔例外），并有专人负责坐岗观察井口显示情况，若液面不在井口，应及时向井筒内灌满同样性能的压井液保持井筒内静液柱压力不变。

（3）在井口安装准备好远程控制的电缆剪切装置。若井涌来势迅猛，来不及起出电缆时，用远程液压剪切装置切断电缆，应迅速关闭防喷器。

2）带压电缆射孔

（1）按设计要求安装相应压力等级的电缆射孔防喷器，并试压合格。

（2）应按预测井口最高压力确定下井管串总重量，上起过程中应按加重情况适当降低井口压力，防止电缆上顶。

（3）过油管射孔器管串尚未起入油管内时，原则上不应从套管放压。

（4）射孔过程中一旦出现顶密封或动密封失效、注脂泵突然停泵、井口装置泄漏等情况，应立即停止射孔作业，关闭防喷器。

（5）带压电缆作业中应预防冰堵引发井控装置失效或仪器遇卡、落井等事故。在寒冷天气或冬季条件下，必须不断地往地面压力设备中泵入甲醇或乙二醇，预防水合物的形成或融化已形成水合物。同时施工过程中遇到井口结冰或冰堵时，可以通过采用蒸汽车给井口加热的方式来化解冰堵。

3）油管、钻杆传输射孔

（1）作业下射孔管柱过程中，应严格执行液面坐岗观察制度。

（2）下放射孔管柱应控制均匀速度，操作平稳。

（3）定位校深、调整管柱后拆下防喷器，按要求安装好试压合格的采气树，方可点火射孔。

（4）射孔后发生溢流，若该井为新井，未有射开层段，第一次射孔后发生溢流，立即按关井程序关井并进行压井。若该井为第二次射孔，井内有已射开层段，射孔枪起爆前发生溢流，若射孔点火方式为投棒起爆，射孔管柱内有筛管，按关井程序关井后进行压井，泵入压井液的压力要控制在点火头（绝对压力）安全压力以内，防止意外起爆。

（5）射孔点火方式为压力起爆，管柱密闭，若射孔管串内有投球丢枪装置，则投球进行丢枪，若无该装置则需进行油管穿孔作业，方便测试队建立起循环压井，同时也需注意泵入压力安全范围，射孔起爆后发生溢流，应按关井程序关井。

注：生产组织应禁止夜间进行装弹、点火等作业。遇风力大于六级（含六级），雷电、雷雨天气严禁进行一切射孔作业。

6.2.6 诱喷、放喷排液、测试作业时的井控要求

（1）放喷前，应检查采（油）气井口装置各部分的连接紧固情况。

（2）对地面放喷、测试流程试压不低于10MPa，且试压检验合格。

（3）采（油）气井口装置的阀门操作：开井时，阀门应遵循由内向外的原则；关井时，阀门应遵循由外向内的原则。紧急情况下，可直接关液控安全阀或井口总阀门（先上后下）。

（4）在放喷、排液、求产时，应用针形阀或油嘴控制放喷，按套管设计参

数进行控制，防止挤毁套管，经分离器分离出的天然气和气井放喷的天然气应点火烧掉，火炬出口距井口、建筑物及森林应大于 100m，且位于井口油罐区、主导风向的下风侧，火炬出口管线应固定牢靠。

（5）井口超压时，应及时开启节流管汇进行节流（或）放喷降压。

（6）分离器压力和排液出口应有专人监控。

（7）专人巡查流程管汇，发现刺、漏等现象时应及时整改。

（8）蒸汽发生器应提前运行，保证测试期间不发生冰堵。

（9）测试期间井口总阀门以下连接部分发生刺漏，应及时泄压，压井后进行整改。

（10）诱喷作业，执行 SY/T 5587.3—2013《常规修井作业规程 第 3 部分：油气井压井、替喷、诱喷》中的相应规定。

（11）气举排液，管线应安装单流阀。

（12）连续油管气举排液前，应安装连续油管防喷器组，采用惰性气体进行排液。

（13）气举排液时按设计压力或掏空深度进行控制，防止挤毁套管。

（14）特殊井、异常高压井和高含硫化氢等有毒有害气体的井，不应夜间进行诱喷作业。

6.2.7 不压井起下管柱作业的井控要求

（1）下油管堵塞器应验封并试压合格，对油管堵塞器的要求如下：

① 无硫化氢井或观察井：可以用带坐落接头的堵塞器或油管桥塞，卡瓦式桥塞不提倡使用；如果使用，卡瓦的上部要加填塞物。

② 高风险井：应使用带有坐落接头的堵塞器或油管桥塞。

③ 拆卸采油（气）井口后，在锥管挂或直管挂上安装旋塞阀（处于关闭状态），安装不压井作业装备及连接地面管线。

（2）通过试压四通，从下到上逐级试压，试压压力为额定工作压力，稳压10min，压降不超过 0.7MPa 为合格。试压结束后卸下旋塞阀（先开旋塞阀确认无异常后）再进行起下管柱作业。

（3）起下管柱：

① 在井口压力小于 7MPa 时，可采用不压井作业装备的环形防喷器控制油套环空压力；当井口压力在 7~14MPa 时，采用不压井作业装备的闸板防喷器和环形防喷器共同控制油套环空压力；当井口压力大于 14MPa 时，需在不压井作业装备以下安装一个环形防喷器进行辅助密封。

② 下管柱时，应在最下部的一根油管上接坐落接头（带堵塞器，堵塞器下井前要进行前后试压，试压值为堵塞器的额定工作压力，稳压 10min，压降不超

过 0.7MPa 为合格）。

③起、下管柱过程中，如果堵塞器失效，则抢装内防喷工具，压井，观察大于下一工序作业周期时间，循环井筒压井液平稳后再进行起下管柱作业。

（4）拆卸不压井作业装备，安装采（油）气井口装置。

（5）作业期间停机的要求：

①关闭固定防顶卡瓦和游动重型卡瓦，防止管柱飞出井口和管柱落井；

②管柱上安装旋塞阀，旋塞阀处于关闭状态；

③专人观察井口压力的变化，严防井口压力超过井控设备的额定工作压力；

④关闭不压井作业装备下闸板，控制油套环空压力；

⑤通过平衡—放压四通进行放空；

⑥打开环形防喷器；

⑦关闭不压井作业装备的上闸板防喷器；

⑧手动锁紧上下闸板防喷器；

⑨停机。

（6）停机后的重新启动：

①将动力输送到不压井举升装置；

②缓慢打开旋塞阀，观察堵塞器的密封效果；

③利用不压井作业装备的平衡—放压四通进行放空；

④确定放喷口无气，则打开不压井作业装备的上闸板防喷器；

⑤关闭环形防喷器；

⑥利用不压井作业装备的平衡—放压四通进行压力平衡；

⑦压力平衡后，打开不压井作业装备的下闸板防喷器；

⑧进行正常起下钻作业。

6.2.8　投、捞油管堵塞器的井控要求

（1）作业前应安装相应的防喷装置，并试压至额定工作。

（2）在实施连通作业前（如捞堵塞器、射开油管连通环空等），应按设计要求对上部管柱内预加相应的平衡压力。

6.2.9　冲砂作业的井控要求

（1）冲砂作业应符合 SY/T 5587.5—2004 中 4.3 的规定。

（2）冲砂时井口应设计要求装好防喷器并试压合格。

（3）冲开被埋的气、水层时，要控制出口排量，其排量应与进口排量相平衡，当发现进、出口排量不一致时，应上提管柱、保持循环、分析原因，采取控

制措施。

（4）冲砂管柱顶部应连接旋塞阀或止回阀，当冲砂过程中出现溢流时，应立即关井，测取井口压力，组织压井，再进行冲砂作业。

6.2.10　打捞作业的井控要求

（1）打捞作业应符合 SY/T 5587.12—2004《常规修井作业规程　第 12 部分：打捞落物》中的相应规定。

（2）防喷器、远程控制台和井控管汇的安装、试压应符合 SY/T 6690—2016 的要求。

（3）打捞大直径落鱼上提管柱时，应控制上提速度，并有防止管柱上顶的技术措施。

（4）打捞作业中发生溢流时，应立即关井，测取井口压力，根据情况循环或压井处置，溢流险情解除后，方可进行下步措施。

6.2.11　绳索作业的井控要求

绳索作业包括电缆作业、钢丝作业、钢丝绳作业。

（1）安装与预计最高工作压力等级相匹配的防喷装置。

（2）作业过程中应根据井口压力变化适时调节注脂压力，防止压力泄漏。

（3）作业过程中一旦发生密封失效造成压力泄漏等情况时，应立即采取措施，控制泄漏，若泄漏无法解除，应停止起下作业关闭防喷器。非特殊情况下严禁剪断绳索。

6.2.12　连续油管作业的井控要求

（1）作业过程中的压力控制：

① 施工压力不得超过设计压力。

② 根据连续油管规格参数、入井次数、作业累计井深、作业井况等情况控制连续油管内外压差。

（2）连续油管作业时应有专人负责观察井口压力及出口情况。

（3）连续油管下入深度不应超过设计允许的最大下入深度。

（4）连续油管通过特殊井段（如井口、变径、管鞋、大斜度或水平井段等）时，起下连续油管速度应控制在 10m/min 内。

（5）起下连续油管过程中若遇阻，应缓慢上提下放连续油管通过遇阻井段。

（6）冲砂（钻磨）解堵作业时，当井口压力突然升高，应立即增加内、外张压力和自封压力。

6.2.13　压裂、酸化施工中的井控要求

（1）地面与井口连接管线和高压管汇，必须试压合格，有可靠的加固措施。

（2）压裂酸化时应有保护油层套管的技术措施和设施。

（3）压裂酸化井时井口至少应有两只总阀门。

（4）压裂车应安装限压装置。

（5）防止压裂施工引发钻井井控险情：

① 要充分认识到防止压裂施工引发钻井井控险情的重要性，加强井控安全监管。

② 在地层压力恢复水平达到原始压力 110%~120% 的超前注水区，且地层裂缝较发育的区块，只要有钻井施工，在钻井队打开第一个油层前 100m，所钻井周围两个井距（1000m）以内禁止压裂施工（水平井以各靶点为基准计算井距）。在两个井距以外进行压裂施工时，如果周围正钻井有溢流征兆，压裂施工也必须停止。停止压裂施工直至所钻井完井。

③ 若新钻井位于曾经发生过井涌、溢流的区块，或在油气重叠区域进行气井钻井时，钻井队打开第一个油层前 100m，所钻井周围两个井距以内禁止压裂作业。

④ 在老区有加密调整钻井作业，周围井若有老井重复压裂等作业时，同样执行上述相关要求。

⑤ 压裂队在进行压裂施工前，对压裂施工井周围钻井情况进行核实。

⑥ 合理安排钻井、试油生产，避免钻井队打开油层后周边邻井进行压裂施工。建立周边井的施工队伍的联系方式，做到统一协调、有序应对。

6.2.14　试气时的井控要求

由于试气作业工艺施工一般是在新探区进行，对地层的认识还不够，具有一定的风险性，防喷措施也应高于一般作业施工井。

（1）井口采气树、防喷装置、管线流程均要选用适合特殊情况的高压装置，并经试压合格后再使用。

（2）井场备足合格的压井液，压井液的密度应参考钻井钻穿油层的资料，储备数量为井筒容积的 1.5~2 倍。

（3）高压流程、分离器及其他高压设施应有牢靠的固定措施。

（4）取样操作人员应熟悉流程，平稳操作，严禁违章操作。

（5）射孔后下油管替喷、诱喷施工时，替喷液性能、替喷方式、诱喷方式应严格执行设计要求。

6.2.15　交叉作业的井控要求

6.2.15.1　射孔队的井控工作要求

（1）负责在射孔前与试气队伍进行交底，明确各自的井控职责。

（2）射孔前应复查防喷器是否安装、闸板芯子是否匹配、有毒有害气体检测仪是否完好有效、断绳器是否准备妥当。

（3）核实压井液性能、射孔层位是否和设计相符，确认压井液面是否符合设计要求。

（4）射孔过程中，试气队应确保作业设备、井控设备等性能完好，人员、设备处于待命状态。射孔过程中应督促试气队做好坐岗观察工作，以便及时掌握井底情况。

（5）射孔中途发生溢流、井涌险情应立即停止射孔作业，来不及起枪身时，配合试油队剪断电缆，强行关井。

（6）油管传输射孔须确认井口是否坐好，地面管线是否连接，否则不予点火启爆。避免夜间进行装弹、点火作业，雷电天气严禁射孔作业。

（7）射孔队应服从测井监督的监管，对井控安全存在的问题及时整改，否则不允许进行射孔作业。

（9）电缆射孔施工时，闸板防喷器必须要装一个全封闸板，并进行试压。同时，加强可燃气体及有毒有害气体检测，切实做好防火、防爆工作。井场距离井口 30m 以内的电气系统的所有电气设备必须符合防爆要求。

（10）射孔施工过程中，若发生溢流、井喷或发现 H_2S、CO 等有毒有害及可燃气体时，应服从试油（气）队安排，按照井控应急预案统一行动。

6.2.15.2　压裂队的井控工作要求

（1）负责在压裂前与试油（气）队伍进行技术交底，相互沟通，具体交代施工过程中的各个关键点，并明确各自的井控职责。

（2）压裂施工前应同试油（气）机组的负责人一起核实压裂井口法兰螺栓是否上全、上紧，并对井口、高压管线按操作规程进行试压，防止井口阀门、管线在压裂过程中刺漏。

（3）参与施工的主压车必须设置超压保护，防止压力过高破坏井口。

（4）压裂过程中，试气队应确保作业设备、井控设备等性能完好，人员、设备处于待命状态。

（5）压后反循环时，水泥车距井口不少于 10m，且停在上风处，车辆须戴防火罩。

（6）压后冲砂作业时，井口要安装防喷装置，冲砂前应先循环压井，将井筒内的油气排尽，观察确认压井平稳后，才能开始作业。施工中途若遇到返出液量明显大于入井液量时，应及时调整钻具，抢装防喷井口或油管旋塞并关防喷器，观察井口压力变化，根据情况采取措施压井。

（7）压裂队应服从试油（气）监督的监管，对井控安全存在的问题及时整改，否则不允许进行压裂作业。

（8）施工过程中若发生溢流、井喷或发现 H_2S、CO 等有毒有害及可燃气体时，应服从试油（气）队安排，按照井控应急预案统一行动。

6.2.16 水平井完井阶段的井控要求

6.2.16.1 下尾管工艺完井（水力喷射）的井控要求

（1）井队下完尾管起钻具前，应充分循环钻井液，测油气上窜速度，根据油气上窜速度计算井筒钻井液稳定周期，确认无异常情况时，起钻并更换试气防喷器。

（2）下油管（2000m）前，应保持井筒内原有钻井液性能不变；下油管过程中，要加强坐岗观察，重点观察井口液面及返出液量。

（3）下油管后要充分循环钻井液，测油气上窜速度，为下步更换采气井口提供依据。

（4）井队更换试气防喷器及安装采气井口过程中，要加强坐岗及气体检测，试气队要紧密配合，以最短时间完成拆装作业。

（5）钻机搬离井场后，试气单位应派专人现场进行监控，观察采气井口压力表变化。

（6）试气队拆卸采气井口前，应检测井口有无压力，确认无异常的情况下再进行拆卸作业。

（7）试气队在起油管过程中按要求及时向井筒内灌液体，始终保持液面在井口。

6.2.16.2 裸眼封隔器（压缩式、遇油膨胀式）分段压裂完井井控要求

（1）入井工具到现场后，必须由合同签订方、项目组、监督等相关方现场检查、验收确认，无问题后方可入井。

（2）下完管串丢手后，起钻杆前应按要求充分循环，除去后效。

（3）下完井管串及起钻杆时，钻井液密度不得低于完钻钻井液密度，要及时做好灌浆工作，并做好坐岗观察。

（4）拆卸钻井防喷器、安装试气防喷器过程中，要加强坐岗及气体检测，

钻井队与试气队要紧密配合，以最短时间完成拆装作业。

（5）投球、验封、工具串丢手、油管回接等关键环节作业中的施工参数，甲方监管人员、钻井队及试气队伍等相关方均要监控，并进行书面签字确认。

（6）钻井队在未完成作业前，所有的井控设备、固控设备、钻井液循环罐及监测设施应处于待命工况，严禁拆除防喷器，严禁提前清空钻井液循环罐。

6.2.16.3 裸眼不动管柱水力喷射分段压裂工艺完井井控要求

（1）在最后一趟通井（下完井管串前的井筒准备）起钻前，应充分循环钻井液，测油气上窜速度，根据油气上窜速度计算井筒钻井液稳定周期，确认无异常情况时，起钻并更换试气防喷器。

（2）下完井管串过程中，要加强坐岗观察，重点观察井口液面及返出液量。

（3）下完管柱后要充分循环钻井液，测油气上窜速度，为更换采气井口提供依据。

（4）更换试气防喷器及安装采气井口过程中，要加强坐岗及气体检测，试气队要紧密配合，以最短时间完成拆装作业。

（5）钻机搬离井场后，试气单位应派专人现场进行监控，观察采气井口压力表变化。

在现场施工中，要高度重视水平井完井阶段的井控工作，作业过程中，认真落实井控措施，明确各施工方职责界限，统一协调，组织施工，确保安全完井。

第7章　常规压井

7.1　压井概述

压井就是将具有一定性能和数量的液体，泵入井内，使液柱压力相对平衡于地层压力的过程；或者说压井是利用专门的井控设备和技术向井内注入一定密度和性能的修井液，建立压力平衡的过程。

压井方法选择是否正确是压井成败的重要因素。压井方法的选择需确定以下因素：一是井内管柱的深度和规范；二是管柱内阻塞或循环通道，作为压井方法选择的依据。如果压井方法选择不当、计算不准确，可能造成井涌、井喷或井漏，都会损害产层。

压井方法一般包括两种：常规压井和非常规压井。

常规压井法一般是指井底常压法压井，是一种保持井底压力不变而排出井内气侵压井液的方法，包括司钻法、工程师法和边循环边加重法。

非常规压井是指不能直接用常规压井方法进行压井的特殊压井方法。由于油气井及井涌流体的特殊性，常规井控技术有时不能完全解决问题，如有些情形下不能进行循环，如油管不在井底、井漏、油管柱堵塞或空井等，则需要使用非常规压井法。例如，体积控制法、置换（顶部压井）法、硬顶（平推）法、管柱离开井底压井、低套压法压井（低节流压力法）等。本章只介绍常规压井，非常规压井在后面第8章中介绍。

现场采取常规压井还是非常规压井方法，是根据井的实际情况进行选择的。循环法中井底常压法压井就是常规压井，而灌注法、挤注法则属于非常规压井。

7.2　井底常压法压井原理

7.2.1　循环法压井

循环法是将密度合适的压井液泵入井内并进行循环，密度较小的原压井液（或油、气及水）被压井用的压井液替出井筒达到压井目的方法。有时虽然把井压住了，在井口敞开的情况下，井下也易产生新的复杂情况，这是因为液柱压力尚未完全建立，而压井液被高压气体及液体侵入、破坏，解决的办法是在井口造成一定的回压，通常在压井管汇接上节流阀来调节和控制一定回压。利用回压和压井液液柱压力来平衡地层压力，抑制地层流体流向井内。

7.2.1.1　反循环压井

反循环压井是将压井液从油、套环形空间泵入井内顶替井内流体，由管柱内上升到井口的循环过程。

反循环压井多用在压力高、气油比大的油气井中。根据水力学原理，在排量一定的条件下，当压井液从环形空间泵入时，压井液的下行流速低，沿程摩阻损失小，压降也小，而对井底产生的回压相对较大。对于压力高、气油比大的井，采用反循环压井法不仅易成功，而且压井后，即使油层有轻微损害，也可借助投产时井本身的高压、大产量来解除；对低压井则不适合。

7.2.1.2　正循环压井

正循环压井是将压井液从管柱内泵入井内顶替井内流体，由环形空间上升到井口的循环过程。

正循环压井则适用于低压和产量较大的油井。在排量一定的条件下，当压井液从管柱内泵入时，压井液的下行流速快，措程摩阻损失大，压降也大，对井底产生的回压相对较小。所以，对于低压井，采用正循环压井法不仅能达到压井目的，还能避免压漏地层。

7.2.2　井底常压法压井

井底常压法是一种保持井底压力不变而排出井内气侵压井液的方法，就是使井底压力保持恒定并等于（或稍稍大于）地层压力，这是控制一口井的唯一正确方法。

7.2.2.1　U 形管原理

若把井的循环系统想象成一个 U 形管，油管看成 U 形管的一条腿，而把环空看成是另一条腿，U 形管原理如图 7-1、图 7-2 所示。

U 形管的基本原理是 U 形管底部是一个平衡点，此处的压力只能有一个值，这个压力可以通过分析任意一条腿的压力而获得。

U 形管的一个重要概念是套管与油管压力紧密相关，改变套管或节流阀压力可以控制井底压力，影响油管压力使之产生同样大小的变化。井底常压法的基本原理是在实施压井过程中始终保持井底压力与地层压力的平衡，不使新的地层流体流入井内，同时又不使控制压力过高，危及地层与设备。

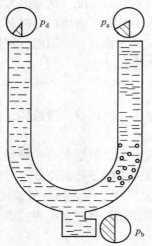
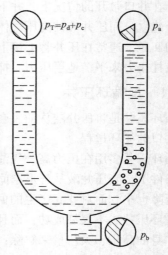

图 7-1　关井静止状态 U 形管原理图　　图 7-2　循环时 U 形管原理图

井底常压法压井是以 U 形管原理为依据，利用地面节流阀产生的阻力和井内压井液液柱压力来平衡地层压力。

在压井施工过程中，始终保证井内压力等于或略大于溢流地层的压力。

发现溢流关井后，泵入能平衡地层压力的压井液，始终控制井底压力略大于地层孔隙压力，排除溢流重建井筒与地层系统的压力平衡。

7.2.2.2　关井油压、套压

井底常压法是排出气侵压井液的一种恰当方法。在压井过程中即使遇到突然的复杂情况，也能正确地操作泵和控制节流压力。当发生溢流井涌时，关井后录取的油压、套压有可能为零，也有可能不为零。

1）关井油管压力为零

这种溢流井涌往往是由于抽汲作用或由于气体扩散进入井底压井液中造成的，又分为以下两种情况：

（1）关井油管压力为零，套管压力也为零。

这说明压井液侵污不严重，井内压井液液柱压力能够平衡地层压力，环空压井液污染不严重。

应该打开防喷器循环排除溢流。注意修井液计量罐液面和修井液密度的检测，防止情况恶化。对循环使用的返出的压井液进行除气。

（2）关井油管压力为零，套管压力不为零。

这时必须通过节流阀节流循环以排除受井侵的修井液，在对溢流控制以后，测油气上窜速度，必要时可稍稍提高修井液的密度，以便使井筒压力得到较好的平衡。

2）关井油管压力不为零

当关井油管压力不为零时，表明原压井液液柱所产生的压力不能平衡地层压力。所以，必须提高井液密度，实施压井。

7.3　井底常压法压井参数的确定与计算

7.3.1　关井油（立）管压力 p_d 的确定

7.3.1.1　直接从压力表上读数

影响关井油管压力的两个因素：时间（地层的渗透性）和圈闭压力。

1）时间（地层的渗透性）

因溢流、井涌或井喷使井内液体排出，液柱压力降低，造成关井井口压力急剧上升；当井口压力上升到一定值时井底压力和地层压力之间出现暂时平衡；其后井筒内的天然气继续上升，造成井口压力缓慢上升。

开始阶段压力急剧上升，这个阶段的时间渗透好的地层一般需 10~15min，中等渗透性地层一般需要 25min 甚至更长，渗透差的地层一般需要 30~45min，然后压力缓慢上升，出现拐点。

正确的关井取压应为：关井后每 2min 录取一次压力，作油压、套压与时间的关系曲线。一般情况下，当曲线变化平滑时，其拐点处即可读为关井油压与关井套压。

图 7-3 为关井后油（立）管压力与时间的关系曲线；图 7-4 为不同渗透率不同压力关井油压、套压变化。表 7-1 为××井关井后录取的关井压力。

表 7-1　××井关井后录取的关井压力

时间，时：分	油压，MPa	套压，MPa
2：00	2.1	2.7
2：02	2.2	2.8
2：04	2.3	2.9
2：06	2.4	3.1
2：08	2.5	3.2
2：10	2.6	3.3
2：12	2.7	3.4
2：14	2.7	3.4

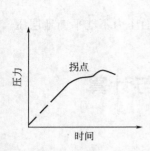

图 7-3 关井后油压
与时间的关系曲线

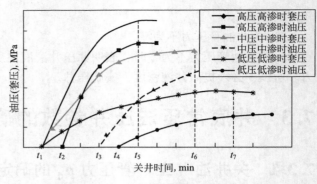

图 7-4 不同渗透率不同压力
关井油压、套压变化对比图

2）圈闭压力

所谓圈闭压力，就是指关井后记录到的关井油（立）管压力和关井套管压力超过平衡地层压力所应有的关井压力值。每次关井都需检查圈闭压力。

圈闭压力产生的原因：

（1）没停泵关井；

（2）泵未停稳关井；

（3）关井时间长，气体上移、膨胀；

（4）压井措施不当，越压井井口压力越高；

（5）使用堵漏压井液，也可在地层圈闭压力。

显然如果用含有圈闭压力的关井油（立）管压力值计算地层压力是错误的。从节流阀处放压，每次放 40~80L 压井液，放压后油压、套压均下降，说明有圈闭压力，继续放压。放压后油（立）管压力不变，套压略升高，说明没有圈闭压力。压井施工不当产生的圈闭压力采取同样的方法消除。表 7-2 为××井消除圈闭压力的实际记录。

表 7-2 ××井消除圈闭压力的实际记录（每次放 80L）

放压次数	关井油压，MPa	关井套压，MPa
0	2.7	3.4
1	2.6	3.3
2	2.5	3.2
3	2.4	3.1
4	2.3	3.0
5	2.1	2.9
6	2.1	2.9
7	2.1	3.0

7.3.1.2　不循环法测定油（立）管压力（溢流前未做低泵冲求压井泵速下的循环压力）

未知压井泵速及该泵速下的循环压力（p_{ci}）时，缓慢启动泵，向管柱内注入少量井液，观察油（立）管压力和套管压力的变化。当套管压力超过关井套管压力 0.5~1MPa 时（说明管柱回压阀被顶开），停泵，记录此时的油（立）管压力 p_{d1} 和套管压力 p_{a1}。

若 $\Delta p_a = p_{a1} - p_a$，则：

$$p_d = p_{d1} - \Delta p_a \tag{7-1}$$

式中　Δp_a——套压升高值，MPa；

　　　p_{a1}——停泵时套管压力，MPa；

　　　p_a——关井套管压力，MPa；

　　　p_d——关井油（立）管压力，MPa；

　　　p_{d1}——停泵时油管压力，MPa。

7.3.1.3　循环法测定油（立）管压力（溢流前做了低泵冲试验，已知压井排量和相应的泵压）

已知压井泵速及该泵速下的循环压力（p_{ci}）时，缓慢开泵，同时迅速打开节流阀及节流阀上游的平板阀，调节节流阀，使套管压力等于关井套管压力。

当排量达到选定的压井排量时，保持压井排量不变，调节节流阀，使套管压力恰好等于关井套管压力，记录此时的循环油（立）管压力 p_T。

$$p_d = p_T - p_{ci} \tag{7-2}$$

式中　p_d——关井油（立）管压力，MPa；

　　　p_T——循环油（立）管压力，MPa；

　　　p_{ci}——压井排量循环时油（立）管压力，MPa。

7.3.2　常规压井需要确定与计算的内容

正确关井后，常规压井需要确定与计算以下内容：

（1）判断溢流类型（计算与确定）；

（2）关井油（立）管压力（根据不同情况确定）；

（3）计算地层压力；

（4）加重压井液密度；

（5）加重所需加重剂的量；

（6）计算管柱内容积、环空容积及加重压井液量；

（7）计算注入加重压井液的时间（管柱内容积、环空容积）；

（8）计算压井循环时的初始循环油（立）管总压力，终了循环油（立）管总压力，水平井还需要计算加重压井液到达造斜点时的循环油（立）管压力 p_{dk} 及加重压井液到达稳斜点时的循环油（立）管压力 p_{dE}；

（9）记录溢流前确定的最大允许关井套压；

（10）填写压井施工单；

（11）绘制出油（立）管压力控制进度曲线，压井过程中记录套压，并绘制出套压曲线。

7.3.3　直井常规压井计算

7.3.3.1　确定地层压力

关井油（立）管压力是计算地层压力（p_p）和加重压井液密度（ρ_{m1}）的重要依据，因此准确录取关井立管压力（p_d）是十分重要的。

$$p_p = 0.0098\rho_m L_v + p_d \tag{7-3}$$

式中　p_p——地层压力，MPa；

ρ_m——原压井液密度，g/cm^3；

L_v——垂直井深，m。

压井液密度的确定应以最高地层压力系数或实测地层压力为基准，再加一个附加值。附加值可选用附加密度、附加压力两种方法确定。

7.3.3.2　加重压井液密度计算

$$\rho_{m1} = \rho_m + 102 p_d / H + \rho_e$$
$$或\ \rho_{m1} = 102(p_p + p_{附加})/H \tag{7-4}$$

式中　ρ_m——原压井液密度，g/cm^3；

ρ_{m1}——加重后的压井液密度，g/cm^3；

p_d——关井油管压力（立管压力），MPa；

ρ_e——密度附加，g/cm^3；

$p_{附加}$——附加压力，MPa；

H——油层中部的垂直深度，m。

密度附加值取值范围：油水井为 $0.05 \sim 0.1$ g/cm^3；气井为 $0.07 \sim 0.15$ g/cm^3。

压力附加值取值范围：油水井为 $1.5 \sim 3.5$ MPa；气井为 $3.0 \sim 5.0$ MPa。

7.3.3.3　压井液从地面进入油管（或钻杆）到达井底的时间

以单一管柱为例，管柱内容积：

$$V_1 = 0.7854 \times (d_{内}^2 L_1) \tag{7-5}$$

压井液从地面进入油管（或钻杆）到达井底的时间：

$$t_1 = \frac{V_1}{1000Q} \quad\quad (7-6)$$

式中　$d_内$——油管内径，m；

　　　L_1——油管柱长度，m。

　　　Q——压井排量，L/min；

　　　V_1——油管（或钻杆）柱内容积，m^3；

　　　t_1——压井液从地面进入油管（或钻杆）到达井底的时间，min。

7.3.3.4　压井液从井底沿环空上返到地面的时间

以单一直径井眼为例，管外环空容积：

$$V_2 = 0.7854 \times \left[(D^2 - d_外^2) L_2 \right] \quad\quad (7-7)$$

压井液从井底沿环空上返到地面的时间：

$$t_2 = \frac{V_2}{1000Q} \quad\quad (7-8)$$

式中　D——套管内径，m；

　　　$d_外$——油管（或钻杆）外径，m；

　　　V_2——管外环空容积，m^3；

　　　L_2——井深，m；

　　　t_2——环空上返的时间，min。

注意：井筒尺寸为复合管柱的，如尾管完井的，套管和尾管部分要分开计算。井内管柱为复合管柱的（如复合油管），管柱上部为钻杆、下部为钻铤的，应分别计算。

7.3.3.5　压井液循环一周注入总时间 t

$$t = t_1 + t_2 \quad\quad (7-9)$$

7.3.3.6　加重压井液的量 V

$$V = V_1 + V_2 \quad\quad (7-10)$$

一般取总容积的 1.5~2 倍。

7.3.3.7　初始循环油（立）管总压力

$$p_{Ti} = p_d + p_{ci} \quad\quad (7-11)$$

式中　p_{Ti}——初始循环油（立）管压力，MPa；

　　　p_d——关井油（立）管压力，MPa；

　　　p_{ci}——压井排量下循环压力，MPa。

7.3.3.8 终了循环油（立）管总压力

$$p_{Tf} = \rho_{m1} / \rho_m \cdot p_{ci} \tag{7-12}$$

式中　p_{Tf}——终了循环油（立）管压力，MPa；

　　　ρ_m——原压井液密度，g/cm^3；

　　　ρ_{m1}——加重后的压井液密度，g/cm^3。

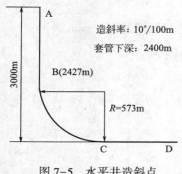

造斜率：$10°/100m$

套管下深：2400m

B(2427m)

3000m

$R = 573m$

图 7-5　水平井造斜点
与稳斜点示意图

7.3.4　定向井、水平井常规压井计算

水平井常规压井计算除上述步骤之外，还需进行两项计算，即加重压井液到达造斜点时的循环油（立）压 p_{dk} 及加重压井液到达稳斜点时的循环油（立）压 p_{dE} 的计算。图 7-5 为水平井造斜点与稳斜点示意图。

7.3.4.1　加重压井液到达造斜点时的循环油（立）压 p_{dK}

造斜点动压力损失 p_k：

$$p_k = p_{ci} + (p_{Tf} - p_{ci}) \cdot L_{km} / L_m \tag{7-13}$$

式中　L_{km}——造斜点测深，m；

　　　L_m——总测深，m：

　　　p_k——造斜点动压力损失，MPa；

　　　p_{ci}——压井泵速循环油（立）管压力，MPa；

　　　p_{Tf}——终了循环油（立）管压力，MPa。

造斜点剩余关井立压 p_{rdk}：

$$p_{rdk} = p_d - (\rho_{ml} - \rho_m) \times 0.0098 L_{kv} \tag{7-14}$$

式中　p_{rdk}——造斜点剩余关井立压，MPa；

　　　L_{kv}——造斜点垂深，m。

造斜点循环立压 p_{dk}：

$$p_{dk} = p_k + p_{rdk} \tag{7-15}$$

式中　p_{dk}——造斜点循环油（立）管压力，MPa。

7.3.4.2　加重压井液到达稳斜点时的循环油（立）管压力 p_{dE}

造斜点动压力损失 p_E：

$$p_E = p_{ci} + (p_{Tf} - p_{ci}) \cdot L_{Em} / L_m \tag{7-16}$$

式中　L_{Em}——稳斜点测深，m；

p_E——造斜点动压力损失，MPa。

稳斜点剩余关井油（立）压 p_{rdE}：

$$p_{rdE} = p_d - (\rho_{ml} - \rho_m) \times 0.0098 L_{Ev} \tag{7-17}$$

式中　p_{rdE}——稳斜点剩余关井油（立）管压力，MPa；

L_{Ev}——稳斜点垂深，m。

稳斜点循环立压 p_{dE}：

$$p_{dE} = p_E + p_{rdE} \tag{7-18}$$

式中　p_{dE}——稳斜点循环油（立）管压力，MPa。

7.3.4.3　最大允许关井套压

p_{amax} 依据工程设计。

7.3.4.4　循环时间

计算从井口到造斜点、造斜点到稳斜点、稳斜点到井底三段时间的循环时间：

循环时间＝泵入量/泵排量/泵速

7.3.5　压井液性能选择

选择压井液有以下要求：

（1）压井液对油层造成的伤害程度低；

（2）压井液性能应满足本井、本区快的地质要求；

（3）压井液固相杂质小于 0.1%，黏度适中，进出口性能一致。

7.3.6　圆整规则

作业流体密度增量应圆整到小数点后 2 位，如果百位上有数值大于零，应向十位进一而不是四舍五入。

此时确定的压井液密度足以压井，但没有考虑起管柱的附加值。由于加重作业流体会增加屈服值，而引起过高的循环摩阻，因此最好是在压井后调整作业流体屈服值并增加起钻附加值。

7.4　直井、定向井、水平井常规压井

7.4.1　工程师法压井

工程师法压井是指发现溢流关井后，先配制加重压井液，然后将配制好的压井液直接泵入井内，在一个循环周内将溢流排除并重新建立压力平衡的方法。压

井和排除溢流在一个循环周内完成。在压井过程中保持井底压力等于或稍大于地层压力并保持不变。将加重压井液泵入井内，开始压井施工。

（1）缓慢开泵，逐渐打开节流阀，调节节流阀，使套压等于关井套压不变，直到排量达到选定的压井排量。

（2）保持压井排量不变，在压井液由地面到达油管鞋（或钻头）这段时间内，调节节流阀，控制立管压力按照"油（立）管压力控制进度表"变化，由初始循环压力逐渐下降到终了循环压力。

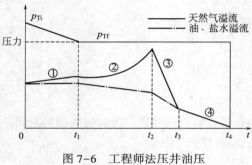

图 7-6　工程师法压井油压
（或立压）、套压变化

（3）压井液在环空上返过程中，调节节流阀，使油（立）管压力等于终了循环压力并保持不变。直到压井液返出井口，停泵关井，检查关井套压、关井油（立）管压力是否为零，如为零则开井，开井无外溢说明压井成功。

工程师法压井油压（或立压）、套压变化规律示意图，如图 7-6 所示。

7.4.2　司钻法压井（二次循环法）

司钻法压井是发生溢流关井求压后，第一循环周用原密度压井液循环，排除环空中已被地层流体污染的压井液，第二循环周再将加重压井液泵入井内将井压住，用两个循环周完成压井，压井过程中保持井底压力不变。

第一步用原钻井液循环排除溢流：

（1）缓慢开泵，逐渐打开节流阀，调节节流阀使套压等于关井套压并维持不变，直到排量达到选定的压井排量。

（2）保持压井排量不变，调节节流阀使油（立）管压力等于初始循环压力 p_{Ti}，在整个循环周保持不变。调节节流阀时，注意压力传递的迟滞现象。液柱压力传递速度大约为 300m/s。3000m 深的井，需 20s 左右才能把节流变化的压力传递到油（立）管压力表上。

（3）排除溢流，停泵关井，则关井油压（立压）等于关井套压。

在排除溢流的过程中，应配制加重压井液，准备压井。

第二步泵入加重压井液压井，重建井内压力平衡：

（1）缓慢开泵，迅速开节流阀平板阀，调节节流阀、保持关井套压不变。

（2）排量逐渐达到压井排量并保持不变。在压井液从井口到管鞋（或钻头）这段时间内，调节节流阀，控制套压等于关井套压并保持不变，也可以控制油（立）管压力由初始循环压力逐渐下降到终了循环压力。

（3）压井液出管鞋（或钻头）沿环空上返，调节节流阀，控制油（立）管压力等于终了循环压力 p_{tf}，并保持不变。当压井液返出井口后停泵关井，关井油（立）管压力、套管压力应皆为零。然后开井，井口无外溢，则说明压井成功。

司钻法压井油压（或立压）、套压变化规律示意图（气侵），如图 7-7 所示。

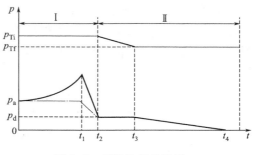

图 7-7　司钻法压井油压
（或立压）、套压变化

7.4.3　水平井司钻法压井

7.4.3.1　水平井压井的特殊性

水平井具有储层泄气面积大、气量大等特点，水平井宜选用软关井，以减少对地层和闸板的冲击效应，有利于实现安全压井作业。压井施工时需要对压井方法进行优选。正常情况下水平井压井过程中，需要循环多次才能排出水平段中的气体，在压井过程中很难控制油（立）管压力的下降值（工程师法较难操作）。因此，最好用司钻法压水平井。

第一次循环用尽可能大的排量将溢流排除，第二次循环就可用压井排量压井，这样既可以把侵入井内的溢流排出，又可以实现安全压井。水平井关井立压和关井套压的差别不仅取决于流体密度和侵入流体在井内的长度，而且还取决于侵入流体是否已上升到垂直段或造斜段中。

7.4.3.2　水平井司钻法压井操作要点

（1）缓慢开泵，同时迅速打开节流阀及下游的平板阀，调节节流使套压等于关井套压，直到泵速逐渐达到压井泵速。

（2）保持压井排量不变，调节节流阀使立管压力等于初始循环油（立）管压力不变，直到把井涌排出井口，停泵关井，则关井套压应等于关井油（立）管压力。

（3）当准备好加重压井液后，重新缓慢启动泵，同时迅速打开节流阀及下游的平板阀，调节节流阀，使套压等于关井套压，直到泵速达到压井泵速。保持压井排量不变，继续调节节流阀，使套压等于关井套压，直到加重压井液到达井底。加重压井液从井口到井底这段时间内，按着油（立）管压力变化曲线调整油（立）管压力值。调节节流阀，油（立）管压力由初始循环油（立）管压力逐渐调到造斜点油（立）管压力，从 B 点到 C 点，油（立）管压力由造斜点油（立）管压力 p_{dk} 逐渐调到稳斜点循环油（立）管压力 p_{dE}，再从 C 点降到 D 点，油（立）管压力由 p_{dE} 稳斜点循环油（立）管压力逐渐调到终了循环油（立）管压力。

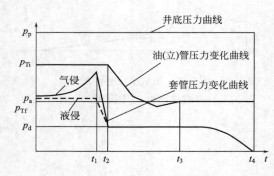

图 7-8　水平井司钻法压井油压
（或立压）、套压变化规律

（4）加重压井液返入环空，调节节流阀，使油（立）管压力等于终了循环油（立）管压力不变，直到加重压井液返出井口。

（5）停泵关井，若关井套压等于关井油（立）管压力等于零，则压井成功。开井循环，加大泵排量，进行充分循环，排除水平段小气顶中的残余气体（防止二次井涌），调整压井液性能，恢复正常作业。

水平井司钻法压井如图 7-8 所示。

7.4.4　反循环司钻法压井

反循环是常用的循环方式，因为迟到时间短，上返速度快，携砂能力强。反循环溢流出井，尤其是对生产井来说，也很常见，因为生产层压力已知，密封液的密度足以平衡地层压力而避免造成更多溢流，在这种情况下，一个反循环即可压住井。

7.4.4.1　开始反循环

循环溢流出井的过程中保持井底压力不变，而井底压力是井内液柱压力、地面压力和摩阻的综合作用的结果。

通常环空容积是管柱内容积的 4～5 倍，由于摩阻和流速的平方成正比，管柱内的摩阻将是环空摩阻的 16～25 倍。

正循环时：

井底压力=地面油管压力+油管内液柱压力−油管内的摩擦阻力

$$p_p = p_油 + p_{液柱} - p_摩$$

利用 U 形管原理井底压力也等于地面套管压力+环空液柱压力+环空摩阻力。

反循环时则有很大不同，摩擦阻力的方向是相反的，可以忽略环空摩阻，唯一不同的是环空摩阻减小了井底压力，它不再是一个安全系数，而是个危险因素。所以通常不是保持套压，而是施加一定的大于原值的压力作为安全系数，确保井内平衡。

总之，正循环压井开泵时保持套压不变是因为这一侧几乎没有摩阻，而不是因为这一侧没有泵压。反循环压井时，保持套压不变（除了加一个安全系数）是因为环空没有摩阻，即使此时环空连着泵。

7.4.4.2　保持井底压力不变

保持井底压力不变的方法与正循环相同，注意司钻法第一循环周只是从井底到地面的时间，在反循环时这一过程很短。

为保持井底压力不变，只有保持 U 形管液体密度不变，一侧的地面压力不变，若地面压力不变，泵速也保持不变，则井底压力保持不变。

图 7-9 表明一口生产测试后的井用反循环压井时，地面压力和液柱压力对井底压力的影响。环空充满修井液（假设封隔器离射孔段很近），而油管内充满地层流体（油、气、水），因此，套管一侧是单一流体和均匀的液柱压力。反循环时，只要在溢流出井的整个过程中保持套压不变（加上一个安全压力）就可以保持井底压力不变。在油管一侧，随着溢流被作业流体逐渐顶替，油管内液柱压力逐渐增加，从而油管压力不断减小。当溢流全部排出时，压井就完成了。若用于生产测试的封隔器密度足以平衡地层压力，有时封隔液的密度不够，则需要两个循环来压井。

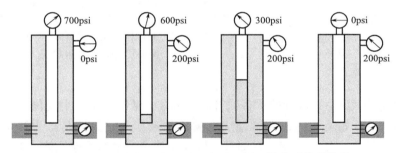

图 7-9　封隔液能平衡地层压力时反循环结束后井眼状况

油管压力＝液柱压力+地面压力；环空内井底压力＝液柱压力+地面压力

图 7-10 表明封隔器解封后，关井套压 200psi（1.4MPa）说明环空的流体不足以平衡地层压力，但环空内流体是均匀单一的，液柱压力是已知的。因此，在反循环排除溢流的第一循环中，只要保持套压不变（加一个安全量），就可以保持井底压力不变。在油管一侧，随着地层流体被作业流体顶替，液柱压力逐渐增高而油管压力不断降低，当溢流全部排出后，油压和套压相同，油压、套压值指出了压井液密度的大小，见图 7-11。

图 7-12 表示第二个循环周压井液在环空下行时，油管内的液柱压力是常量，因此，只要保持油管压力为常量，就可以保持井底压力不变。在套管一侧，随着压井液在环空下行，液柱压力不断提高，套管循环压力则逐渐下降。

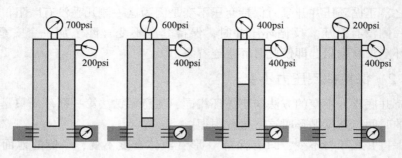

图 7-10 封隔液不能平衡地层压力时第一循环结束时井眼状况

油管内井底压力 = 液柱压力 + 地面压力；环空内井底压力 = 液柱压力 + 地面压力

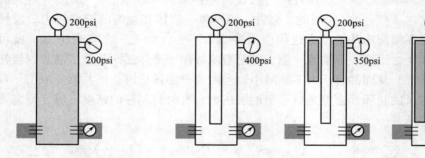

图 7-11 封隔液不能平衡
地层压力时第一循环
结束后井眼状况

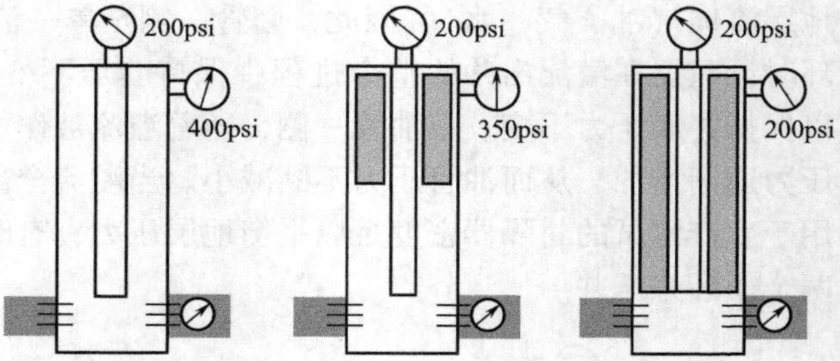

图 7-12 封隔液不能平衡地层压力时
第二循环周开始时井眼状况

一旦压井液到达井底开始顶替油管内的流体，情况就会发生变化。如图 7-13 所示，压井液开始上返时，套管环空充满压井液，此时保持套压为终了循环压力，就可保持井底压力不变，在油管一侧随压井液顶替原作业流体，油管内液柱压力不断增加，使油管压力不断下降，一旦压井液到达地面，停泵，关井，油管内充满压井液，油压和套压相等，均等于零。

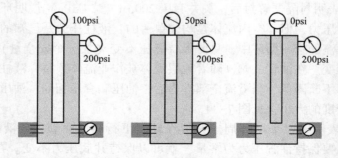

图 7-13 封隔液不能平衡地层压力时第二循环周结束时井眼状况

7.4.4.3　反循环压井步骤

1）第一循环

（1）开泵，保持套压等于关井套压加上安全压力 1.5MPa，随着泵速的增高，用油管侧的节流阀调节套压。

（2）保持初始循环泵压，直到溢流排出。

（3）当溢流排除后，保持套压不变，停泵。

注意：此时油压和套压应该相等，如果井内液体密度足够大的话，这时地面压力理论上应该为零（不考虑安全附加系数），如果此时井没有压住，要准备适当密度的压井液准备压井。

2）第二循环

（1）在保持套压不变的前提下开泵（注意此时套压仍有第一循环的安全系数）。

（2）记录初始循环油管压力。

（3）保持此油压值不变直至压井液充满环空。

（4）记录终了循环套压。

（5）保持终了循环套压不变直至压井液返到地面。

（6）保持套压不变停泵。

理想情况下，此时井被压稳了。

7.4.4.4　反循环压井注意事项

1）摩阻影响

反循环时，井底压力是油管内液柱压力、地面回压和摩擦阻力的函数，如果压井过程中不考虑摩阻，井底压力将过高，反循环考虑油管内摩阻而忽略环空摩阻，就像正循环时考虑环空摩阻而忽略油管内摩阻，不同的是正循环时忽略的环空摩阻是一个安全系数。环空摩阻对井底的影响在正循环时忽略它更安全，反循环时忽略它则较危险。反循环也考虑了油管柱摩阻对井底的影响，如果不考虑这个影响，井底压力将过高。考虑到这些因素，开泵时应在套管上加部分压力，安全系数应足以弥补环空压耗而不足以引起漏失，通常环空摩阻很小（一般小于 0.7MPa），所以合理的安全系数应不至于造成较大的漏失，注意如果井下有大直径工具（如封隔器），则需要较大的附加压力以克服环空摩阻。

2）气体问题

循环压井时环空内有气体（比如封隔器管尾周围的气体），就必须考虑另外一个因素，为将气体溢流泵入油管内，环空内液体流速必须大于气体滑脱速度。

气体上窜速度大约在 300～1000m/h，具体数值取决于许多因素，其中之一是修井液的类型，因此，当用反循环排除气体溢流时，环空流体的泵速必须大于气体上窜的速度。

应注意，由于气体上窜速度决定最小泵送速度，因此，很难控制油管摩阻不引起过高的井底压力而产生漏失的可能性。

许多井使用反循环是由于井口或套管状况太差，然而，由于反循环时管柱内容积小，溢流高度大，产生的地面压力比正循环还要高，但油管的抗内压强度通常都远高于套管，因此，油管的状态在井控过程中必须仔细考虑。图7-14为同样溢流情况下司钻法和反循环法井口压力的比较，反循环时发生溢流后的初始关井油压远大于正循环时发生溢流后的初始关井套压，对气体循环到井口时也适用。

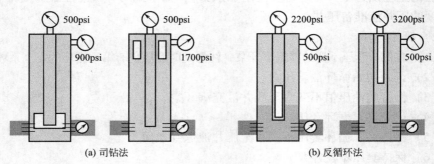

(a) 司钻法　　　　　　　　　　　(b) 反循环法

图7-14　司钻法与反循环法的井口压力比较

7.4.4.5　反循环压井的特点和适用井况

反循环压井的优点：（1）排除溢流快；（2）溢流和污染物处于油管柱内；（3）套管压力较低；（4）油管、钻杆的抗内压比套管高。

适合使用反循环的井况：（1）溢流已经在油管内（如反循环冲砂时发生溢流）；（2）溢流需要从油管内出井或要快速排除的（如钻杆测试流体 H_2S、CO_2 等）；（3）对井口和套管密封性有怀疑时（很老的井）。

反循环压井的缺点：（1）过高的地面压力；（2）忽略环空摩阻而安全系数不足会引起井底欠平衡；（3）如果环空有气体必须用高泵速排除。

不适合用反循环的井况：（1）当溢流已经在环空而且是气体溢流，除非气体溢流很接近井底（比如封隔器下面的气体）；（2）当管柱下面有喷嘴或其他小孔眼时，会引起大的管内摩阻使井底压力升高或易于堵孔；（3）管柱中有回压阀的井。

第8章 非常规井控技术

常规井控技术有时不能完全解决现场发生的问题，有些情形下不能进行循环，如油管不在井底、井漏、油管柱堵塞或空井，这时就需要使用非常规压井法。例如，体积控制法、平推法、低套压法压井等。针对水井需要长时间放压和压井难度大的井及压井后复产困难的井，不压井带压作业技术应运而生，该技术使原始地层得到了很好的保护，增加了气层的产出能力，解决了常规修井作业中用压井液压井、一压就漏、不压就喷、低渗气井很容易压死及作业后排液周期长的工艺难题。

8.1 非常规压井

8.1.1 体积法压井

体积法压井是在不能循环的情况下实现井控，即不循环调节井内压力的方法。其要点是维持井控时，从井眼中放出井液以允许气体膨胀和运移。这种方法的实质仍是"保持井底压力恒定"的技术。在油管柱堵塞或井内井液不能循环时，这种方法特别有用。如果使用"等待加重法"，在循环建立之前必须使用体积法。

8.1.1.1 体积法控制原理

油管在井底或接近井底呈连通状态时，通过放掉环空中一定体积的井液，保持油管压力不变，就会使井底压力保持恒定。当油管堵塞，油管与环空不连通或空井时，则通过观察地面环空压力来控制。通过节流阀间断放出一定量的井液，使气体膨胀，压力降低，使井底压力略大于地层压力，既可以防止气体再次进入井内，又不压漏地层。

除常规设备外，现场需要专门配备一个小型计量罐，通过手动节流阀控制放液量，计量罐能准确计量从节流阀放出的井液。

利用间歇放出井液的方法释放压力，并通过控制套压和放出的井液量控制井底压力不变，以防止在放压过程中天然气再次侵入井内。

8.1.1.2 体积法的适用条件

管柱不在井底、空井、管柱（环空）堵塞修（压）井液不能循环、泵不能

113 · 113 ·

正常工作等情况。

体积法是假设侵入井内的气体是连续的气柱，上升过程中无新的天然气侵入，忽略气体重量影响。一般作业现场分气体运移和置换两步控制进行压井处置。适用条件如下：

（1）气体会滑脱。

（2）能够准确地测量出放出的井液量（能测到 80L 的精度）。

（3）压力窗口足够宽。

8.1.1.3　体积法的操作步骤

（1）关井后记录套管压力，确定一个允许增加值。国际钻井承包商协会 IADC 推荐允许增加值取 0.7MPa（100psi）。为便于读值，现场可设为 0.5MPa 或 1MPa。因为从井内放出井液时难以维持确切的压力，为保证安全，设定这一增加值。同时，要考虑到防止地层压裂，造成井漏。

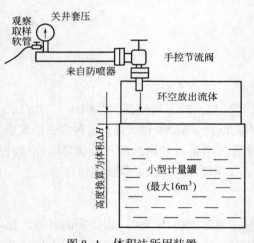

图 8-1　体积法所用装置

（2）把节流管线引到小型收集罐（计量罐）中，小型收集罐必须有刻度以便能准确计量，如图 8-1 所示。

（3）计算每次放出的井液量 ΔV，对其井底形成的静液柱压力值 Δp 一般取 0.7MPa（100psi），IADC 推荐数值。为便于计算，现场可设为 0.5MPa 或 1MPa。

（4）监测关井套压，允许其升高值为 Δp。

（5）当关井套压升高值 Δp 时，记录新的关井套压。调节节流阀，最好用手动节流阀，保持此套压值不变，缓慢地、有控制地放掉井液，测量放掉井液为 ΔV 时关井。

（6）重复步骤（4）（5），直至气体到达地面或压力稳定为止。

（7）通过反循环管线注入一定的井液，允许套压上升某一值，以最大允许值为准。当井液在重力作用下，通过节流阀缓慢释放气体，套压下降的折算值为注入液柱压力后，关节流阀。

（8）重复上述操作，直至井内充满井液为止。

8.1.2　平推法压井

平推法是不能循环或不允许把溢流循环出井时，从地面向井内泵入压井液把油气侵压回地层的压井方法。作业现场也称为压回法、硬顶法、挤压法、挤注法。

对油、套既不连通，又无循环通道的井，比如砂堵、蜡堵，井筒流体的硫化氢含量高于工作容限或因井下结构及事故不能进行循环的井等，可采用平推法压井。该方法是井口只留有压井液的进口，其余管路阀门全部关闭，用泵将压井液挤入井内，把井筒中的油、气、水挤回地层，挤完关井一段时间后，开井观察压井效果。

8.1.2.1　平推法的特点

平推法的基本要点是，在压井过程中，其最高压力不得超过井控装置的额定工作压力，套管实际抗内压强度 80%，不超过最大允许关井套压的情况下把侵入井筒的地层流体压回地层，要保证压井引起的压力不会进一步损害井筒。

8.1.2.2　平推法的适用条件

（1）含 H_2S 的溢流。

（2）只有一个产层，且渗透性很好。

（3）管柱（环空）堵塞，或管柱在溢流之上，或环空堵塞。

（4）溢流量过大，地面设施和套管无法承受最大预期井口压力。

（5）产层下面有一个漏层，当压井循环时，大量的井液将漏入该漏层等情况。

8.1.2.3　平推法的操作

压井时，以不超过井控装置的额定工作压力和套管实际抗内压强度 80% 为工作压力向井内挤入压井液。

（1）关井，确定油管压力，若通过套管进行挤注，则确定套管压力。

（2）缓慢开泵，当泵压超过吸水启动压力时，井中流体开始压入地层。

（3）随着注入时间增加，泵压会逐渐降低。一旦压井液开始进入地层，泵压会突然升高。观察到泵压突然升高，停泵，检测压井效果。

（4）如果仍能检测到地面压力，说明有可能是气体向上运移速度大于压井液下行速度，或压井液的密度不够大。

（5）用此方法压井，必须保证挤注压力不会进一步损害井眼。在开始挤注压井之前，井眼要处于关井状态。井口压力通常处在最高值。泵送压力必须高于井口压力值以迫使流体泵入井中。

（6）压井后必要时待管柱活动后，有循环条件的，可洗井，这样有利于提高压井效果。

（7）平推法的缺点是可能将脏物（砂、泥）等挤入产层，造成孔道堵塞，需要压裂来解除堵塞，恢复油井生产。

（8）平推法压井作业前，必须确定地面泵压的额限，既要把地层流体顶回地层，又要防止压力过高损坏套管及地面设备。

① 若从环空顶回，此时泵压至少等于以下压力之和：

泵压=地面管线摩阻+环空摩阻+地面内摩阻+地层压力-环空内液柱压力

② 若从管柱内顶回，此时泵压应至少等于以下压力之和：

泵压=地面管线摩阻+管柱内摩阻+地面内摩阻+地层压力-管柱内液柱压力

（9）对于气体溢流，最低泵速必须大于气体滑脱上升的速度。

8.1.3 低套压法压井

低套压法压井主要用于发生溢流后不能关井，如果关井，套压就会超过最大允许套压，因此不能将井关死，只能控制在接近最大允许套压的情况下节流放喷。

8.1.3.1 溢流后不能关井的情形

（1）高压浅气层发生溢流。

（2）套管被腐蚀有缝隙。

（3）发现溢流太晚。

8.1.3.2 低套压法压井原理

低套压法压井就是在井不能完全关闭的情况下，通过节流阀控制套压，使套压在不超过极限套压的条件下进行压井。当加重修井液在环空上返到一定高度后，可在极限套压范围内试行关井。关井后，求得关井油（立）管压力和压井液密度，然后再用常规法压井。

8.1.3.3 减少地层溢流的措施

在低套压法压井过程中，由于井底压力不能平衡地层压力，地层流体仍会继续侵入井内，从而增加了压井的复杂性，为了减少地层流体的继续侵入，应进行以下操作：

（1）增大压井排量，可以使环空流动阻力增加，有助于增大井底压力，抑制和减少地层流体继续侵入。

（2）提高第一次循环的压井液密度，可使加重修井液进入环空后，能较快地增加环空的液柱压力，降低井口套压。

（3）如果地层破裂压力是最小极限压力时，当溢流被顶替到套管内以后，可适当提高井口套压值。

8.1.4　井漏和地下井喷

井漏是指井液漏入地层，是井下作业中一种常见问题。溢流、井涌后要控制关井压力，应尽量避免发生井漏，如发生井漏，若井漏控制不了，便很难循环压井液控制住溢流井涌，重建井内压力平衡。

井漏一般有以下几种原因：

（1）固井质量不好。通常是在上层套管鞋底部固井质量差，天然气会沿着套管鞋周围薄弱地层到达地面，而导致火灾及地面设备沉陷。

（2）产生次裂缝。由于压力激动、井液密度过高，导致在承压能力弱的套管鞋处产生次生裂缝，会造成上述同样的后果。

（3）地层存在溶洞或天然裂缝。这类缝洞，泄压也不会闭合。地层压力与产生漏失压力非常接近。

8.1.4.1　井漏和地下井喷压井的关键

井喷与井漏共存井段压井时，需要优先解决漏失问题，否则，会因压井液漏失而无法维持井底压力略大于地层压力。

8.1.4.2　井漏和地下井喷的处理方法

1）井液部分漏失时的井控

因部分漏失而使循环罐液面下降，但又必须继续循环，可以采取以下措施：

（1）配置压井液，保持循环所需液量继续循环。在侵入井内的气柱返至漏失层以上时，施加于漏失层的压力减小，漏失可能自行消失。

（2）在部分漏失的情况下循环时，把油（立）管压力降低 0.5MPa，等待观察漏失是否减少。如果漏失不减少，则再把油（立）管压力降低 0.5MPa，继续这样做，直至把漏失减少到完全可以用配置的新压井液来维持循环。降低的油（立）管压力不能超过 3MPa，如果还没有解决井漏问题，则应改变做法。

（3）停泵关井 30min 至 4h 观察，使漏失裂缝自行愈合。调节节流阀，维持关井油（立）管压力不变。如果节流阀压力上升超过 0.7MPa，则执行下一步骤。

（4）选择较慢的循环速度及新的初始循环油（立）管压力。停泵以后，打开节流阀，开泵至新的慢泵速，关节流阀，直至套管压力上升至关井时的压力，然后用这个新的油（立）管压力作为初始循环压力。

（5）配置有效的堵漏压井液，硬地层比塑性地层的堵漏效果好。

（6）配置压井液，如果漏失层在井涌层以上，这种方法可压住较小的井涌，然后再处理井漏。

（7）如果井漏严重，则采用重晶石塞封住井涌层，然后处理漏失。

2）井液全部漏失时的井控

如果遇压井液只进不出，不能循环，就不能实施标准的井控程序。全部漏失，天然气可能到达地面，也可能造成严重的井下井喷。这时要采取措施堵漏，以便能实施标准的压井程序。对天然气井喷，最好用重晶石（或其他加重剂）塞堵住井涌层，然后处理井漏。

地下井喷流速很高时，重晶石（或其他加重剂）塞子还没沉淀下来就给冲走了，这时要加长重晶石塞，可长达100m以上。另外，也可采用柴油泥塞堵漏。柴油泥塞是把膨润土粉加到柴油中，能很快地形成堵漏塞，对防止水从地层中流出特别有效。油泥塞一般需要70m以上，前后有柴油做隔离液防止堵塞管柱，在油泥塞到达要求的位置后，从环空以200L/min的排量泵入井液压住泥塞帮助凝结。

重晶石塞由重晶石、淡水、稀释剂、烧碱组成，密度2.20~2.40g/cm³，重晶石塞具有以下特点：

（1）低黏度、低屈服点促使重晶石沉积并形成固体团块。

（2）高密度增加了作用在气层上的静液压力，有助于约束气层。

（3）重晶石浆液具有高失水性，能迅速脱水形成塞子。

（4）高失水性也可能使裸眼段坍塌和桥塞。

（5）重晶石比水泥密度高，不致引起气体窜槽，而且也不污染井液。重晶石浆液泵送到井内后，放置在气层附近形成桥塞。但对控制盐水流动，这种堵塞的效果有限。

8.1.4.3 喷漏同存的井控

1）上喷下漏的处理

在高压层以下有低压层（裂缝、空隙十分发育）时，井漏导致井内液柱压力降低而诱发上部高压层井喷。

其处理方法是立即停止循环，间歇定时定量反灌井液以降低漏速。尽可能维持一定的液面高度，使液柱压力略大于高压产层的地层压力。

确定反灌井液的量和间隔时间有三种方法：

（1）通过对地层资料的分析统计出的经验数据决定。

（2）用井内液面监测仪测定漏速后确定。

（3）用漏速计算公式计算：

$$Q = \pi D^2 h / 4T \tag{8-1}$$

式中　　Q——漏速，m^2/h；

　　　　D——井眼平均直径，m；

　　　　h——时间 T 内井眼液面下降高度，m；

　　　　T——时间，h。

此外，还有一些考虑地层因素（如孔隙度、地层裂缝张开度、油气运移通道的长度和直径等）、井液性能（如动切力、塑性黏度）、井底压差等因素来计算漏速，但目前还没有应用于现场。

反灌井液密度应是产层压力当量密度与安全附加密度之和。当漏速减小，井眼—地层压力系统呈暂时平衡状态后，可着手堵漏，堵漏成功后即可压井。

2）下漏上喷的处理

当高压层发生溢流后，提高密度压井而将高压层上部某地层压漏时，就会出现"上漏下喷"，其处理方法是立即停止循环，间歇定时定量反灌井液。然后隔开喷层和漏层，再堵漏以提高漏层的承压能力，最后压井。隔开喷层和漏层及堵漏压井方法有：

（1）注水泥塞隔离和注水泥堵漏。

将钻具置于喷层以上，注一段水泥塞隔离喷、漏层。然后注水泥堵漏，试压合格后钻开水泥塞。若为多层漏失，则层层试漏，漏了再堵，直至恢复正常。

（2）注重晶石塞或水泥塞隔离及堵漏。

如果喷层以上注水泥难以形成水泥塞，则改为先注重晶石塞，再注水泥塞达到隔离及堵漏的目的。

（3）注入一定密度的堵漏塞及压井。

对于漏层接近喷层、密度窗口偏小或漏层位置不清，无法注水泥塞时，则注一定密度的堵漏塞进行堵漏和压井。

（4）漏层以下注压井液，然后对上层堵漏。

预知喷层上部低压层会发生漏失，若喷层与漏层相距甚远，可在漏层以下注压井液压住井喷，然后对上部漏层堵漏。

3）同层又喷又漏的处理

同层又喷又漏多发生在裂缝、孔洞发育的地层，或压井时井底压力与井眼周围产层压力恢复速度不同步的产层。这种地层对井底压力变化十分敏感，井底压力稍大则漏，稍小则喷。

处理方法是间隔定时反灌压井液，维持低压力下的漏失，起钻，下光油管堵漏。

8.2　带压作业

8.2.1　概述

带压作业是指在不压井、不放喷的条件下，利用专业设备进行的油气田井筒或井口作业。

作业范围通常包括射孔、压裂酸化、完井、更换管柱、修井、抢险及其他特殊作业等。

带压作业能够解决以下工艺难题：一是在施工作业过程中，实现了油、套管环形空间动态密封及油管的内部堵塞。二是在起下油管过程中，能够克服井内压力对油管的上顶力，实现安全无污染带压起出或下放油管等。三是带压更换井口阀门等。

采用不压井带压作业技术，在不压井、不放喷的情况下起下管柱，达到了安全、环保修井作业目的，符合 HSE 的要求，对安全环保具有深远意义。

8.2.1.1 气井不压井带压作业技术的应用与特点

气井带压作业主要用于：

（1）用于气田的高产井、重点井。这些井的特点是产量高，地层压力也高，层间矛盾大，这些井应用不压井作业机进行修井作业可不用高密度压井液压井，从而减轻对地层的伤害，减小层间矛盾，缩短产量恢复期，提高油气产量。

（2）用于气田水回注井。不压井作业机在不放喷、不放溢流情况下带压起下油管，可解决污水排放问题，降低排污及污水处理成本，减少作业占井时间，提高注水井生产时效，防止局部地层压力损失。

（3）用于欠平衡钻完井。其可安全地实现地层压力高于压井液柱压力，有利于保护低压油层，对于探井有利于油气层的发现。

（4）不压井状态下的分层压裂。利用配套管柱不压井作业机在承压情况下逐层上提分层压裂管柱实现分层压裂，避免使用压井液，不仅避免油层污染，也加快了施工进度。

（5）负压射孔完井。其可以达到诱喷增产目的，特别是针对重点探井试油完井，可以更真实地反应地层情况。

（6）用于带压完成落物打捞、磨铣等修井作业。由于不压井作业机自身配有转盘设施，可带压完成落物打捞、磨铣等修井作业。

（7）利用专用堵塞器和辅助装置，在不压井状态下带压更换井口损坏的主控阀。

气井带压作业与油水井带压作业的主要差别：气体更易泄漏，容易发生爆炸；管柱腐蚀程度严重，修井难度大；普遍含 H_2S，对设备要求高，对人体危害大；原井油管可能含 FeS，到井口碰撞易产生火花，容易引起爆炸；井口可能有水合物产生，危害大；要防止氧气混入井内；气井复产难度大。

8.2.1.2 带压作业与常规修井作业的井控区别

1）井控级别

带压作业是依靠专用设备控制井口压力（二级井控），常规作业是依靠液柱压力平衡地层压力（一级井控）。

2）井控过程

带压作业工作防喷器的井控过程是动态的，常规作业井控过程是静态的。

3）作业状态

带压作业是在井口密闭状态下作业，常规作业是在井口敞开状态下作业。

4）作业方式

带压作业是靠不压井作业装置起下管柱。常规作业是靠修井机等设备起下管柱。

5）井控技术

常规作业井控主要是对溢流、井涌的控制，包括两个方面：合理的压井液密度；合乎要求的井控装置。

带压作业，依靠带压作业装置及辅助配套设备对井口压力控制。

8.2.1.3　术语和定义

（1）截面力：井内压力作用在管柱密封横截面积上的向上推力。

（2）中和点：管柱在井筒内的自重等于管柱截面力时的管柱长度，又称平衡点。

（3）轻管柱：管柱在井筒内的自重小于管柱截面力的管柱。

（4）重管柱：管柱在井筒内的自重大于管柱截面力的管柱。

（5）油管无支撑长度：游动卡瓦距与最上密封防喷器之间的距离。

（6）井控安全防喷器组：由防喷器（根据需要可选用半封闸板、全封闸板、剪切闸板）连接组成，是气井带压作业施工过程中保证井筒井控安全的备用防喷器组，需配备独立的液压控制动力单元。

（7）工作防喷器组：由上、下半封单闸板防喷器和环形防喷器组成，是带压作业施工过程中密封井筒压力、实现气井带压作业的工作防喷器组，有独立的液压控制及动力装置。

8.2.1.4　气井带压作业施工井类型划分

根据施工井关井压力、介质成分、施工工艺复杂程度和施工环境，气井带压作业施工井划分为三类，见表 8-1。符合下列条件之一的，按就高原则划分井的类型。

表 8-1　气井带压作业施工井类型划分

井的分类	一类井	二类井	三类井
关井压力	大于 21MPa	7~21MPa	小于 7MPa
管柱特征	连续大直径工具长度大于 4m 或油管腐蚀大于 40%	连续大直径工具长度为 2~4m 或油管腐蚀在 10%~40% 之间	连续大直径工具长度小于 2m 或油管腐蚀小于 10%

井的分类	一类井	二类井	三类井
有毒有害气体	含硫化氢等有毒有害气体	无硫化氢等有毒有害气体	无硫化氢等有毒有害气体
储层特性	三高气井	非三高气井	非三高气井
施工工艺	钻磨铣等旋转作业	增产、冲洗打捞作业	更换管串、射孔作业
施工井环境	距离井场周围 100m 有人口密集场所	距离井场周围 100m 无人口居住	距离井场周围 200m 无人口密集居住

8.2.1.5　气井带压作业设计

气井带压作业三项设计总体原则按 Q/SY 1142—2008《井下作业设计规范》和 Q/SY 1625—2014《带压作业技术规程》执行。

1) 地质设计要求

地质设计中应提供但不限于以下资料：

（1）井场周围人居情况调查资料，包括井场周围一定范围内的居民住宅、学校、工厂、矿山、国防设施、高压电线、地质评价、水资源情况以及风向变化等环境勘察评价的文字和图件资料，并标注说明；

（2）流体性质及组分，本井或邻井气油比、流体性质资料、流体组分（特别是 H_2S 和 CO_2 浓度）、产出水含盐量、水合物的形成、凝析油以及其他水垢、蜡、沥青含量等；

（3）地层情况，当前地层压力、原始地层压力、地层温度、地温梯度、塑性地层、易垮塌层等特殊地层应提示；

（4）井身结构，井内各层套管钢级、壁厚、尺寸、下入井深，水泥返高，固井情况，试压情况；

（5）邻井生产情况，地层互相连通情况，注水、注汽（气）情况资料；

（6）重点风险提示等。

2) 工程设计要求

工程设计应提供但不限于以下资料：

（1）拟施工井的生产情况、存在的问题及施工目的；

（2）井口油管压力及油套环空压力，油管头、套管头、采油（气）树的型号、压力等级及完好程度，采油（气）树阀门通径和连接方式，油管悬挂方式、油管悬挂器规格及扣型；

（3）原井及完井管串结构，油管钢级、壁厚、下入深度、内径、外径、扣型，各种工具型号、结构、内径、外径、扣型、长度、下入深度等；

（4）历次作业简况；

（5）带压作业油管压力控制、施工工艺及技术要求等；

（6）带压作业机、安全防喷器及地面流程等设备设施的要求；

（7）压井液等应急物资准备；

（8）HSE、井控及质量要求。

3）施工设计要求

在地质、工程设计提供的数据基础上，施工设计应提供以下资料。

（1）施工井井史资料查阅。

核实地质设计、工程设计提供的数据，重点是井场周边环境（包括居民区、学校位置、河流、植被状况等）；井身结构、井口、套管、油管规格及完好状况，套管短节承载情况、油管悬挂方式、井下管柱结构、管柱变径接头、工具内径，每个层段所进行过的增产措施简述；相关地层的压力和产量，生产层/注水层位置。井口压力、流体性质、凝析油含量等进行核实。

（2）气井带压作业工程力学计算。

进行工程力学计算与核实，包括最大下推力、中和点深度、带压作业条件下管柱的临界弯曲载荷（最大无支撑长度）和油管的抗外挤强度等。

① 设备最大上提力、最大下推力。

② 井下管柱中和点位置。

③ 管柱的临界弯曲载荷及抗外挤强度。

④ 若井内管柱处于酸性环境中，先对油管柱进行腐蚀测井，检测和评价油管腐蚀程度，根据油管机械性能的降低程度，相应降低允许的压力和负荷。

不压井作业设计计算：

① 不压井起下油管柱受力分析。

不压井起下油管柱，需要对其垂直方向的力进行分析（图 8-2），确定需要施加多大的力才能将管柱起出或下入井筒，确定最大上提力和下推力。

② 带压作业中油管平衡力中和点深度的计算。

中和点是指管柱在井筒内的自重等于管柱轴向力时的管柱长度，又称平衡点。

油管轴向力 = 油管浮重 - 油管受到的上顶力

井内压力对井内管柱最大上顶力的计算：

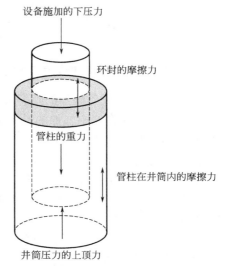

设备施加的下压力

环封的摩擦力

管柱的重力

管柱在井筒内的摩擦力

井筒压力的上顶力

$$F_{上顶} = \frac{\pi D^2 p}{4000} \qquad (8-2)$$

图 8-2　油管柱受力分析示意图

式中 $F_{上顶}$——井内压力对井内管柱最大上顶力的数值，kN；

　　　π——圆周率取 3.14；

　　　D——防喷器密封油管的外径，mm；

　　　p——井口压力，MPa。

管柱悬重计算：

$$G_{悬重} = G_{自} - F_{上顶} \qquad (8-3)$$

式中 $G_{悬重}$——井内管柱悬重，kN；

　　　$G_{自}$——管柱在井内液体中的自重，kN；

　　　$F_{上顶}$——井内压力对井内管柱最大上顶力，kN。

当油管上顶时可用带压作业机的防顶卡瓦控制油管起下。不同尺寸的油管在不同压力等级井筒内中和点深度不同（图8-3）。

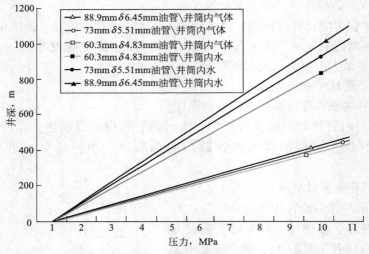

图8-3　不同尺寸的油管在不同压力等级井筒内中和点深度计算示意图

③ 不压井作业设备施加的临界弯曲载荷。

计算出不压井作业中施加的最大下推力后，必须要确认管柱能承受如此压缩负荷而且不会发生弯曲（图8-4）。

（3）带压作业可行性分析。

对本次气井带压作业施工井况、环境因素进行风险评估。

气井带压作业井口装置配备应根据气井带压作业井的类型和施工内容确定，包括但不限于以下因素：

① 封油管、套管的尺寸、钢级、壁厚和压力等级；

② 地层压力、关井压力；

③ 井内流体的类型及可能对钢材或密封材料的影响、H_2S 的含量；

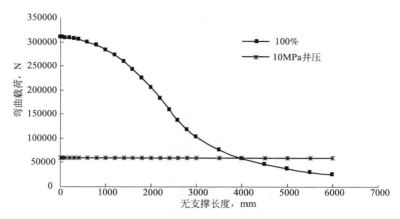

图 8-4　弯曲载荷与无支撑长度的关系图

④ 需带压起下的井下工具串尺寸及结构；

⑤ 井口采油（气）树、防喷器组的尺寸和额定工作压力；

⑥ 施工工艺及环境等。

（4）提升（下入）设备设计要求。

根据井筒压力、井下管柱结构、下入管柱结构、井口装置型号、施工工艺等选择压力等级、设备通径、举升（下推）力、转盘扭矩符合要求的带压作业机。

① 提升（下入）设备可由举升液压缸、卡瓦组（或卡瓦）、桅杆（或修井机）、控制系统和连接盘等组成，典型气井带压作业提升及井控装置见图 8-5。

② 承重部件的机械强度和承载能力应满足施工要求，能够承载井内管柱的最大轴向力，并保证有 1.5 倍的提放安全系数，保证安全起、下管柱作业。

③ 卡瓦组（或卡瓦）的夹紧力应满足井内管柱轴向力的需要，保证在起下作业过程中，管柱既不上窜，也不下掉。

④ 修井机井架（桅杆）的高度应满足起下管柱长度的需要，提升力不能低于单独起吊重量的 1.5 倍。

（5）井控装置的设计。

明确安全防喷器组、工作防喷器

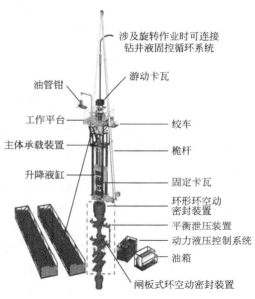

涉及旋转作业时可连接钻井液固控循环系统

油管钳

工作平台

主体承载装置

升降液缸

游动卡瓦

绞车

桅杆

固定卡瓦

环形环空动密封装置

平衡泄压装置

动力液压控制系统

油箱

闸板式环空动密封装置

图 8-5　典型带压作业装置示意图

组以及其他地面设备的配套；

① 气井带压作业井控装置由井控防喷器组、工作防喷器组、井控管线组成，如图 8-6 所示。

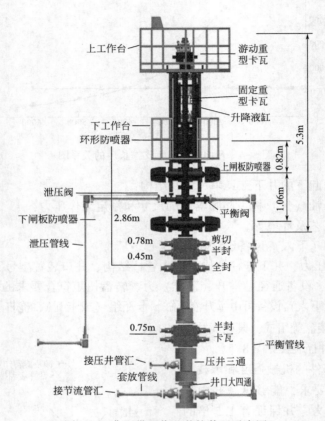

图 8-6 典型带压作业井控装置示意图

② 井控防喷器组额定工作压力不低于井口压力以上一个压力级别，防硫；二类井防喷器额定工作压力不低于 35MPa；三类井防喷器额定工作压力不低于 21MPa。

③ 工作防喷器组：一类井防喷器额定工作压力不低于井口压力以上一个压力级别；二类井防喷器额定工作压力不低于 35MPa；三类井防喷器额定工作压力不低于 21MPa。

④ 在井控防喷器组和工作防喷器之间至少应配备一个压力平衡四通。

⑤ 从事打捞、在气井带压作业井口装置内倒扣等特殊起下作业时，应增配一台相应压力级别的全封闸板防喷器。

（6）井控液压控制装置、井控管线（管汇）设计要求。

① 液压控制装置的所有液压部件（包括软管、接头、方位阀和管类）额定工作压力值不低于系统工作压力的 1.5 倍。

② 液压控制装置要配备一定容量的蓄能器组。当液压泵源发生故障时，保证使用蓄能器的能量连续关闭环形防喷器、开关闸板防喷器两次后，蓄能器的压力至少保持在系统工作压力。

③ 应配备两套液压控制装置。其中一套液压控制装置用于控制安全防喷器组并实现远程控制，另一套用于控制工作防喷器组和提升装置，在施工时，两套液压控制装置全部运转工作。

（7）井控管线（管汇）设计要求。

放喷管线（放喷节流管汇）、压井管线（压井管汇）和压力平衡管线均参照各油田井控实施细则执行。

（8）下井工具。

下井工具的配置及组合应考虑以下几点：

① 工具长度和外径应满足带压起下管柱的井口带压设备要求；

② 应根据井下压力、温度和流体性质选择井下工具的钢级、材质、耐压等级和密封材料类型；

③ 根据井内管柱通径、压力、温度、流体性质和工艺要求等，选择油管内压力控制工具；

④ 完井管柱宜选用与工作筒配合的堵塞工具、可捞式堵塞工具和油管尾堵等；

⑤ 在采气树和井下管柱通径满足要求的条件下，优先选取电缆桥塞类堵塞工具，进行定点堵塞；

⑥ 为避免天然气井因压差过高导致桥塞失效，可使用多个桥塞进行逐级降压封堵油管；

⑦ 天然气井不得使用挂壁式堵塞工具。

（9）其他装置及工具设计要求。

① 旋转作业井，应准备符合旋转扭矩需要的动力水龙头或转盘或井下螺杆钻具等；

② 进行冲砂、磨（套）铣等作业，应配备泵压和排量符合施工要求的水泥车（钻井泵）及容积满足需要的循环罐；

③ 天然气井的循环液及压井液宜使用氮气等惰性气体混合液，液量不应小于井筒容积的 1.5 倍；

④ 其他施工工具和材料应符合 SY/T 5587.5—2004《常规修井作业规程　第 5 部分：井下作业井筒准备》的要求。

（10）施工井场设计要求。

（11）气井带压作业施工程序要求。

施工设计应明确施工节点及施工步骤，并提出节点技术要求。明确施工准备、油管压力控制工艺、设备安装、带压作业工序、完井收尾等内容。

（12）应急预案、HSE、井控及质量要求。

8.2.2　带压作业步骤

8.2.2.1　施工准备

1）堵塞作业

（1）堵塞作业前准备。

施工人员到达施工现场，应确认施工井况与设计相符，否则需重新审批设计。

（2）堵塞工具检查与试压。

堵塞工具下井前应测量堵塞工具钢体外径和长度，并检查各部件完好。井下开关等需要在地面安装的堵塞工具，下井前应从堵塞工具底部进行试压，试压压力为井底压力的 1.2 倍。

（3）通井下管柱。

用比油管内径小 2~4mm、长度不小于堵塞器长度的油管规，采用钢丝作业（电缆作业）等方式按设计要求通井，验证管柱通径。

（4）管柱刮削。

通井下管柱达不到预定深度或管柱内有砂子、蜡、结垢的井，根据有关内径选择合适的刮削器对油管进行除垢（蜡）作业，直至油管通径符合油管堵塞工具的下入及坐封要求。

（5）油管堵塞。

按设计要求下入堵塞工具，进行油管内封堵。油管堵塞工具坐封后，分四次均匀放掉油管内压力，每次等待 10min，观察油管压力；若油管压力不上升，油管封堵合格；若油管堵塞失效，应分析原因，采取措施，重新进行油管堵塞作业，直至油管堵塞合格。可采用倒入水泥浆等方式稳固堵塞器。

对气井老井，应先投放可捞式桥塞，试提管柱，如遇卡，应首先处理卡钻问题，管柱正常后再进行带压作业。

卡点计算：

$$L = 1000K\lambda/P \tag{8-4}$$

式中　L——卡点深度，m；

　　　P——多次上提平均拉力，kN；

　　　λ——多次上提钻具的平均伸长量，m；

　　　K——计算系数，$2\frac{7}{8}$in 油管 K 值取 245，$3\frac{1}{2}$in 油管 K 值取 375。

（6）油套环空堵塞。

当油管头为上法兰悬挂或井口装置不符合气井带压作业井口装置安装条件时，可采取液体胶塞或过油管桥塞等方法对油套环空进行封堵。封堵后，分四次均匀放掉油管内压力，每次等待 10min，观察油管压力，若油管压力不上升，油管封堵合格。

2）拆井口及更换井口作业

（1）拆井口。

油管堵塞合格后，下悬挂的井，先打开油管阀门，确定无气体溢出后，方可拆除井口。

（2）更换井口。

对于上法兰悬挂的井口，井口法兰不满足防喷器连接要求以及套管头短节渗漏的井，需更换井口，应在油套环空封堵后进行更换井口。

具体操作应符合《中国石油天然气集团公司带压作业技术规程》的规定。

8.2.2.2　起下管柱作业

1）设定液缸最大举升力和最大下压力

根据井口实际压力，按设计计算并设定控制管柱运动所需的液压缸最大下压力和允许管柱最大无支撑长度；随着下入管柱增多，管柱重量增加，应逐渐降低液压缸的下压力。

2）起油管悬挂器

（1）提升短节与油管挂连接，涂好密封脂，上扣扭矩达到 SY/T 5587.5—2004 的要求。

（2）夹紧游动卡瓦，下推液压缸使卡瓦加载约 45kN，在位于固定卡瓦顶部的提升短节处做标记，并丈量标记处到顶丝之间的距离。

（3）关闭环形防喷器，用井筒内流体平衡气井带压作业井口装置内的压力，并将油管头四通（油管悬挂器）顶丝松退到位。

（4）根据丈量固定卡瓦顶部与顶丝之间的距离，提升管柱使油管悬挂器至平衡四通内，关闭两个工作闸板防喷器，通过平衡四通的泄压阀门缓慢将两个工作闸板防喷器之间的压力泄压至井口压力的一半，观察管柱悬重变化。

（5）如果指重表无变化，打开环形防喷器，提升管柱。

（6）如环形防喷器通径小于油管挂外径，需套拆环形防喷器。

（7）继续上提管柱使悬挂器到达操作平台平面，夹紧固定卡瓦，打开游动卡瓦，并下放液缸使上横梁位于悬挂器下方，卸下油管悬挂器和提升短节。

3）起下管柱

（1）轻管柱时，工作防喷器密封管柱，利用游动卡瓦（游动防顶卡瓦）和固定卡瓦（固定防顶卡瓦）循环交替卡住管柱，通过液压缸循环举升和下压完成管柱的起下作业。

（2）重管柱时，使用工作防喷器密封管柱，利用大钩或液压缸起下管柱。

（3）在起下管柱作业中应达到如下要求：

① 施工过程，操作人员之间应用双方确认的交流方式交流，起下管柱速度由两个操作人员商定；

② 设置环形防喷器关闭压力，达到既能使油管顺利通过环形防喷器，又能控制井口压力；

③ 起下管柱过程中，应在环形防喷器胶芯上涂润滑油；

④ 起下大直径工具或暂停起下作业时，应在管柱上部装上旋塞阀，并关闭。

（4）起下油管接箍或大直径工具。

不同规格的油管满足下列压力条件时，可以使用环形防喷器和下工作闸板防喷器交替工作倒出油管节箍或大直径工具操作：

① 60.3mm 外加厚油管，适用压力为 14MPa 以内；

② 73.0mm 外加厚油管，适用压力为 12MPa 以内；

③ 88.9mm 外加厚油管，适用压力为 7MPa 以内。

否则，应使用上下两个工作闸板防喷器交替工作倒出油管节箍或大直径工具。

（5）起下管柱安全要求。

① 在作业前，工作人员应进行工作台逃生演习，每周至少进行一次工作台逃生和防喷应急演习。

② 在开始起下管柱时，不允许井架或二层台站人。

③ 有多个单位配合实施作业，工作前先明确各单位的职责范围和工作牵头单位。

④ 为预防潜在风险，遇到有人员上下工作平台梯子、有人员进入或者离开工作台、有人员在井架梯子上等情况时，应停止管柱的起、下作业。

⑤ 需要 24h 以上长时间关井时，应坐入油管悬挂器。

⑥ 照明设备不完善的情况下，夜间不允许施工。

4）坐入油管悬挂器

（1）关闭工作防喷器组的下半封闸板防喷器，通过泄压阀泄净其上部防喷器组的内部压力。

（2）打开环形防喷器，下放油管悬挂器至下半封闸板防喷器和环形防喷器之间。

（3）关闭环形防喷器，夹紧游动卡瓦，关闭泄压阀门，打开平衡阀门，缓慢平衡工作防喷器组的内部压力。

（4）打开下工作半封闸板防喷器，下放油管悬挂器，使之进入油管头四通椎体内。

（5）下压液压缸约 45kN，将油管挂顶丝上紧。

（6）关闭平衡管线一侧的套管阀门，打开泄压阀门，缓慢放掉防喷器组的内部压力，压力放至原有压力一半时，应观察 2min。如果压力不变，则放净防喷器组内的压力。检查油管头四通，油管挂密封应合格，打开环形防喷器和游动卡瓦，将提升短节卸扣起出，关闭并锁紧全封防喷器。

8.2.2.3　特殊起下作业

1）起堵塞器以下的管柱操作

（1）在防喷器组内，倒扣起出堵塞器所在的一根油管。

（2）下入油管短节，在防喷器组内对扣，堵塞油管，继续上起管柱。

2）起射孔枪（筛管等开放性工具）操作

本操作只适用于防喷管长度大于最长一节射孔枪长度的带压起钻作业。

（1）倒扣起出一节射孔枪（一节筛管）。

（2）在压力平衡状态下，下入反扣公锥，在防喷器组内打捞射孔枪，并在防喷器组内倒扣起出下一节射孔枪（一节筛管）。

（3）重复上述操作，直至起出全部工具。

3）探砂面操作

（1）探砂面管柱结构：自下而上依次为笔尖或水动力涡轮钻具等冲砂工具、单流阀、油管。

（2）起、下探砂管柱应符合 SY/T 5587.5—2004 的规定。

4）通井、刮削操作

管柱结构自下而上依次为：通经规（套管刮削器）、单流阀、油管域钻杆。其他应符合 SY/T 5587.5—2004 的要求。

5）打捞落物

（1）打捞管类落物工具，应能有效密封落鱼鱼腔或落鱼本体。内捞工具应在其前端安装密封胶件，控制鱼腔内部压力；捞筒类外捞工具，应在不受力的部位安装密封落鱼本体胶件，进行鱼腔内部压力控制。

（2）若打捞工具不能密封落鱼，则应选用可退式打捞工具，确保打捞成功后，能依靠防喷器组对落物进行压力控制。

（3）打捞管柱除满足常规修井作业的要求外，还应在打捞工具上部安装单流阀，以控制打捞管柱内部压力。

（4）打捞方法、打捞程序及质量控制符合 SY/T 5587.12—2004《常规修井作业规程　第 12 部分：打捞落物》的要求。

6）套（磨）铣

执行 SY/T 5587.11—2016《常规修井作业规程　第 11 部分：钻铣封隔器、桥塞》和 SY/T 5587.14—2013《常规修井作业规程　第 14 部分：注塞、钻塞》

的规定，并应在套（磨）铣工具上部增加单流阀，进行油管内压力控制。

7）封隔器找漏验串

（1）管柱结构分为单封隔器和双封隔器两种。

（2）单封隔器管柱结构，自下而上为丝堵、油管、节流器、封隔器、油管。

（3）双封隔器管柱结构，自下而上为丝堵、油管、封隔器、油管、节流器、封隔器、油管。

（4）封隔器找漏、验串执行 SY/T 5587.11—2016 的规定。

8）射孔作业

（1）电缆射孔。

① 施工前，需将三闸板防喷器以上的闸板防喷器其中的一个更换为电缆闸板芯，以防防喷管失效。

② 射孔器下至带压装置的全封闸板之上的防喷管内，平衡防喷管内压力至井口压力。

③ 打开全封闸板防喷器，启动电缆绞车将射孔器下放入井，电缆绞车下放速度不超过 2m/s。

④ 上提定位、点火后，启动电缆绞车，匀速上提电缆。射孔器起至距井口150m 时，上提速度应控制在 0.5m/s 以内。

⑤ 射孔器起至全封闸板以上后，依次关闭三闸板防喷器全封，打开泄压阀门放压至起出射孔器。

⑥ 防喷管失效时，立即关闭电缆芯单闸板防喷器，放压后，对防喷管系统进行维修。

⑦ 其他符合 SY/T 5325—2013《射孔作业技术规范》要求。

（2）油管传输射孔。

① 按设计连接射孔枪，各节枪身接头螺纹应安装止退销钉，并按顺序下井。

② 射孔器下入一半井深开始计时，点火前射孔器在井下滞留不超过 24h。

③ 按 SY/T 5325—2013 的要求进行定位测井和调整管柱。

④ 拆气井带压作业井口装置，安装采油树，连接管汇，按 SY/T 5325—2013 的要求打压射孔。

9）完井及资料录取

（1）拆除气井带压作业井口装置。

依次卸下工作防喷器组与安全防喷器组及安全防喷器组与井口法兰的所有连接螺栓，分别整体吊起工作防喷器组和安全防喷器组，放置在运输装置上并固定。

（2）安装采气树。

将井口四通钢圈槽擦洗干净并涂抹密封脂，放入无损伤的钢圈；吊装采气树，带齐上紧法兰螺栓。

（3）解除生产管柱堵塞。

光管柱解除堵塞。按各油田井控实施细则的规定平衡堵塞器上下压力后，打捞出油管堵塞器。

（4）气井带压作业资料录取符合 SY/T 6127—2006《油气水井井下作业资料录取项目规范》的规定。

8.2.3　带压作业现场施工案例

8.2.3.1　案例 1：高压气井带压冲砂、打捞、磨铣

（1）工作类型：高压气井带压冲砂、打捞、磨铣，如图 8-7 所示为四川 JXB 井结构图；

（2）使用设备：170K 带压作业机；

（3）施工压力：34MPa；

（4）井深：3435m；

（5）施工周期：22d；

（6）作业简述：清理井筒至 XX-2 层以下（3262m），重新完井，清理井筒需要进行冲砂、钻桥塞、冲砂清理鱼顶、打捞、完井。

8.2.3.2　案例 2：压裂后高压下完井管柱

（1）作业类型：压裂后高压下完井管柱，如图 8-8 所示为大牛地气田 DXX-4 井井身结构；

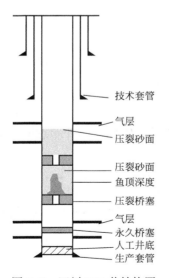

图 8-7　四川 JXB 井结构图

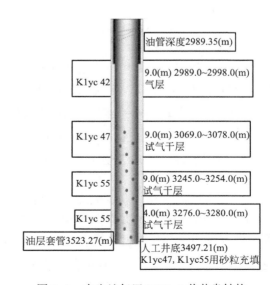

图 8-8　大牛地气田 DXX-4 井井身结构

（2）使用设备：170K 带压作业机；

（3）关井压力：29MPa；

（4）作业管柱：2⅜in 油管；

（5）该井井深：3300m；

（6）作业周期：3d；

（7）作业简述：连续油管分层射孔、压裂后，在压力高达 29MPa 条件下，成功运用带压技术下入完井管柱。

8.2.3.3　案例 3：配合压裂作业

（1）工作任务：配合水力喷砂射孔、多层压裂施工，如图 8-9 所示为大庆徐深气田 XX 井压裂层示意图；

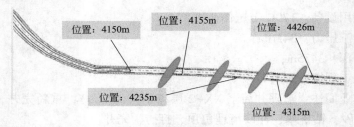

图 8-9　大庆徐深气田××井压裂层示意图

（2）使用设备：170K 作业机；

（3）工作管柱：2⅞in N-80 8RD-EUE 油管；

（4）井深：4600m；

（5）井口压力：26.7MPa；

（6）施工周期：14d；

（7）作业简述：修井机下入压裂管柱，压裂第一层后采用带压作业机上提管柱，分别完成 4 层压裂，避免压裂后对地层的伤害。

8.2.3.4　案例 4：储气库注采井带压作业

（1）工作类型：起出 4½in 排卤管柱，图 8-10 为 JZ1 储气库井示意图；

（2）使用设备：150K 型独立式作业机；

（3）井深 1000m；

（4）作业时间：4d（包括搬家时间）；

（5）作业简述：拆除井口采气树；在 7in 注采管柱中取出 4½in 排卤管柱；拆除不压井设备及防喷器组、投产。

8.2.3.5　案例 5：带压更换采气管柱作业

（1）工作类型：气井更换复杂采气管柱（井下节流器打捞失败）；

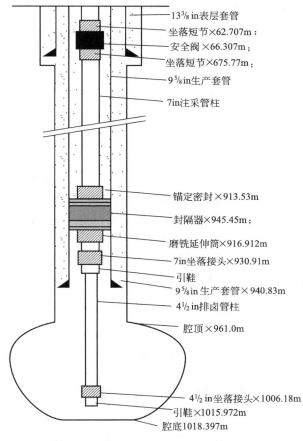

13⅜in表层套管
坐落短节×62.707m；
安全阀×66.307m；
坐落短节×675.77m；
9⅝in生产套管
7in注采管柱
锚定密封×913.53m
封隔器×945.45m；
磨铣延伸筒×916.912m
7in坐落接头×930.91m
引鞋
9⅝in生产套管×940.83m
4½in排卤管柱
腔顶×961.0m
4½in坐落接头×1006.18m
引鞋×1015.972m
腔底1018.397m

图 8-10　JZ1 储气库井示意图

（2）使用设备：S-9 不压井作业机；

（3）施工压力：油压 1.4MPa，套压 7.2MPa；

（4）井深：3638m；

（5）施工周期：10d；

（6）作业简述：分 3 段分别投堵桥塞，起出原采气管柱，重新下入小直径采气管柱、完井。

8.2.4　气井带压作业存在的风险及削减措施

气井带压作业本身是一种多风险的作业，对于带压气井修井作业来说，除了高压这个危险因素以外，还含有 H_2S 等有毒气体的危害，要防止中毒和井喷等。

8.2.4.1　井内管柱坠落或者飞出

井内管柱入井以后，由于设备操控不当或其他原因，造成井下管柱掉入井内或飞出井口，此种危险是带压修井中的最大危险，而且发生的频率也比较高。

原因分析及对策：主要原因是在起下管柱过程由于油管中和点计算误差，实际深度与计算深度出现误差，导致井下管柱因自身重量不足而飞出井口，或因管柱自身重量过重而落入井内。也有可能是因为带压作业操作人员操作失误，错误打开带压作业设备的防顶卡瓦组或承重卡瓦组。除了中和点计算误差或人为原因引起的管柱坠落或飞出事故外，设备卡瓦钝化也可能导致出现带压作业设备无法卡紧井下管柱造成井下管住飞出或掉井事故。为避免出现上述问题，充分利用带压作业设备卡瓦自锁装置是可以完全杜绝此类危险事故发生的。因此在进行带压修井施工前，要仔细确认井内油管中和点计算是否正确，并确认带压作业设备的卡瓦牙未被钝化，卡瓦内径不宜过大，若发现设备卡瓦牙已不具备使用条件应立即更换。另外，在整个带压作业过程中上提、下放管柱速度也不宜过快。

8.2.4.2　井下管柱遇卡

在气井带压修井过程中，最容易在以下三种情况下发生遇卡现象。一是在斜井和水平井组，遇卡的可能性很大，适度地控制起下管柱上提和下放速度能很好地解决这些问题，可以最大限度地避免井下管柱被卡死的可能性。二是井下管柱复杂，含有多个工具或水力锚，导致油套环空间隙狭小，容易发生遇卡现象。针对此类井，应在进行施工作业前将井下工具数据收集齐全，了解清楚各个工具工作特点，避免在起下管柱过程中因操作不当，而使井下管柱工具与套管接触，发生遇卡现象。三是进行老井带压修井作业时，由于其套管变形而发生遇卡现象，为避免此类事故发生，优化带压作业设备的管柱举升力和下压力参数设计，会很有效地降低遇卡的危险性。遇卡通常用到的方法是上提下放和来回活动，但拉力不能超过井下管柱的最大安全剩余拉力。在安全剩余拉力的范围内，可以对带压作业设备设定最佳的举升力和下压力。若是原井油管已生产使用多年，则要考虑井内油管是否发生腐蚀，是否满足带压作业的条件，这样就可以避免因设备举升力过大而造成井下管柱断裂的现象。

8.2.4.3　油管挂无法坐放

由于在进行高压井作业时，为保证井口压力始终低于设备的额定工作压力，通常会采用放喷泄压的方式来保持井口压力。有时在井口四通内就会有水合物出现的现象，导致最后坐放油管直管挂时，直管挂无法完全坐放在直管座内，导致后期施工无法进行。因此，施工时，若因井口四通内产生大碳水化合物而无法坐放直管挂，可在井口网阀处接管线注甲醇或乙二醇，同时上提下放井内管柱，摩擦掉井口四通内壁黏附着的水合物。若效果不佳，可将甲醇或乙二醇加热后，再注入井内。另一种情况则是，油管挂与井采油树口四通不是同一厂家生产，其型号不匹配，导致油管挂无法坐放，故在进行施工作业前必须确认井口采油树四通与油管直管挂是否配套。

8.2.4.4 压力平衡管线泄漏与设备防喷器泄漏

削减与处置措施是连接井口装置流程后，进行试压，设备试压压力为该井压力的 1.5 倍，确认完好无泄漏方可进行下步作业。在带压作业过程中，球形胶芯环形防喷器或压力平衡管线发生泄漏，应立即停止带压作业，做好设备井控和井口流程倒换，确认设备压力泄放完毕后，更换球形胶芯环形防喷器或压力平衡管线。若在冬季，如果周围环境的温度低于 0℃，导致设备半闸板封井器橡胶密封件收缩而无法在试压过程中稳压，必须保持橡胶的操作温度在 0℃以上才进行操作，此时必须对防喷器进行合理加热，以实现设备密封件膨胀密封。

8.2.4.5 其他危险

（1）有毒气体的泄漏，防喷装置安装前一定要仔细检查所动阀门是否完好，确保所有井控装置试压合格，井口附近必须配备可燃气体检测仪，而且必须有专人负责监控井口防喷器组，应急设备一定要齐全，做到万无一失。

（2）吊装危险、带压修井所需要的辅助设备非常多，设备吊装时所用的钢丝绳要用经过检验合格的钢丝绳，而且要有专人指挥。

（3）雷击。尤其在夏天，雷雨天气尽量不要施工，设备操作平台一般离地高度可达 10m，有时吊车的顶端离地面可达到 30m，雷击的可能性非常大。若施工中有雷电来临，应关掉所有的电子设备，人员撤离，等天气好再施工。

（4）对施工现场的保护很重要，施工过程中的无关人员不要动井口阀门，开关时，相关负责人必须在场监督。

8.2.5 带压更换主控阀

采油（气）井口的控制阀门在生产过程中，由于受高压流体的冲刷、介质腐蚀或阀门密封件老化等因素影响，会出现内泄漏、外泄漏、锈蚀卡死后无法正常打开和关闭等恶劣工况，这些工况的出现都会给正常生产带来安全隐患。尤其当井口主控阀出现上述工况时，如不及时采取措施，主控阀将失去对井口的控制作用，可能酿成重大事故。井内流体的喷出，会污染环境，伤害人畜，故必须对出现问题的主控阀进行更换。

对井口主控阀进行更换，可采取压井换阀和带压换阀两种方式。

压井换阀：向井内挤注压井液体，平衡井底压力后，井口无压力显示，将带病主控阀更换，该种换阀工艺称为压井换阀。压井换阀工艺的缺点：施工周期长（有时长达数月）、施工费用高、污染环境、伤害产层（对中后期的老井，压井后可能无法复产）。

带压换阀：不向井内挤注压井液，在井口有压力显示的情况下，将特制堵塞工具强行送入井口内孔，采用坐封方式使堵塞工具阻断井下流体，泄去堵塞工具下游压力后，将带病主控阀更换，该种换阀工艺称为带压换阀。带压换阀工艺的优点：施工周期短、施工费用低（只有压井作业费的十分之一）、不污染环境、不伤害产层。

8.2.5.1　带压换阀方法

1）按堵塞位置分类

（1）以主控阀的进流道为堵塞区域更换主控阀。

维修主控阀的方法是以主控阀的进流道为堵塞区域。堵塞器膨胀将进流道堵塞，从而截断井下高压流体；此时便可对闸阀进行包括更换阀盖、闸板、密封环等的维修处理。

该堵塞器及堵塞方法虽然不需压井、停产，省时，可有效避免压井维修的后遗症，并可用于对高压井口装置主控阀的维修，但由于该堵塞器固定于主控阀出口端的法兰上，无法将阀体卸下，只能对主控阀进行部分维修，不能进行换阀及卸下阀体对阀座进行修复等，既不能解决主控阀的更换，亦不能对整个阀体卸下进行全面维修。

（2）堵塞油管头的出流道更换主控阀。

将换阀操作中的堵塞位置移至油管头的出流道内，同时在原堵塞器的基础上增设了过渡性固定架和固定卡，经过对螺管固定部位的转移，使待换闸阀可方便、可靠地从油管头上卸下更换或全面维修。在卸下主控闸阀前将螺管连同胀圈调节杆、胀圈固定于油管头体上的过渡性固定架，将螺杆紧固于油管头上的固定卡，以便卸下主控阀。

操作方法：

① 安装堵塞器本体：在关闭待换主控阀的情况下卸下其法兰盖或与之连接的生产阀；将堵塞器螺管及胀圈插入主控阀出流道内，同时将堵塞器法兰固定头与主控阀出口端法兰密封紧固连接。

② 堵塞油管头出流道：开启主控阀，通过螺管将胀圈及胀圈压头送至油管头出流道内后，转动胀圈调节杆，使胀圈径向膨胀以密封出流道；然后开启卸压、测压机构中的针阀将主控阀内的残压放空。

③ 转换螺管固定部位。

④ 安装固定架并紧固螺管：将固定杆组一端可拆式紧固于油管头上，另一端则通过固定板将其与螺管紧固成一体。

⑤ 装固定卡：卸下主控阀与油管头法兰连接螺栓并通过转动螺纹套将主控阀拉离油管头，然后将固定卡环法兰卡入螺管上的固定槽后，用螺栓将其紧固于油管头上，以将对螺管的轴向固定部位转移至主控阀与油管头之间。

⑥ 卸下待换主控阀：拆除固定板，将堵塞器本体与主控阀一同或拆除两者的连接后先后从螺管上卸下。

⑦ 换装新阀：将处于开启状态的新阀与卸下的堵塞器法兰固定头密封紧固成一体后套入螺管上，再通过固定板将螺管与各固定杆紧固成一体；然后逆向操作，退至新阀出流道，检测其压力后关闭新阀，开启针阀放空残压，拆除固定架及堵塞器本体，装上新阀法兰盖或生产阀。

2）按带压换阀工艺分类

（1）丢手带压换阀：将堵塞工具送入油管内孔或大四通侧孔，堵塞工具通过锚卡固定在井内阻断井下流体（该过程称为丢手），坐封后卸去堵塞工具下游压力，将带病主控阀更换的工艺措施称为丢手带压换阀。

丢手带压换阀的缺点：堵塞工具通过锚卡固定在井内，看不见，摸不着，锚卡的固定牢靠程度无法确认，当锚卡固定不牢或锚卡断裂时，堵塞工具坐封后在井内压力的作用下冲出井口，在施工过程中井口失去控制，会酿成恶性事故。2010年2月在川中油气××井的带压换阀作业中，采用的即是丢手工艺，该次作业过程中，堵塞工具送入大四通侧孔后，其锚卡未能牢靠固定在大四通侧孔，当主控阀拆卸后，堵塞工具被冲出井口，井口随即失控，造成3人死亡的重大事故。

（2）不丢手带压换阀：将堵塞工具送入井口上法兰内孔或大四通侧孔，堵塞工具被井口外的锁定装置安全联锁在井口上，坐封后堵塞工具不会被冲出，井下流体被阻断后（该过程称为不丢手），泄去堵塞工具下游压力，将带病主控阀更换的工艺称为不丢手带压换阀。图8-11为现场带压堵漏，图8-12为不丢手更换1号阀堵塞工具坐封后，被安全联锁在井口上。

不丢手带压换阀的优点：堵塞工具通过安全联锁装置被锁定在口上，看得见，摸得着，能准确判断堵塞工具是否被牢靠锁定，只有确认该锁定安全有效后再进行旧主控阀的拆卸作业，故堵塞工具不可能被冲出井口。

图 8-11 现场带压堵漏

图 8-12 不丢手更换 1 号阀堵塞工具
坐封后，被安全联锁在井口上

8.2.5.2 采气井井口装置及井口泄漏点

1）采气井口

采气井井口装置，是采气井井口的总开关，它由油管头，小四通及若干闸阀组成，见图 8-13。KQ65-70 抗硫采气井口如图 8-14 所示。其中位于油管头出口部的最关键的主控阀（一般为 1 号、2 号、3 号阀）若发生泄漏，无论是阀体、阀盖还是密封环泄漏，均会使整个井口处于无控制状态，重则造成井喷事故，威胁井场和人身安全，造成地下资源浪费，污染环境。

在压裂和采气生产期间，由于采气井口阀门密封面受到冲蚀、腐蚀等原因，导致阀门的阀板与阀座表面损伤，致使阀门损坏。一种可直接用于不压井更换的采气井口应运而生。该井口可在不压井状态下进行带压换阀作业，与压井换阀相比，可避免压井液对储层的污染。

下悬挂直坐式油管头两侧旁通内置背压阀螺纹 2½in BVP，用于不压井更换套管阀门作业。图 8-15 为油管头侧翼出口 VR 丝堵及送入取出工具，图 8-16 为背压阀及取送工具。

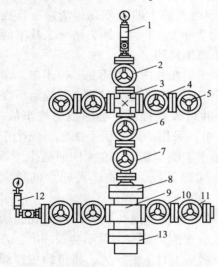

图 8-13　气井井口装置的组成
1,12—压力表缓冲器；2—测压闸阀；3—小四通；4—油管闸阀；5—节流阀；
6,7—总闸阀；8—上法兰；
9—大四通；10,11—套管闸阀；13—底法兰

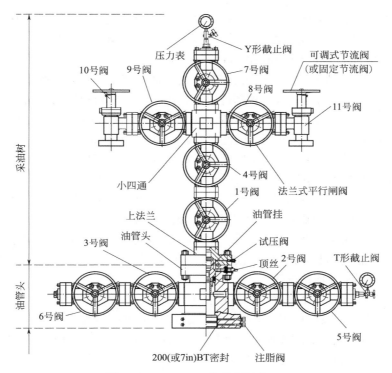

图 8-14 KQ65-70 抗硫采气井口

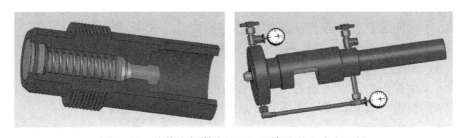

图 8-15 油管头侧翼出口 VR 丝堵及送入取出工具

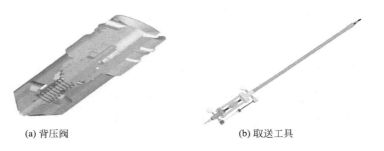

(a) 背压阀

(b) 取送工具

图 8-16 背压阀及取送工具

油管悬挂器上端螺纹为 ϕ73mm UPTBG（内螺纹），下端为 ϕ88.9mm UPTBG（内螺纹），内置背压阀螺纹为 2½in BVP，便于不压井更换主阀作业，双外螺纹短节螺纹为 ϕ88.9mm UPTBG×ϕ73mm UPTBG。

平板闸阀是为明杆带下导杆式结构，由阀体、阀座、波形弹簧、阀板、阀杆、阀盖、阀杆螺母、密封填料等零部件组成。阀座、阀板和阀杆均选用 2Cr13 材料。阀板、阀座的密封副表面均喷焊镍基合金。其表面硬度为 47~57HRC，具备了抗冲击、耐磨损的特点，可保证闸阀的使用寿命。阀座采用浮动形式，以保证阀座与阀板的有效密封。阀门密封填料采用唇形形式，能保证常压和高压的正常密封。

可调式节流阀采用针形结构，切锥形阀针和阀杆小螺距传动，可对天然气、石油的流量进行控制和调节。为使调节后的气量保持稳定和避免阀杆自动退出，配有锁紧并冒。阀杆采用 2Cr13，阀针锥面喷焊（堆焊）硬质合金。阀座采用硬质合金烧结。

油管头四通两侧及油管挂上加工内置背压阀螺纹，在实际生产中，当该采气井口主控阀漏气需要更换时，通过专用工具将背压阀送入背压阀螺纹，从而实现封堵，进行不压井换阀施工。

依靠井口防喷控制装置与油管堵塞工具配合，实现带压更换井口阀门作业。堵塞工具可投放在井口附近油管内，或投放与井口配套的堵塞器至油管悬挂器内。

不压井换阀时，关闭该通道所有阀门，送顶级阀处连接背压阀取送工具，再打开通道的阀门，将背压阀送入油管四通两侧旁通或油管挂，并旋合背压阀，即可切断介质，进行采气井口换阀作业。换阀结束，反序操作，退出背压阀及取送工具。

2）采气井口装置主要泄漏点

（1）大四通上法兰与 1 号主控阀连接处外漏。

（2）大四通与 2 号、3 号阀连接处外漏。

（3）上法兰与大四通连接处外漏。

（4）油管头四通（大四通）与套管头四通连接处外漏。

（5）套管头与套管螺纹连接处泄漏。

（6）套管接箍连接处泄漏。

（7）顶丝泄漏。

（8）阀门本体泄漏：

① 楔形阀本体泄漏。

② 平板阀本体泄漏。

③ 阀门阀板无法打开或者处于半开半闭状态。

8.2.5.3　不压井更换采气井井口主控阀程序

1）不压井更换主控阀（以更换 1 号主控阀为例）

（1）拆卸井口房。

（2）对采气树进行泄压，拆卸 4 号阀门以上部件，同时现场组装设备（注意有毒有害气体检测）。

（3）进行预堵塞作业：送入堵塞器至预计坐封位置堵塞、锁定，泄堵塞器后端压力，观察 30min，稳压验漏，检查确认堵塞有效，平衡压力取出堵塞器，检查胶筒完好，确认坐封位置。

（4）进行堵塞作业：更换新密封胶筒后，送入堵塞器至确认坐封位置堵塞、锁定，泄堵塞器后端压力，观察 30min，稳压验漏，检查确认堵塞有效。

（5）拆卸井口 1 号主控阀：拆卸要操作平稳，避免碰撞锁定螺杆。

（6）切换堵塞器机械锁定位置：检查确认堵塞器锁定位置符合要求，切换机械锁定，确认锁定有效。

（7）安装 1 号新主控阀：送入主控闸阀过程中避免碰撞锁定螺杆，切换机械锁定位置，确认锁定有效，平稳操作安装主控闸阀。

（8）取出堵塞器，验漏合格：解封堵塞器，堵塞器退出主控阀，验漏合格，关主控闸阀，卸压。

（9）连接法兰进行验收。

图 8-17 为不压井更换 1 号主控阀，图 8-18 为不压井更换套管阀。

2）不丢手更换油气井口主控阀程序

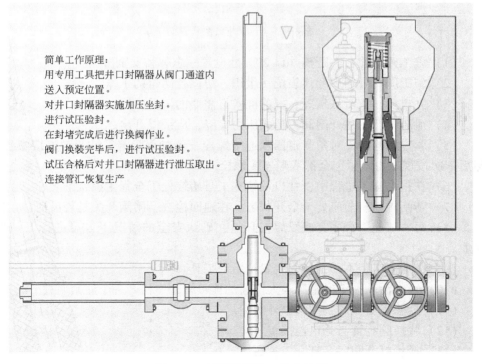

简单工作原理：
用专用工具把井口封隔器从阀门通道内送入预定位置。
对井口封隔器实施加压坐封。
进行试压验封。
在封堵完成后进行换阀作业。
阀门换装完毕后，进行试压验封。
试压合格后对井口封隔器进行泄压取出。
连接管汇恢复生产

图 8-17　不压井更换 1 号主控阀

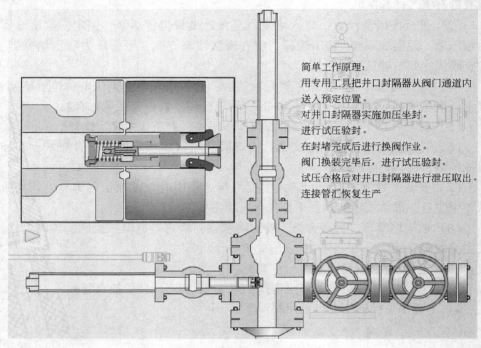

简单工作原理:
用专用工具把井口封隔器从阀门通道内送入预定位置。
对井口封隔器实施加压坐封。
进行试压验封。
在封堵完成后进行换阀作业。
阀门换装完毕后,进行试压验封。
试压合格后对井口封隔器进行泄压取出。
连接管汇恢复生产

图 8-18　不压井更换套管阀

（1）施工开始前,在距离井口 20m 处设置标志牌和安全警戒线。

（2）施工应由公司现场代表统一组织、协调各岗位的工作。

（3）井口操作工听从指挥,提前准备好需要的工具。

（4）泄压时严禁猛开闸阀,造成压力突降,应缓慢开启。

（5）紧定螺栓时,对角紧定四颗连接螺栓,再对角紧定另外四颗连接螺栓,然后依次按规定力矩紧定全部八颗连接螺栓。

（6）在整个施工过程中,井口及堵塞工具始终处于全程受控状态。

（7）新闸阀吊装前应处于全开状态,在地面检查新闸阀开关是否灵活。

（8）每一道施工程序完成以后,必须在确认安全的情况下方可进行下一步作业。

（9）在地面组装不丢手换阀装置及堵塞工具。

（10）逐个活动需更换主阀与大四通的连接螺栓,松开一个即紧回去。

（11）拆除需更换的主控阀以外阀门。

（12）将换阀装置与井口连接。

（13）缓慢打开阀门,打开工具通道。

（14）带压将堵塞工具徐徐送达预定封堵位置。

（15）向堵塞器的液缸打压，使堵塞器坐封在预定位置。

（16）坐封后，放空工具内堵塞器外部余气。

（17）开压力表截止阀放空，观察压力表，若读数为零，则堵塞器已成功阻断井下气流，说明坐封成功，卸去坐封用泵压观察 30min。

（18）拆卸需更换主阀与大四通的 8 个连接螺栓，将需更换的主阀向外移动 200mm，露出工具的锁定槽，同时取出旧钢圈，用二级锁定板将工具锁定在井口上。

（19）拆除一级锁定板，将旧主阀吊离井口。

（20）清洗大四通钢圈槽，放置新钢圈，将新主阀吊到井口，重新安装一级锁定板，拆除二级锁定。

（21）安装新主阀。

（22）对角紧定四个连接螺栓，对角紧定另外四个连接螺栓，然后依次按规定力矩紧定全部八个连接螺栓。

（23）重新安装不丢手换阀装置。

（24）将堵塞工具解封。

（25）堵塞工具退出主阀阀板位置，关闭主阀。

（26）放空换阀装置内的余气，拆卸换阀装置。

（27）安装采气树。

图 8-19 为压力低于 10MPa 换 1 号阀的安装方式，图 8-20 为压力低于 10MPa 换 3 号阀的安装方式。

图 8-19　压力低于 10MPa 换 1 号阀安装方式　　图 8-20　压力低于 10MPa 换 3 号阀安装方式

图 8-21 为压力高于 10MPa 换 1 号阀安装方式，图 8-22 为压力高于 10MPa 换 3 号阀安装方式。

图 8-21　压力高于 10MPa 换 1 号阀安装方式　　图 8-22　压力高于 10MPa 换 3 号阀安装方式

第9章 井下作业相关井控技术

在采气过程中，如果管理不到位或操作不当，就可能造成井喷甚至失控。一旦发生井喷，将影响气井的正常生产，甚至危及公众生命和财产安全。特别是含有硫化氢等有毒有害气体的井若发生井喷，将严重危及生产安全，造成重大的经济损失和恶劣的社会影响。掌握气井井控管理相关知识，提高井控技能和应急处置能力，对保证安全生产具有重要意义。

不同气田地质条件和地面环境条件不同，气井压力及开采方式不同，所采用的集输流程和井场上所安装的设备也不相同。因此，井场布置、工艺与技术的准备内容也有差别。

气井的井场装置和施工工艺，与气井的工作压力和产气量、井下情况、气体组分以及气候条件等有关，不同情况的井控技术要求也不同。压力不高，气体中轻组分多（甲烷含量90%以上）的气井，井场工艺相对简单，只有气井井口装置、天然气调压装置、井场管网、计量装置和集气管线；气井压力高时，井场工艺管线、集气管线安装要求较高，天然气中含有杂质（含油、水等）多的井，井场工艺相应比较复杂。这种井场上通常还需安装液气分离装置、管线通球装置、加药装置等。天然气中含有硫等腐蚀性物质时，需要加天然气缓蚀剂装置等。

天然气井投产准备注意事项：

（1）天然气是易燃易爆物质，在天然气井场上施工时，一定要先检查井口阀门是否关严，若有漏气现象，必须先进行处理。另外注意不要碰坏阀门，必要时将阀门手轮固定并悬挂警示牌。

（2）在天然气井井场安装的高压分离器、缓冲罐等均为压力容器，必须由具有资质的施工队伍进行施工，在施工中要对罐体、配件、安全设施、管线以及焊条的材质按规定进行严格检查。

（3）对于天然气通球管线，特别是高压气管线，一定要严格检查管线的对口质量和焊接质量，以保证通球时不划破球面，并能顺利通过。

（4）对于埋地的高压气管线施工完后，地面要做明显的警示标志，高压气管线要与电缆、高压线路保持一定的安全距离。

（5）在挖管沟及其他破土作业时，注意不要碰伤其他管线和电缆。

（6）在天然气井旁施工动火时，除要按规定办理工业动火手续外，必须做好可靠的防范措施。

9.1 正常采气井的井控管理

在日常生产管理中，要严格执行井口及操作间的定时巡检和资料录取等相关管理规定，加强压力监控。

采气是靠气层本身具有的能量将天然气从气层驱入井底、举升到地面，初期一般呈高压、高产的特点，与采油井控相比有其特殊性。

9.1.1 采气前的井控准备

9.1.1.1 人员

采气作业人员应接受井控知识培训。对现场操作人员、工程技术管理人员、设计人员、安全管理人员以及各级主管领导，应进行井控技术培训，并取得"井控操作证"。从事含硫化氢区域的生产管理人员和操作人员，应接受硫化氢防护技术培训，并取得硫化氢防护技术培训证。

采气作业的技术交底。接井后，交井方要对接井方技术人员进行技术交底，使接井方相关技术人员熟悉单井资料。采气厂相关管理人员或技术人员应对上岗操作人员讲解该井的基本情况，包括基础数据、地层特征、采输流程的操作程序和操作参数等，对井内或地面复杂情况，应重点强调，并明确每位作业人员的岗位职责。

采气作业井控值班要求。在投入生产前，生产管理干部需在现场值班，解决生产过程中的各种问题，指导井站职工掌握正确的操作方法，科学管理。新集气站投运的前 3~7d 要有生产管理干部在现场值班，指导职工掌握正确的操作方式，使井站职工管好、用好新流程。

9.1.1.2 采气井井控设备

在采气前，要准备完整、齐全的井口井控设备、地面采输流程。井口控制设备主要包括套管头、油管头、采气树、井口放喷管、保护器或紧急截断阀等。地面采输流程配套试压合格、功能满足要求的地面采输流程，主要包括地面管线、节流管汇、水套炉、分离器、安全阀，放喷管等。

9.1.1.3 采气站场

（1）采气前的井场要求平整无积水，要满足设备设施的安全间距要求，放喷管口远离井口、民房、水池等 50m 以上。

（2）锅炉房、发电房、值班房等布局整齐。

（3）采用正规绝缘橡胶皮软线，禁止用裸线架设电线。

（4）安装防爆低压安全探照灯以满足照明需要。

（5）设置明显的防火、防爆标志，准备醒目的阀门开关状态标识并固定或挂在阀门上。

（6）按规定配置齐全的消防器材，并安放在季风的上风方向。

9.1.2　采气井控管理基本要求

9.1.2.1　采气井的日常管理

采气井正常生产时，要严格执行井口定时巡检和资料录取规定，检查、掌握、分析并记录井口压力和井口装置工况，发现异常情况及时处理，不能处理时立即向上级领导和部门汇报。

9.1.2.2　采气井的压力监测

加强压力监控，生产井每天至少要对油压、套压、环空压力情况进行一次监测并记录，发现压力异常变化，要进行分析，并报主管部门。环空压力要控制在套管额定工作压力的80%以内。

9.1.2.3　井控装备配套

高压气井各级套管应安装压力表，监测压力变化。应对高温、高压、含硫化氢气井井口装置经常进行检测，不符合要求时更换。"三高井"及储气库注采井应安装井口安全控制系统。控制系统应具有防火关井、人工关井、人工应急关断、熔断塞关断、高低压限压关断等功能。气井井口组装、附加变更相应配件时，一律采用法兰式、螺纹式连接。严禁采用焊接、切割、挖补等方法作业。

9.1.3　采气井日常生产井控管理

9.1.3.1　采气井的常规开井

采气井开井前应通知站场内值岗人员检查并关闭进站阀门及放空阀门。站场内安全控制阀门必须处于常开状态。检查加热炉水温，确保达到75℃后，方可开井生产。

高压气井开井时要保持与集气站通信联系，否则不允许开井作业。对于无法通信联络的偏远地区，开井前必须提前交接清楚。

9.1.3.2　采气井常规关井操作

采气井关井前应通知站场内值岗人员，检查并关闭进站阀门及节流针阀。高压气井关井时要保持与集气站通信联系，否则不允许关井作业。对于无法通信联络的偏远地区，关井前必须提前交接清楚。

采气井关井作业操作人员不能正对阀门,且使用工具(如 F 形扳手)应从里侧向外侧搭接。操作开关阀门时必须做到平稳、缓慢。

开关阀门时严禁上下作业。关井后采气管线进行放空时 7 号阀门应处于全开状态。作业结束后必须检查所有阀门的开关状态并作记录。

9.2 特殊生产井的井控管理

为了加强井控管理,在对正常生产井管理的同时,对安全隐患较大的井,如套管环空压力异常、井下有落鱼井、井下无安全阀井、套管变形的气井,应按照特殊生产井进行井控管理。

9.2.1 套管环空压力异常井

部分生产井会出现套压异常升高或降为零、某一层套管含硫化氢等异常现象。对于采用封隔器完井的气井,环空带压产生的原因:油管柱、套管串的渗漏,较差的固井质量和后续作业对水泥环的损害,造成气层气体渗流到环空。其压力被传导到井口,从而在井口产生一定的压力。

油气开采过程中井筒温度会升高,但升高的幅度受气井产量的影响较大。对高温高压气井来说,井筒温度升高幅度较大。所有气井在最初开始开采时都会因温度效应引起环空带压现象。长期关井后突然恢复生产,或开采中突然关井,会引起井筒温度发生较大波动,从而导致环空带压压力大小发生较明显的变化。同时,关井前后的压差引起环空管柱的鼓胀效应也会导致环空带压。

气田生产随时间的增加,地层压力不断地变化,为了更有效地保护各级套管和生产管柱,控制套压既不高于井下工具实际工作压差的最小值,又不高于套管抗内压强度、油管强度、套管头额定压力中最小值的 80%。将各级套管、油管之间的压差控制在合理范围内,且最大套压值不大于最大允许值。

对套压异常井,由技术管理部门编制泄压施工方案,按程序审批后,在保证安全措施的基础上组织泄放,做好流体排出前后的生产参数变化的详细记录,逐步寻找控压措施,制定"套压不大于最大允许值生产检测方案"。

9.2.2 套管变形气井

套管变形气井是指钻完井、井下作业过程中或是自然灾害(如地震)影响造成套管发生变形损坏的气井。

特别是在深井和酸性油气井中,生产套管内进行任何作业都要考虑可能的入井工具刮划、胀管、碰撞诱发裂纹;长时间关井、酸化压裂或相态变化制冷使井口段套管导致突发性断裂，韧性降低或爆裂。这种情况也可导致井口段油管，管汇发生同样的破坏。氢脆是断裂的主要因素。

套管和油管内压破裂相对于挤毁后果可能更严重，它可能造成井眼失控或地下井喷，带来环境和安全问题。

套管变形井应采取以下措施：

（1）管理方面。

依据开发方案，确定合理的生产制度，防止气层过早出水出砂。

定时现场录取油压和油层套管、技术套管、表层套管压力，观察井口有无异常情况。例如，是否有液体或气体溢出，井口装置是否完好无渗漏等，发现问题及时汇报，及时处理。

保持平稳生产，不列入产量调节或批处理措施等工作的调峰井，根据井下情况制定详细的安全应急预案，建立一体化的技术档案及信息收集、交接和传递管理体制。

（2）技术方面。

① 定期对油管液样进行分析，分析是否出水含砂。

② 每月对气井井况进行分析，对井下情况进行判断。

③ 用于气井、酸性环境的任何钢级均要求表面缺陷的最大允许深度小于壁厚的 5.0%。

④ 进行采气树和单井流程壁厚检测。

（3）装备要求。

① 现场生产平台安装多功能控制流程，该流程具有泄压放喷、压井、加注环空保护液等功能。

② 在井场储备压井材料及装备，完善消防应急安全设备、设施。

9.3　高含硫化氢气井井控技术

9.3.1　环空保护的井控技术

高含硫化氢气井一般选用酸压生产一体化管柱，管柱上安装封隔器将上下套管分开，保护封隔器上部套管。这样封隔器以上油套管环空就形成一个圈闭，CO_2、H_2S、地层水、完井液的残余物、细菌等在油套管环空储存形成了特殊的腐蚀介质，严重腐蚀油管和套管，另外完井作业压力变化或作业碰撞套管、胀管等也可能对水泥环造成永久性损伤产生微环隙导致环空气窜。由于种种因素造成套管含硫化氢气体，套管压力不断升高，上部套管腐蚀严重。通过环空加保护液和环空液面监测解决套管腐蚀井控隐患。

9.3.1.1 环空保护介质的加注

常见的环空保护液以液碱为基质，主要有两种：一是含缓蚀剂的水溶液，二是含缓蚀剂的柴油溶液。

另一种环空保护介质是氮气。由于氮气比硫化氢气体轻，可充满油套环空的上部空间，形成氮气段塞，阻止硫化氢气体上窜。同时，高压氮气能对上窜的硫化氢进行稀释，减缓上部套管腐蚀。在稳定生产的情况下，使气井长期处于安全可控状态。

1）环空保护介质的主要作用

（1）减轻套管头或封隔器所承受的油气压力，同时起到了一定的密封性作用，防止封隔器刺漏；

（2）降低了油管与环空之间的压差；

（3）具有杀菌、防垢、除氧、中和酸性气体和缓释等良好的防腐性能，高温条件下具有长期的稳定性。

2）保护液加注的井控安全

水基环空保护液是最常用的一种环空保护液，对油套管和橡胶件的腐蚀率很低，能够有效地保护油套环空。需要定期对保护液进行测试，定期对 pH 值进行测试，一般 pH 值在 12~13 之间为宜，定期对液面进行监测，确认液体是否变质，环形空间是否充满。

（1）做好气防、消防安全措施，按保护液加注施工设计审批程序进行甲乙方安全、技术交底。

（2）保护液加注流程安装、试压。

在采气树一侧装放喷管线，另一侧套管外侧阀门连接加注管线和泵车，作为加注环空保护液的施工流程。按设计安装、固定、试压到规定压力稳压 30min，压降不大于 0.5MPa 为合格。

（3）保护液加注工艺。

加注环空保护液过程中，排量应不高于 0.1m³/min，加注压力不高于10MPa，即在水泥车泵压达到 10MPa 时停泵，通过多功能控制流程将套压泄放至 0MPa。然后，再打压加注环空保护液，如此循环直至油套充满环空保护液。

3）氮气加注的井控安全

（1）做好消防、气防安全措施，按氮气加注施工设计审批程序，进行甲乙方安全、技术交底。

（2）流程操作。

液氮车（或氮气车）摆放到位后，从多功能控制管汇连接加注管线，对加注管线按设计安装、固定、试压到规定压力稳压 30min，压降不大于 0.5MPa 为合格。然后将管汇台倒为加注流程。

（3）加注工艺。

从多功能控制管汇台连接加注管汇，进行加注工作。在加注氮气前，对套管缓慢进行放压，如果压力无法放至 0MPa，或是放至 10MPa 以下压力下降很慢，则可以通过压力表考克将其压力放至 0MPa。开始注入时，控制氮气排量不大于 40m³/min，分级打压 5MPa、10MPa、15MPa，每级静止观察 10min，最后将压力打至设计压力，停泵。

9.3.1.2　环空液面监测

高含硫气井中部分井存在管柱渗漏的情况，高含硫气体泄漏进套管环空，并在井口附近聚积，引起油套管腐蚀，造成气井生产的重大安全隐患；因此需要定期开展 pH 值测试、液面检测，确认液体是否变质，环形空间是否充满。

环空液面监测多采用声波反射原理进行测量。目前最先进的测量仪器的最大测量深度为 5000m，所有的测量仪器组必须满足高抗硫化氢、耐高压、测量精度高的要求。

声波反射原理进行环空液面的监测是通过发射枪产生一个声波脉冲，对井内形成压力脉冲。声波在气体中传播，有一部分会在油管、钻杆接箍、油管锚和套管穿孔等截面变化的地方反射回来。另一部分则在气液界面处反射回来，井口的接收器监测到反射信号，经过滤并放大，输出在记录纸上。利用温度、压力和气相成分等分析软件，计算出液面位置，然后通过对环空保护液加注量的计算，将这两者的结果进行对比分析，来确定环空液面的具体位置。

9.3.2　气井流体性质监测技术

9.3.2.1　气质监测

H_2S 和 CO_2 溶解在水中形成酸性水溶液，对气井管串及输气管线有较强的腐蚀作用。因此，应定期进行天然气气质全分析，同时监测 H_2S 和 CO_2 的含量。

9.3.2.2　水质监测

对气井产出水进行化验分析，大部分井产凝析水，部分井产地层水。对产水气井及一些富水区边缘的气井进行连续跟踪监测，定期进行水质全分析，监测各种阴、阳离子的含量变化，重点加强对 Cl^- 和总矿化度的监测。对井下有落鱼的井还要进行 Fe^{3+} 监测。

9.3.2.3　压力、温度监控

定期进行井况分析，对井下情况进行检查、判断，记录并分析井口压力、温度和井口装置状况，发现异常情况立即及时处理。

9.3.2.4 气井 PVT 取样技术

气井 PVT 取样是指在高温高压下取其储层流体,通过室内分析得到表述储层流体物理和化学性质的参数。

9.3.3 井控设备腐蚀监测技术

高含 H_2S 和 CO_2 的气体单独或共存于油气开发中,对井口装置、井下管柱及油气开发会造成巨大损失,特别对高温、高压、高含 H_2S 和 CO_2 共存条件下井口装置、井下管柱腐蚀的监测很有必要。

9.3.3.1 采气树壁厚检测

(1) 监测采气树腐蚀情况,确定采气树安全系数,对气田长期、安全、可靠的生产,显得十分必要。用超声波自校正三维多点检测系统对采气树壁厚进行检测。对于整体式采气树,选取 3 个关键部位使用阀门专用检测卡箍进行壁厚检测;对分体式采气树均选取 5 个关键部位,使用阀门专用检测卡箍进行壁厚检测。

(2) 采气树壁厚检测是对采气树腐蚀速度较快部位进行检测,重点监控采气树各检测点腐蚀速率,是否出现坑蚀、冲击异常腐蚀,敷焊层是否出现脱落(气泡)等异常腐蚀情况,以了解采气树内腔腐蚀状况。

9.3.3.2 井下管柱腐蚀监测

(1) 生产套管腐蚀检测。

电磁探伤测井仪可透过内层钢管探测外层钢管的壁厚和损坏(裂缝、错断、变形、腐蚀、漏失、射孔井段、内外管壁厚度等),可以在油管内检测油管和套管的厚度、腐蚀、变形破裂等问题,可准确测得井下管柱结构、工具位置和套管以外的铁磁性物质(如套管扶正器、表套等)。

(2) 油管腐蚀检测。

气井的油管腐蚀是通过观察油管表面有无坑蚀及点蚀等腐蚀现象。通过扫描电子显微镜观察油管表面有无形成致密的腐蚀产物层。通过能谱仪检测油管表面腐蚀沉积物,确定主要腐蚀产物。

9.3.4 硫沉积防治技术

随着气藏压力的下降,硫在含硫天然气内的溶解度也会随之下降。硫的溶解度是温度、压力的函数。当压力在 $10 \sim 60MPa$、温度在 $100 \sim 60℃$ 时,硫在气体中的溶解度只有 $0 \sim 5g/m^3$。当硫的溶解度接近饱和状态时,压力、温度的进一步下降会致使元素硫及固体的高级多硫化物析出,沉积在井筒及设备表面,导致气井堵塞，严重影响气井正常生产。

目前解决硫沉积的方法主要有三种：发生化学反应、加热熔化、用溶剂溶解。物理溶剂庚烷、甲苯溶硫量小，二硫化碳的溶硫量较大，但二硫化碳的气味大、剧毒、易燃。当井筒发生硫沉积时，可以将溶硫剂沿生产管柱泵下，再泵入1倍的凝析油，并以氮气挤压溶硫剂，浸泡6~12h后可恢复生产。

9.3.5　水合物防治技术

水合物是在一定压力和温度下，天然气中的某些组分和液态水生成的一种不稳定的、具有非化合物性质的晶体。水合物是一种笼形晶体包络物，水分子借氢键结合形成笼形结晶，气体分子被包围在晶格之中。

由于水合物生成条件不同，其分子式也不同。但戊烷以上的烃类一般不易生成水合物。甲烷水合物，密度为 $0.992g/cm^3$，比水轻；乙烷水合物的密度比水大，平均相对密度在 $0.96~0.98$ 之间。

水合物形成条件：

（1）液态水的存在。

（2）低温。

（3）高压、H_2S 和 CO_2 的存在，能加快水合物的生成。

每一种密度的天然气，在每一个压力下都有一个对应的水合物生成温度。对同一密度的天然气，压力升高，生成水合物的温度升高；压力相同时，天然气密度越大，生成水合物的温度也就越高；温度相同时，天然气相对密度越大，生成水合物的压力就越低。

水合物防治措施主要有提高温度、使用井下节流工艺、加注抑制剂、干燥气体等。高含 H_2S 气井作业危险性很大，采用加注抑制剂法。

气田开发中后期，若井筒中产生水合物堵塞，通过和溶硫剂复配，选择协同作用好的抑制剂，与溶硫剂一起通过毛细管连续投加，预防井筒中水合物堵塞；井筒中产生水合物堵塞时，关井用泵车通过油管向井中加注抑制剂清除水合物。加强水合物防治技术能有效应对冰堵带来的井控风险。

9.4　储气库井的井控管理

9.4.1　储气库注采井概述

9.4.1.1　储气库基本概念

（1）储气库定义。

地下储气库是将从天然气田采出的天然气重新注入地下可保存气体的空间而

形成的一种人工气田或气藏。

（2）储气库的功用。

地下储气库主要作用：一是供气系统调峰和整体优化，协调天然气供需关系，缓解季节更替等原因造成的天然气需求量供需矛盾；二是能源战略储备，保证供气的可靠性和连续性。

（3）储气库类型。

储气库可分为孔隙型储层储气库、盐穴和废弃矿坑三种类型，其中孔隙型储层按储层流体性质可分为压力衰竭气藏、压力衰竭油藏和水层三种储气库，以衰竭油气藏储气库为主，比例达到80%以上，我国目前建设的储气库类型也以衰竭油气藏储气库为主。

9.4.1.2 储气库注采井与常规采气井的区别

一是开采方式的差异，气藏需要最大限度提高采收率，开采周期长达10年或更长，气库则需要在很短的时间，一般是一个采气周期（3~4个月）内把气库中的有效工作气全部开采出来，并且还需要在一个周期内将储气库注满达到满库容。二是设计准则上的差异，气藏开采尽量保持稳产，气库产能设计则以满足地区月或者日最大调峰需求为原则。三是运行过程上的差异，气藏开发一般产量递减，气库建设过程产量逐年递增。四是工程要求上的差异，气藏开发采气井寿命10~20年，并且单向从高压到低压的过程，储气库井寿命要求50年以上，并且井筒内压力周期性变化。五是对储层改造上差异，气藏开发可以通过大规模压力酸化改造，提高单井产能，而气库为保证天然气不会窜层，一般不采用压裂手段改造储气层，以免压穿盖层。

9.4.1.3 储气库注采井井控风险

储气库运行特点是短时间大气量吞吐，压力为周期性交替变化，一般通过7个月时间强注，将储层压力注到原始储层压力，再在冬季强采4个月以满足调峰需要，这样长期频繁剧烈的压差变化对气井的寿命和安全性是个极大考验。一旦发生天然气无控制窜入其他非储层，或者窜出地面，可能发生火灾等安全环保事故，其中含硫储气库危险性更大，轻则导致生产停滞和经济损失，重则导致人员伤亡、注采井或整个储气库报废。据2009年英国地质勘查局统计全世界发生的储气库安全事故有100多起，其中有超过27起的储气项目事故与盖层的完整性相关，有超过60起的储气库事故与井筒完整性相关。

为保障储气库运行安全万无一失，储气库的井控理念相比开发井更为宽泛，是以储气库注采井井筒质量满足50年以上运行周期为目的，以井筒完整性为核心，将井身结构、固井质量、生产管柱、井口设备、控制系统等方面均考虑在内的井控安全理念。分析井控风险发生的可能性，主要有以下几种可能：

（1）洪水等自然灾害造成的井口破坏，地震或地质灾害造成套管变形、套管错断和水泥环胶结质量下降；

（2）注采交变应力造成的井下设备（油管、套管、井下工具等）损坏和水泥环胶结质量下降；

（3）设计缺陷、设备缺陷或疲劳损伤，如设计材质不合理、管外封隔器失效、设计工作气量过大造成的油管冲蚀、控制/泄压设备失灵、密封失效等；

（4）生产套管等井下设备工具腐蚀老化；

（5）井下作业造成的风险，如油管、套管扣未上到位等；

（6）长期注采，井口设备老化渗漏等。

针对这些风险，储气库在建设和运行中都应采取对应措施予以削减和控制，比如选择防腐油套管并在油套环空加注防腐保护液，在油套管连接入井时采取气密封试压检测。

9.4.2　储气库注采井井控系统的组成

储气库作为季节应急调峰或国家战略储备的重要能源组成部分，保障其自身的运行安全至关重要，在注采井建设期间以保障井筒完整性、确保井控安全为核心。对井身结构、固井质量、生产管柱进行了安全设计，形成了以大尺寸多级套管结构、柔性水泥浆固井、油套管防腐选材为核心的关键技术，在生产运行期间充分考虑了长周期运行、火灾、爆炸、恐怖袭击等可能情况下的井控安全，形成了以井下安全阀、井口安全阀、井口控制盘为核心的井控系统，可以实现日常井口远程关断、突发火灾事故安全阀自动关断、超欠压自动保护等功能。图9-1为注采井井下部分，图9-2为注采井套管头部分，图9-3为注采井采气树部分，图9-4为集注站生产运行部分。

注采井的井控系统主要包括井下安全阀、套管头、采气树、井口安全阀、易熔塞、高低压限压阀、井口控制柜等设备（图9-5），具备防火、防爆、防恐功能，可以手动远程关断和自动关断安全阀。

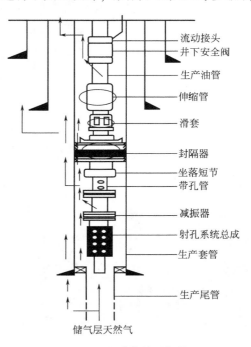

流动接头
井下安全阀
生产油管
伸缩管
滑套
封隔器
坐落短节
带孔管
减振器
射孔系统总成
生产套管
生产尾管
储气层天然气

图 9-1　注采井井下部分

注采井套管头部分

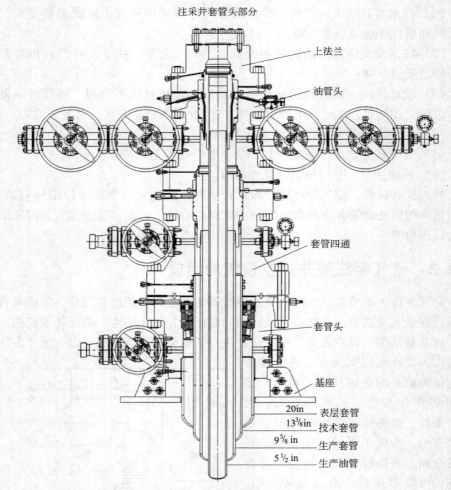

图 9-2　注采井套管头部分

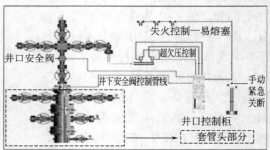

图 9-3　注采井采气树部分

图 9-4　集注站生产运行部分

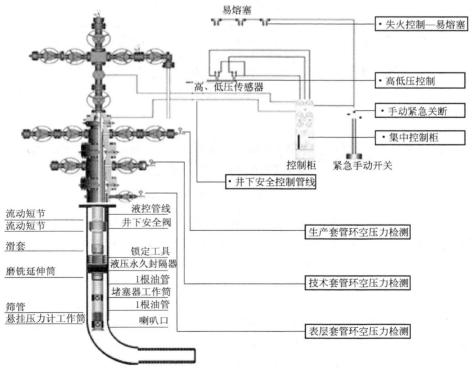

图 9-5　注采井井控系统示意图

9.4.2.1 井下安全阀

1) 井下安全阀的功用

注采井井下安全阀放置于井筒内，连接于油管上，一般设置在井深100m左右。井下安全阀一般采用液压方式保持安全阀在生产期处于打开状态，当发生事故时，控制管路的液压失常，安全阀在内部动力弹簧系统的作用下自动关闭。

由于其设置在地面以下，人为破坏的可能性小，能更安全有效地保护储气库气井设备和能源。井下安全阀与井口控制柜相连，由控制柜对其开关控制，控制柜通过远程终端控制系统（RTU室）连接至天然气集注站中控室，中控室可以对井下安全阀进行远程关断，管理人员也可在控制柜上手动紧急关断井下安全阀。另外，如果井口发生火灾时，井口液控管线上配置的易熔塞熔化时将会导通控制柜，泄放安全阀控制压力从而对井下安全阀实施自动关闭。在井口设备或其他生产设施发生管线破裂或者发生不可抗拒的自然灾害（如地震、泥石流）等非正常情况时，能紧急关闭，及时切断天然气通道，防止井喷，确保生产安全。

2) 井下安全阀的结构原理

井下安全阀主要由上接头、控制管线、活塞、中间筒、流管、阀瓣、下接头等组成，图9-6为注采井井下安全阀外观图。图9-7为注采井井下安全阀结构示意图。

图9-6   注采井井下安全阀外观图

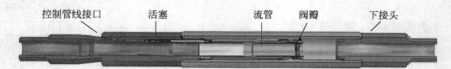

图9-7   注采井井下安全阀结构示意图

当井下安全阀的液控管线升压时，液压油推动活塞杆在活塞中向下运动，从而推动与活塞杆相连的流管向下运动，流管的运动需克服按标准加工的弹簧的阻力（安全阀开启压力），当液控管线压力达到安全阀开启压力时，流管下行到阀瓣处推开阀瓣直到完全开启。阀瓣自然状态是关闭的，流管在推开它时除了自身要克服弹簧阻力，还要克服阀瓣下方的气压（或油管压力），由此开井时的液压控制管线压力等于油管压力加上安全阀开启压力时，安全阀阀瓣才能被推开。为保险起见，厂家往往会推荐再附加500psi（3.45MPa）压力。

当井筒油压比较高时，流管推开安全阀阀瓣是比较吃力的，也增加了损伤阀瓣的可能性，而且当油压足够高时，液控管线压力就需要更高，对液控管线及活塞等机构的承压能力都是考验。为此，厂家发明了自平衡安全阀，在阀瓣以上位置增设了自平衡装置，当流管下行到自平衡装置时，便会先推开钢球，阀瓣下方的气压就会窜至阀瓣上部平衡阀瓣上下压差，流管再推开阀瓣的阻力就会降低，这种打开方式也更安全。

根据井下安全阀的结构原理，井下安全阀的运行压力（即液控管线压力）的选择应当谨慎，既要保证安全阀处于完全打开状态，也要尽量避免过高的运行压力。因此，长期开井生产期间的控制管线压力为油管压力与安全阀开启压力之和，再附加 500psi 是比较合理的。

生产单位应每天对井口控制柜中井下安全阀的压力、液压油液位巡检，定期对液压油进行分析、化验，油品达不到要求时及时更换液压油；还应定期对井口控制柜中各个接头进行检查，并紧固。因为井下安全阀非常精密，又下在地面以下 100m 左右位置，损坏后维修和更换难度很大，因此建议除了紧急情况下，在平时临时开关井时一般不对井下安全阀操作，利用地面阀门开关井，以提高井下安全阀使用寿命。

9.4.2.2　井口安全阀

井口安全阀安装在采气树或井口注采管线上，用于保护管道系统安全，一般采用液控闸板阀。当管道压力超过规定的高限压力时，高压限压阀动作，通过井口控制柜对井口安全阀进行关闭，防止管道因受过载压力而破坏；当系统压力低于规定的低限压力时，低压限压阀动作，通过控制柜关闭井口安全阀，防止天然气外泄。集注站中控室也可通过 RTU 和控制柜对井口安全阀进行远程关断或人工在井口控制柜上手动关断。另外，井口发生火灾时，井口液控管线上配置的易熔塞熔化时将会导通控制柜，除了自动关断井下安全阀外，也会相继自动关断井口安全阀。图 9-8 为井口安全阀外观。

图 9-8　井口安全阀外观图

9.4.2.3　井口控制柜

井口控制柜是储气库注采井生产运行过程中井控安全控制系统的核心设备，功能类似于井控远程控制台，对安全阀的开关动作均由井口控制柜执行，可有效地防止或减少油气井事故，防止或减少碳氢化合物对大气或周围环境的排放。图9-9为注采井井口控制柜外观。

图9-9　注采井井口控制柜外观图

1）井口控制柜的功用

井口控制柜具有五大基本功能：

（1）能够检测井口的油管、套管压力和温度以及井口的开关状态，并且传递到控制室，能够控制井下安全阀、地面安全阀开启、关闭；

（2）能够手动或远程关断井下安全阀或地面安全阀；

（3）当管线压力高于或低于高低压传感器设定值时，可自动关闭地面安全阀；

（4）当井口发生失火、爆炸险情时，可依靠易熔塞关闭井下和地面安全阀；

（5）能够自动对控制系统补压和泄压，保证控制系统压力在设定范围内。

2）井口控制柜的结构原理

井口控制柜为井下安全阀和地面安全阀提供液压动力，是阀门开启的一个集成系统，主要由机柜、油箱、电动增压泵、手动增压泵、井口关断阀、地面关断阀、压力开关、蓄能器、中继阀、井下回路液控三通阀、两通球阀、地面回路液控三通阀、井下回路溢流阀、地面回路溢流阀、先导回路减压阀、压力表、RTU及动力启动防爆接线盒、供油系统、先导阀、延时罐、易熔塞、节流阀、单向节流阀、单向阀等、高低压管线组成。

井口控制柜可在电动增压泵或手动增压泵的作用下，将液压油进行增压，增压泵的大小与启停受压力开关控制。先导压力控制液控阀动作，系统液控阀控制高压液压油导通或关闭，从而对管线系统进行控制，即打开地面和井下安全阀门。高压溢流阀、低压溢流阀控制系统压力保证在一定范围工作，防爆电磁阀或面板开关阀接到关闭信号后，释放高压液控三通阀、低压液控三通阀先导压力后，泄压阀自动复位，瞬间把系统压力降为零，即关闭地面和井下安全阀门。

（1）液压泵。

液压泵为整个系统提供压力，保证系统正常运行，有电动和手动两种，外观见图9-10。

（2）蓄能器。

蓄能器主要在控制回路起稳压、缓冲、蓄能作用，用于补偿系统的微量泄漏和温度变化引起的热胀冷缩，同时具有缓冲液压泵运行时对液控系统的冲击和减少液压泵频繁启动的作用，外观见图9-11。

图9-10　液压泵外观图

图9-11　蓄能器外观图

（3）减压阀。

减压阀（图9-12）可将系统高压油控油减压后为地面控制系统和先导系统供压。

（4）液控阀。

液控阀（图9-13）是依靠先导压力来控制开关的阀门，是一种两位三通阀。

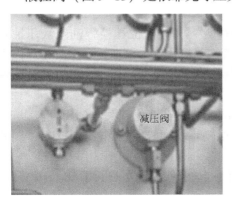

图9-12　减压阀外观图

图9-13　液控阀外观图

（5）先导阀。

先导阀（图9-14）在逻辑控制回路压力的作用下控制压力管路的通断，控制井下和地面全安阀开启。

（6）压力开关。

压力开关（图9-15）一般为DC2工作电源，闭合、断开触点形式，在系统中起电动增压泵启停及提供井口安全阀开关状态信号，可将液压转化为电信号，反馈到中控室，以便操作人员了解系统的状态。

图9-14　先导阀外观图

图9-15　压力开关外观图

3）井口控制柜的操作

井口控制柜厂家较多，但总的结构原理基本一致，其操作规程也大相径庭。这里对其操作方法进行简单介绍，具体操作规程应参照供货商提供的产品说明。

（1）用金属锁定帽顶住安全截断阀使其处于全开状态，调节使控制系统的地面和井下安全阀处于"屏蔽"的状态并予以确认。

（2）关闭控制面板上地面、井下安全阀，或者打开泄压阀对控制系统后端液控压力进行泄压，确保系统不带压。

（3）检查油箱内液压油是否足够，通过观察油箱液位计检查油箱液压油是否充足，油箱液位不得低于液位计下限或者高于液位计上限。设备运行半年以上应对油箱进行排污并清洗过滤器，打开排污球阀对油箱进行排污，打开油箱清洗法兰对油箱进行清洗。

（4）检查液位开关是否正常工作，将液压油放至液位开关浮球闭合点以下，当油箱液位低于液位开关浮球闭合点时，电动增压泵自动停止工作，RTU接线盒面板液位报警器报警。

（5）对井口控制柜内地面、井下安全阀进油管线滤油器进行清洗。

（6）对井口控制柜进行调试。

① 自动调试方式：

a. 检查地面、井下电动增压泵开关是否处于自动状态。

b. 检查地面、井下压力回路蓄能器截止开关在打开状态，释放开关在关闭状态。

c. 检查地面、井下安全阀进油开关是否处于打开状态。

d. 检查电源是否提供，设备 RTU 防爆接线盒面板电源指示灯亮；启动中压泵（地面）开关在开的状态，电动增压泵启动，中压泵运行指示灯亮，共用面板"中压泵输出压力表"压力上升，直至设定压力时增压泵自动停止（中压泵启停压力为 3000~4000psi）。

e. 检查先导控制回路压力是否正常（一般设定在 70~120psi），调节"先导控制回路压力调节阀"，顺时针边旋转边观察"先导控制回路压力表压力"直到合适的压力停止，然后使用缩紧螺母锁定；提起井口总关断阀（ESD）阀手柄，等"ESD 回路压力表"压力与"先导控制回路压力表"压力一致时放手。

f. 启动设备 RTU 防爆接线盒面板高压泵（井下）开关在开的状态，高压泵运行指示灯亮，共用面板"高压泵输出压力表"压力上升，直至设定压力时增压泵自动停止（高压泵启停压力为 7500~9000psi）。

g. 打开控制面板上各井次地面、井下关断阀，拔起"井口关断阀"，5s 后放手；"井下液控压力表"压力上升，直至压力表指针停止，井下安全打开，拔起"地面关断阀"，"地面液控压力表"压力上升，地面安全打开（开井时先开井下安全阀，后开地面安全阀）。

② 手动调试方式：

a. 检查地面、井下电动增压泵开关是否处于自动状态。检查地面、井下压力回路蓄能器截止开关在打开状态，释放开关在关闭状态。检查地面、井下安全阀进油开关是否处于打开状态。

b. 提起井口总关断阀（ESD）阀手柄，地面手摇泵加压，通过调节"先导控制回路压力调节阀"将先导控制回路压力增压至 70~120psi 之间，中压泵输出压力为 3000~4000psi。

c. 通过井下手摇泵加压，是高压泵输出压力在 7500~9000psi 之间。

d. 打开面板上各井次井下、地面关断阀（必须打开井口关断阀，地面关断才能打开），检查井下、地面关断阀是否正常开启，压力不够时通过手摇泵对其加压，使各井次井下、地面液控压力处于设定压力区间。

e. 检查各压力表显示是否正常，如超失压力显示和管线上压力表显示不一致，应调校或更换压力表。

f. 检查井口控制柜内各液控管线连接处是否漏油并进行紧固。

g. 测定井下、地面回路溢流阀设定压力，通过对井下、地面手压泵加压，观察井下、地面增压泵输出压力表压力值上升至某一值后不再上升，顶界值即为井下、地面回路溢流阀设定压力值。井下回路溢流阀设定压力10000psi，地面回路溢流阀设定压力5000psi。通过调节螺母顺时针调节井下、地面回路压力值溢流加大，反之减少。

h. 测定井下、地面蓄能器充氮压力参数，通过对井下、地面手压泵加压，感觉吃力的时候观察高压泵、中压泵输出压力表，此时压力值即为井下、地面蓄能器充氮压力，地面蓄能器充氮压力参数为3000psi，井下蓄能器充氮压力参数为6000psi。测定井下、地面蓄能器充氮压力参数时，应确保井下、地面蓄能器截止阀处于打开状态，释放开关处于关闭状态。

i. 检查控制系统是否能实现远程关断，站控室给出关断信号，电磁阀动作关断相应安全阀。

j. 检查控制系统是否能实现延时关断，延时关井调节阀即为井下液控回路泄压阀，通过调节井下液控回路泄压阀控制压力释放时间，从而调节井下阀关井时间的长短。调节螺母顺时针旋转关井时间延长，反之缩短，调节完毕后用锁紧螺母锁紧。

k. 检查高低压限位阀是否正常工作且无漏油，输气压力在高低压限位阀压力设定区间（3.5~28.5MPa）内，高低压限位阀正常工作，观察高低压限位阀是否有漏油，有漏油情况应及时进行处理。

l. 观察安全截断阀驱动器活塞杆、气液转换器、感测点截止阀是否有渗油，检查安全截断阀阀位是否正常，并清洁安全截断阀及驱动器外表面。

生产运行过程中对井口设备的远程控制，也是通过RTU对井口控制柜进行操作实现的。

9.4.2.4 远程终端控制系统（RTU室）

RTU是一种实用的现场智能处理器，中文全称为远程终端控制系统，是SCADA系统的基本组成单元，安装在远程注采井井场，支持SCADA控制中心与井场器件间的通信，负责对井场信号、井口设备的监测和控制。RTU通常由信号输入/出模块、微处理器、有线/无线通信设备、电源及外壳等组成，由微处理器控制，并支持网络系统。RTU将测得的状态或信号转换成可在通信媒体上发送的数据格式，它还将从中央计算机发送来得数据转换成命令，实现对设备的功能控制。图9-16为远程终端控制系统。

数字量输入单元：接收各种串行数据信号，可以是RS485、RS232、RS422接口，或V11、V28等各种波特率下的异步串行数据，也可以采集64K同步数据，包括RS485接口、RS232接口、以太网接口、HART仪表接口等各种通信方式。

图 9-16　远程终端控制系统（RTU 室）

9.4.2.5　套管头

　　套管头作为套管和采气树之间的重要连接件，主要由套管挂、油管挂、套管四通、油管四通、阀门、压力表、密封件等组成。它的下端通过焊接或螺纹与表层套管相连，上端通过法兰与封井器或采气树相连。其功能是通过悬挂器支撑表层套管以外的各级套管，支撑井口设备重量，可在内外套管柱之间形成压力密封或提供出口，可为流体提供循环通道。套管悬挂方式一般采用卡瓦或者芯轴式悬挂，为了保障注采井的密封性能，注采井的生产套管和油管多采用芯轴式全金属密封管挂。根据悬挂套管的级数，套管头分为单级或多级套管头，长庆储气库注采井采用四开井身结构，套管头为三级。在注采井生产运行过程中，套管头主要起套管和采气树的连接作用，通过悬挂的生产套管为天然气提供注采通道。

　　油管头装置的上面，是天然气注入和采出的地面控制设备，可以实现井口开关、压力控制、流量调节功能。采气树与采气和注气管线相连，实现天然气的计量和注采，可为注采井完井酸化、后期压力监测、排水采气、清蜡等井下作业提供通道。由于长期注采的需要，储气库对采气树的材质、压力、密封方式等技术参数有着严格要求，考虑井控安全，注采井一般要求安装可远程关断或者着火自动关断的井口安全阀。图 9-17 为注

图 9-17　注采井井口采气树

采井井口采气树。

9.4.2.6 背压阀

天然气的生产是个长期过程，在此过程中，井口设备往往在极其恶劣的环境中运行数年或数十年，设备拆装维修、更换阀门或法兰等作业在所难免，在这些带压作业的环境下，为保障作业安全，常常会用到背压阀。

1）背压阀的功用

背压阀的主要作用就是可安装在油管悬挂器上封堵油管内孔，屏蔽油管压力，隔离防喷器组或者采气树，从而为拆装防喷器或安装维修采气树提供安全的作业环境。背压阀的功用类似于钻井工程中的止回阀、钻杆旋塞等内防喷工具，由取送工具将背压阀从采气树的顶部下入油管头位置坐封，当拆装等作业完毕后，采气树或封井器恢复原状后，再用取送工具将背压阀收回。背压阀一般有螺纹和膨胀类型，一般由油管悬挂器与背压阀连接方式决定。由于螺纹类型的背压阀操作相对简单可靠，较为常用，陆地油气田油管悬挂器上的背压阀连接方式一般都是采用螺纹的。膨胀型背压阀承压能力高，密封性能更为优越，但操作程序比较烦琐，一般用于海上油气田。这里主要介绍更为常用的螺纹背压阀。

2）背压阀的结构原理

背压阀一般分为单向背压阀和双向背压阀，在承压结构上两者并无本质上的不同，但双向背压阀可以实现在井口设备完成维修更换后直接进行试压。单向背压阀由一个本体组成，包括模制密封、一个座阀、一个定位销和一根弹簧；双向背压阀由本体、模制密封、座阀、O形圈和堵头组成，可实现双向密封，见图9-18、图9-19。当背压阀由取放工具下入油管挂时，由外密封与管挂相连形成密封，因此天然气由堵头进入背压阀腔体，在气压的作用下，座阀向上运动坐到密封填料上，由模封对气体进行气封闭。井口作业完成后，取放工具下入与背压阀内螺纹相连并向下旋进顶开座阀，当座阀上下压力达到平衡时，即可将背压阀旋开提出。

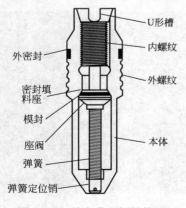

图 9-18　单向背压阀结构图

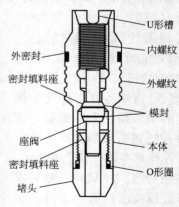

图 9-19　双向背压阀结构图

在使用背压阀的过程中，应当特别注意工作压力的控制维护，在安装使用背压阀和取放工具之前所有用来控制压力的密封件和阀门必须完好且密封有效。应明确采气树的高度等尺寸数据，为确定取送工具长度和选择正确尺寸型号的背压阀提供依据。

3）取送工具结构原理

取送工具由本体、光杆、针阀、收回工具、管道接头等组成，主要用于对背压阀的投放和收回。取送工具的本体是由一个非焊接的轭套装备而成，带有油管的延伸段部分以便于延长装配以适应各种长度的光杆。光杆可在轭套内上下运动，在采气树里提起和投放背压阀。针阀就是指附着于轭套一边的两个汇流阀，用于均衡取送工具任一端口的压力。收回工具位于光杆末端端部的牙槽，与背压阀的螺纹相匹配，实现对接或退扣，从而对背压阀进行投放或回收。目前现场大多采用带压取送工具，其基本结构见图 9-20、图 9-21、图 9-22，带压取送工具因为在取背压阀时能够通过自带的压力控制系统平衡背压阀上下的压力，防止背压阀在异常情况下，下方压力将其弹出造成施工安全事故。

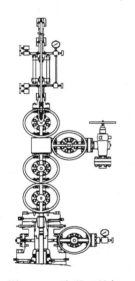

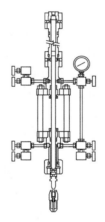

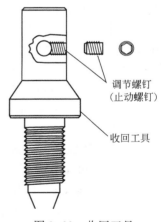

调节螺钉
（止动螺钉）

收回工具

图 9-20　取送工具与
采气树的连接

图 9-21　取送工具

图 9-22　收回工具

4）背压阀的安装

（1）安装程序。

① 关闭井下安全阀，泄放井下安全阀以上油管内的压力，使采气树压力表上所显示的压力为零。

② 关闭主阀、清蜡阀，旋开采气树帽，应采用防爆类工具。

③ 将背压阀连接在送入/取出工具上，吊装到采气树上，旋紧扣，打开清蜡阀、主阀。

④ 投放背压阀到油管挂内，采用摩擦扳手，左旋提升杆，将背压阀安装在油管挂内。

⑤ 查看送入/取出工具上的压力表，确认压力表显示的压力为零后方能取出取送工具。

⑥ 维修等作业完成后，恢复采气树或封井器，确保各阀门安全有效。若需要对上部设备进行试压，可对双向背压阀向下注气，将其反向坐封，按设计规定对上部设备试压。

⑦ 确认井下安全阀处于关闭状态，再次泄放井下安全阀以上油管内的压力，确认采气树压力表上所显示的压力为零。

⑧ 投放背压阀取送工具，与背压阀对扣连接，通过针阀调节使背压阀上下压力达到均衡，确认无误后，再将背压阀旋开提离油管挂至井口。

（2）安装要点。

① 在前往现场前必须对安装工具进行清理检查，确保所有需要的工具都一应俱全。应注意带有背压阀额外的密封及背压阀备件。

② 测量采气树顶部到油管挂的距离，计算光杆达到油管挂的距离和移动次数。取送工具的冲程必须大于采气树的高度。

③ 进行井控风险辨识：打开底部的主阀，上主阀和清蜡阀，检查位于采气树顶部的压力。关闭安全阀，泄放上部压力，关闭泄放阀门，观察压力变化，确认安全阀的密封效果是否良好，为施工方案和工具选择提供依据。

④ 根据施工目的和井况选择背压阀和取送工具的尺寸和类型。

⑤ 取送工具入井前应严格检查密封压盖周围是否有泄漏，并确认压紧螺母已经上紧。如果一旦有泄漏发生，应当关闭清蜡阀和释放取送工具上的压力，并且要上紧压紧螺母再重新打开清蜡阀。

⑥ 可通过调节针阀来平衡工具间的压力，使阀杆能够轻松移动。

⑦ 回收背压阀时应特别注意背压阀上下的压力情况，要做到上下压力平衡才能将背压阀脱离油管挂，否则背压阀可能在气压的作用下弹射，尤其是没有井下安全阀或者井下安全阀渗漏的情况下，可能造成施工事故或施工人员伤亡。

9.4.3 注采井井控管理

储气库注采井井控管理按井下作业类型可分为更换管柱、永久封堵、井下压力测试等施工，按生产运行方式可分为注气生产和采气生产两个阶段。井控管理要求主要依据石油企业颁发的有关钻试测录等方面的井控管理规定，与常规气田开发并无本质不同。但因储气库注采井的建设和生产方式又相比常规开发井有所不同，因此井控管理要求也有其自身特点。

9.4.3.1　储气库井控管理基本要求

注采作业包括三个阶段，第一个阶段是 4 个月左右的采气期，特点是短时间大气量快速生产，与常规生产井尽量维持较长时期的开采方式有着本质的不同；第二阶段是 45d 左右的维修保养期；第三阶段是 6 个月左右的注气期，其特点是通过压缩机对天然气进行增压并大气量注入地层，地层压力恢复的过程。注采井作业总的来说呈现出"快"和"气量大"的调峰应急特点，对井控安全管理的要求更为严格。

（1）建立井控管理组织机构，完善井控规章制度。

为确保注采生产安全平稳运行，有效防止生产运行过程中发生天然气泄漏造成火灾、爆炸、中毒、污染等事故伤害，保证运行安全平稳，生产单位应在上级公司 QHSE 管理体系的框架下编制和不断完善本单位 QHSE 管理体系。建立健全生产运行管理制度，明确安全管理程序和职责，加强过程管理；完善工艺设备操作规程，确保员工操作准确无误；建立健全应急抢险制度，包括运行过程中的安全风险辨识，制定详细的井控风险控制措施和应急预案，并定期开展井控应急演练；建立健全井控设备设施的档案，加大设备维护保养和安全附件检查、校检；生产运行过程中确保安全检查得到落实和作业程序得到有效控制；应将承包商纳入统一的井控安全管理范围。

（2）加强员工安全教育和井控安全培训。

生产单位应切实加强员工安全教育和井控安全知识培训。所有用工人员应当先培训后上岗，加强对临时用工人员的培训。含硫油气井作业人员及协同工作人员上岗前应接受硫化氢防护技术培训，取得合格证后方可上岗，严禁无证上岗。

（3）生产站场的标准化管理和属地管理。

各类生产装置、生产区域必须设有标准的安全管理标识牌，标明生产区域，危险类别和提示。

严格落实属地管理责任，所有进站人员必须劳保穿戴齐全，严禁携带火种进入生产站场内，进站车辆必须带防火帽，经过填写进站记录和安全教育后方可进站。严格属地管理，所有进站参观和调研的人员不得进行设备及中控系统操作，严禁实习人员、学习人员、未取得安全上岗证的人员进行顶岗、值班和设备操作。

在没有进行审批许可、可燃气体检测及安全分析评价的情况下，严禁人员进入密闭空间进行各种维护作业。在巡回检查过程中，要对罐体等密闭设备的各类连接部位进行认真检查，要定期进行管道、沟渠、各种罐体内的气体进行检测。

（4）井控设备管理。

储气库生产运行系统相比常规天然气开发多了一套注气系统，注气过程中天然气注气压力逐步升高，井控风险显然要比常规开发井高。生产单位应做好天然气泄漏着火、爆炸、中毒等应急处置措施，并定期开展针对性的应急演练。

生产单位应做好生产站场各类设备的登记建档工作，设备仪器在投产前要做好维护保养工作，在工艺设备投用前和运行过程中要加强安全检查工作。对于存在质量缺陷及隐患的设备仪器要及时更换，确保设备正常运行。除了日常站场的例行巡检外，生产单位应定期开展安全联合检查工作。

（5）生产运行资料管理。

① 所有资料录取操作应严格按照设备、仪器使用操作规范及标准操作规程执行。录取数据资料的仪器仪表必须在有效使用期内，并经过专业人员检查和校验。

② 应定期录取注采井井下安全阀的运行压力，通过分析计算，确保正常生产过程中安全阀处于完全打开状态，井下安全阀严禁处于半开半闭状态。

③ 注采井投产前必须用精密压力表录取投产前井口原始油、套压。注采井正常生产过程中，每天巡井应进行井口压力、温度数据录取。若生产期气井压力发生异常突变时应加密巡井录取井口压力、温度。录取压力、温度必须时间一致。

④ 录取注采井日产气量、日注气量包括单井集气管线放空气量。生产单位应严格按照配产计划执行，不得随意开关井，调整注采井生产制度。

⑤ 应开展气质和水质分析工作，制定检测制度。注气和采气时均应做气质全分析，定期对采出气气质进行分析，尤其是 H_2S 和 CO_2 指标变化情况。注气气源发生变化后，也应加密测试。水质分析时取样日期与送检日期之间的间隔不能超过 3d，否则应视为废样；要求取样日期（取样标签上填写日期）与报表日期填写一致。新投产井开井十天内必须取样做水质全分析；正常注采井采气期半月取样一次做氯离子分析，半年做一次全分析，特殊情况应加密取样分析。

⑥ 资料数据按照逐级审核的程序进行。通常情况下由集注站上报生产数据及报表，提交作业区进行审核，通过后上报生产技术部门进行审核，审核通过后打印报表。审核不通过返回下一级落实修正。

⑦ 生产单位应高度重视数据报表资料保存及归档工作，集注站填写的巡检、检查等数据报表年终作业区审核后，装订成册保存在作业区资料室。生产单位的综合生产日报表、设备检修、运行数据报表由生产技术部门负责归档，并由单位专门的档案馆保存。生产动态数据审核后录入生产管理系统，由生产技术部门负责数据备份。

9.4.3.2　井下作业井控管理

考虑到"一口有问题的井可能废弃一个储气库"，储气库建设过程中涉及大量井下作业，老井封堵和大修工艺相对比较复杂。

为保证储气库的井控安全，要求储气库注采井工作气不得无控制窜入其他非储气层，更不能窜出地面。其核心就是保障储气库的完整性，包括地质层位和注采井筒。因此需要对库区内的所有老井进行检测、评价，分为可再利用和必须封堵两类。储气层或盖层固井质量差，无法满足储气库老井利用标准的井，需要对其进行永久封堵。永久封堵的老井大致可分为裸眼完成井和套管完成井两类。

储气层及盖层固井质量良好的老井，可利用作为采气井或者压力监测井，需要对生产套管和完井工具的腐蚀等情况进行评价，若不能满足储气库完整性的要求，则需要开展修井作业，更换油管、完井工具或者井口等设备。

（1）作业前要做好地质、工程、施工设计，三项设计中必须做好相应的井控设计，严格履行审核、审批程序。

（2）作业前应召开方案交底会，严格落实各项井控技术措施，开展应急演练，做好风险辨识及削减控制措施。

（3）应做好全程监督监管工作，严格落实井控安全、防火防爆、防中毒、防坠落、防机械打击等技术措施。

（4）做好井下作业井控风险评估，并制定好切实可行的风险防控措施。

9.4.3.3　井下作业井控风险及防控措施

1）储气库老井封井

（1）裸眼完成井的永久封堵作业。

① 井口处理阶段。

裸眼完成井由于没有产量，未接入采气流程，经过多年，井口设备往往锈蚀或损坏严重。施工前，必须恢复对井口的井控控制，方能进行下一步施工。该阶段井筒内天然气聚集情况不明，压力大小不清楚，井下水泥塞的具体位置和密封可靠性不得而知，因此打开井口或者更换设备时有天然气喷出着火爆炸危险，特别是在井筒情况不明的情况下开展动火、切割等作业危险极大。对于含硫气井，气体溢出可能造成人员中毒。

② 井筒处理阶段。

该阶段井控风险为：钻开水泥塞时，下部集聚的天然气溢出造成溢流，严重时发生井喷事故，含硫气井可能造成人员中毒；老井钻塞和划眼很容易发生卡钻情况，处置不当可能使井下情况更为复杂，井漏的情况也较为常见，增加了井控风险；应按新井固井的标准对待老井套管固井，否则，在储气库注气过程中，地层压力上升，天然气可能通过胶结薄弱的水泥环进入上部其他层或者窜出地表。

③ 完井阶段。

主要施工内容是安装标准井口，恢复压力监控。完井阶段应高度重视井口采气树的安装工作，防止阀门漏气，井口安装压力表，定期巡井，对套压变化情况进行跟踪。

（2）事故复杂井封堵作业。

事故复杂井情况比较复杂，大致有如下情况：坍塌井、落物井、套损井、套漏井，既有落物、又有套损的复杂井等。

① 一般情况下，储气库区内的老井施工时的地层压力往往低于原始地层压力，井下情况复杂，施工方往往重视施工工艺而忽视井控工作，由于思想麻痹而导致井控隐患。

② 复杂井由于井筒内复杂，油气流体可能不受控制地窜到其他层位或者窜出地表。

③ 施工后封堵工具或者水泥石性能不好，无法形成长时间的密封，特定条件下，油气流体突破封隔窜出地面。

（3）套管完成井封堵作业。

这类老井一般都下入了生产套管和油管，实施过射孔和改造措施，安装有标准井口。

① 套管完成的老井井筒条件比较好，地层压力往往低于原始地层压力，封井作业施工时压井、循环、挤注等环节可能发生井漏情况，引发井控安全问题。

② 水泥浆性能差，长期密封性不好可能造成油气流体上窜，特定条件下会窜出地表。

③ 水泥挤注效果差，油气会从胶结差的水泥环中窜入其他地层，特定条件下可能沿其他层（如水层）窜出地表。

（4）储气库老井封堵作业。

① 作业前应全面收集掌握老井井史资料，如井身结构、井眼轨迹、邻井资料、气层压力、试气结果、气质情况、原始封井措施、工程复杂情况等，要对老井目前的安全状态进行评估。

② 封堵作业井控技术应符合 SY/T 6690—2016《井下作业井控技术规程》、Q/SY 1553—2012《井下作业井控技术规范》及施工所在油田井下作业井控实施细则的要求。

③ 储气库老井封堵作业按气田二级及以上风险井对待，配备双闸板防喷器+环形防喷器，井口两侧接与防喷器相同压力等级的防喷管线，双翼节流管汇、压井管汇、放喷管线。作业前应对井控装置的安装、固定进行全面检查并试压合格。防喷器控制系统必须采取防堵、防漏措施，冬季施工应采取防冻措施，保证防喷器控制系统灵活好用。低压部分放喷管线要内高外低，保持一定坡度。

④ 检查老井井口，确认井口采气树和与之连接的套管完好。如果采气树完好，应安装放喷管线将井内残气放尽，放喷时应做好有毒有害气体的检测工作，做好安全监护工作，如果气量较大，应点火放喷。

⑤ 检查确认与防喷器相连的套管完好性，如果套管螺纹损伤或者锈蚀严重，则应更换套管，并试压，确保防喷器与套管的连接达到有效密封。

⑥ 按设计储备足量的堵漏剂。由于老井大多处于地层压力亏空的情况下，在冲洗、划眼过程中，若发现漏失小于 $3m^3/h$，要实施循环堵漏措施。如漏失大于 $3m^3/h$ 或不能建立有效循环，要边起边灌，强行将钻具起至套管内，实施静止堵漏。冲洗、划眼过程中，漏层未堵住时，不得继续冲洗、划眼，防止出现复杂情况。必须在平衡地层压力的前提下才能恢复正常施工。

⑦ 冲洗、划眼过程中，要控制钻速和进尺，遇井漏、跳钻、油气显示等异常情况，应立即停钻、循环观察，发现溢流，停止作业，迅速关井。

⑧ 保证固控设备、除气设备正常运行，维护好修井液性能。

⑨ 严格执行坐岗观察制度。起钻按设计要求灌修井液，准确计量灌入量和返出液量。起完钻要及时下钻，检修设备时必须保持井内钻具至套管鞋内，并观察出口管钻井液返出情况。

⑩ 封堵作业过程中必须严格落实防火、防爆、防中毒及环境保护技术措施。

2）套管完成井更换油管串作业

当储气库区内的老井经生产套管腐蚀状况、固井质量评价确认可以作为观察井或采气井再利用时，往往需要根据储气库采气井的标准对原井的生产管柱及采气井口予以更换，以确保气井满足安全生产的需要。综合考虑储气库的特殊要求，油管采用内涂和外侧加环空保护液的腐蚀防护技术。内涂层隔绝腐蚀介质与油管内壁接触，防止腐蚀；环空保护液起到抑制套管内壁和油管外壁腐蚀的作用，同时对油管及完井工具等予以更换。

（1）作业工序。

① 压井，起出原生产油管。

压井方式：为了降低作业井控风险，应对作业井进行压井。压井液配方及参数应根据老井生产资料予以确定。正循环还是反循环压井，应根据地层压力、井筒工具、井控设备等综合分析来确定。例如，油管带有可回收式管外封隔器，使用反循环压井方式要慎重分析，防止压井液中的固相颗粒积聚在工具与套管的有限间隙里造成憋压等复杂情况。另外一个重要的选择依据就是选择压井的方式，必须对井筒可能逸出的气体进行控制。

② 生产套管腐蚀检测和固井质量测井。

③ 更换成带封隔器的注采管柱。

④ 更换带安全阀的标准采气树。

⑤ 油套环空加注保护液。

（2）井控技术要求。

① 更换油管串作业井控技术要求应符合 SY/T 6690—2016、Q/SY 1553—2012 及施工所在油田井下作业井控实施细则的要求。

② 更换油管串作业应按气田二级及以上风险井对待，配备双闸板防喷器+环形防喷器，井口两侧接与防喷器相同压力等级的防喷管线，双翼节流管汇、压井管汇、放喷管线。作业前应对井控装置的安装、固定进行全面检查并试压合格。防喷器控制系统必须采取防堵、防漏措施，冬季施工，应采取防冻措施，保证防喷器控制系统灵活好用。

③ 所有井控设备必须按规定时间在指定的井控车间、站（点）进行检验、试压，具有有效合格证方能进入施工现场。

④ 起钻过程中及时向井筒内灌入压井液，保持液面至井口；或依据设计要求和地层压力状况及压井液漏失速度，小排量连续灌压井液。

⑤ 下钻过程中，落实小时钻台值班，观察环空返液情况是否正常，监控下钻和随时处理可能出现的异常情况。

⑥ 施工单位根据修井工程设计及相关要求在施工前编写详尽的施工设计、井控设计、应急预案、HSE 作业计划书等，按有关程序进行审批和备案。

⑦ 施工单位所有参与现场作业的操作人员、技术人员及管理人员，必须持有效的井控培训合格证、HSE 证和特种作业培训证，持证率达到 100%。

9.4.3.4 压力监测作业井控管理

储气库生产运行过程中压力监测作业会贯穿在储气库注采运行始终，如根据需要会对周围邻井进行压力监测，观察注采过程中库区内各类井的压力等参数变化，注采井压力恢复等过程中也经常进行压力的动态监测。

压力监测作业的主要内容就是将可以读取温度与压力的电子压力计入井，采取定点测量的方式，获取压力梯度变化及井筒内温度梯度数据，并在指定位置，通过钢丝震击等手段将压力计投放到完井工具的坐落接头上，进行连续的压力监测并对监测数据进行处理、解释，监测作业完毕后将压力计捞出，在地面进行压力计数据的回放。

压力监测作业的井控安全要点为带压投捞工具，风险较大，生产单位和施工方应严格落实各项井控安全管理规定，保障井控安全。

1）办理施工手续

（1）施工方案审核、审批。

测试作业前，必须由施工作业所涉及的相关部门领导或负责人对施工方案进行审核，方案经过签字审核后方为有效。

（2）安全合同、非煤矿山协议的签订。

测试作业前，由施工单位与生产单位签订"施工作业 HSE 安全合同"及"非煤矿山协议"，安全合同经相关部门领导签字并加盖合同专用章后生效。

（3）施工现场准入办理。

在施工方案审批、HSE 安全合同签订与生效等手续办结后，由生产单位质量安全环保部门为施工方发放《施工现场准入证》，施工开始前到属地管理方如作业区办理相关票证。施工过程中，属地管理方应指派人员进行现场监督施工，履行属地管理职责。

2）施工准备

（1）应保障井场及施工途经道路畅通无阻。

（2）施工前应确保井口设备完好，各阀门无锈蚀且开关灵活，油压、套压表齐全准确。井口上方 20m 无障碍物。

（3）应确保任何情况下井下安全阀处于全开状态，由专人监护，防止安全阀误关闭，切断作业钢丝，造成井下复杂。

（4）施工方应做好仪器标定、保养工作，检查并确保车辆和测试设备、仪器仪表等处于完好状态。

（5）施工前应对绞车的刹车、提升系统、指重表和深度计等进行检查，要求指重表和深度计准确灵敏，钢丝强度能够满足压力测试作业要求。

（6）详细测量记录所有入井工具的外径、长度、连接螺纹尺寸。

（7）施工方应根据作业方案开展风险辨识，编制施工应急预案，备全防火、防爆、有毒有害检测仪等设备，检查并保证各项设备完好。

（8）确保施工现场各方人员持有效证件和劳保上岗。

3）施工步骤

（1）施工前应对施工方案进行详细交底，对施工风险进行辨识，告知应急抢险措施，确保所有现场人员清楚施工任务、施工风险、逃生及抢险措施。

（2）严格按照方案或井场作业标准安装和摆放设备，绞车应距井口采气树 20~30m 左右的上风口处，绞车滚筒与采气树对正，不能正对采气树阀门。检查测试法兰、防喷管、天地滑轮组、防喷堵头、密封填料、密封圈、测试短节等井口装置，确保各设备完好，符合施工方案要求。

（3）测试的一般步骤为：施工现场设备就位与安装，检查确认→安装井口防喷装置及连接下井工具→通井→提出通井工具→下连接在堵塞器下的电子压力计测点压→投放到坐落短节内进行连续监测→提出压力计→压力计地面回放→拆卸防喷井口→恢复现场→交井结束测试。

4）施工的基本要求

（1）检查钢丝是否符合方案设计，尺寸是否符合，是否有锈蚀等瑕疵。

（2）连接通井工具串后应检查并确认各连接螺纹完好，使用专用工具上紧各螺纹连接部分防止退扣。

（3）起吊工具串应轻提轻放，防止碰撞工具串。工具串起到防喷管上部离开测试阀门，绞车收多余钢丝并在井口对零。下放工具串应匀速平稳下放，速度控制在方案设计之内，严禁猛刹猛放。应清楚井下安全阀等完井工具的井深位置和内径尺寸等参数，过完井工具时应提前降低工具串下放速度，缓慢通过。

（4）缓开测试阀门给防喷管充气，检查是否有刺漏，确认防喷控制头是否安全有效。

（5）在通井到达预定深度位置后，开始上起工具串，上起过程中需仔细观察张力变化，距离井口 10m 左右时应采用人力将仪器串拉入防喷管。确认工具串进入防喷管后将测试阀门关闭，然后打开防喷管考克泄压，确认无压力后，再取出工具串。

（6）压力计投放前应用专用扳手上紧各螺纹连接部分。下放通过井下工具时，应仔细观察张力变化，缓慢通过。要求工具串下放过程中密切注意下放深度，到达坐落短节前，进行自由点称重，然后通过向下震击将堵塞器投放到坐落短节内，再通过向上震击脱手。

5）井控安全要求

（1）严格落实属地管理和现场标准化管理，未穿戴劳保的人员及未安装防火帽的车辆严禁进入施工区域。严禁将无线通信设备与火种带入施工区域。施工前做好对周围居民的告知和宣传工作。测试时应对井场范围内空气中硫化氢和二氧化碳含量进行检测和监测，确保其处于安全临界浓度范围内后方可进入施工。

（2）严格检查并确认现场正压呼吸器压力足够、四合一检测仪工作正常。开关井、泄压时须做好有毒有害气体的检测与预防工作。

（3）压力测试时存在高压、刺漏、着火等风险，在安装井口、开关测试阀门、仪器下放上提等环节需做好安全预防工作。井场内严禁烟火和明火，施工方应准备一定数量的消防器材，并安排专人负责。

（4）现场施工人员必须持证上岗。施工设备应设置在上风（侧风）位置。

（5）测试技术人员应严格按照设计及有关技术规程施工。未经甲方同意，任何人不得任意改变施工方案，如需变更必须履行变更手续，并开展风险辨识。

（6）保持井场整洁、干净。严禁原油和井内污水等产出物污染周围环境。

（7）出现重大异常应立即按照对应的应急预案启动应急程序。

9.4.3.5　井口更换阀门井控管理

储气库注采井的更换井口阀门作业与常规采气井作业基本一致，主要包括井口主控阀门更换和非主控阀门更换。遵循的井控管理规定应与带压作业更换阀门一致，所不同的是注采井配备有井下安全阀，增加了一道安全屏障，更有利于更换阀门的安全性。

1）井口非主控阀门更换条件及要求

（1）锈死或锈蚀严重的阀门，主要指开关不动或采取润滑、活动仍开关困难的阀门。

（2）阀门有外漏气现象，指阀门密封填料或本体存在天然气泄漏现象，采取了紧固等措施仍无效果。

（3）阀门存在闸板脱落等现象，指阀门闸板脱落或丝杆断裂等现象。

（4）阀门内漏严重，指阀门内漏，足以影响下游阀门的更换及其他操作安全。

（5）阀门存在其他影响气井井口安全而必须更换的。

（6）非主控阀门更换时，应由井口管理部门提出更换意见，编制更换设计，履行审批程序，经单位生产技术管理部门审批同意方可进行更换。

（7）更换阀门作业时，生产单位应做好全程监护检测工作，严格落实防火防爆、防中毒、防坠落、防机械打击等技术措施。

2）主控阀门带压更换条件及要求

（1）锈死或锈蚀严重的阀门，主要指开关不动或采取润滑、活动仍开关困难的阀门。

（2）阀门有外漏气现象，指阀门密封填料或本体存在天然气泄漏现象，采取了紧固等措施仍无效果。

（3）阀门存在闸板脱落等现象，指阀门闸板脱落或丝杆断裂等。

（4）阀门内漏严重，指阀门内漏，足以影响下游阀门的更换及其他操作安全。

（5）阀门存在其他影响气井井口安全而必须更换的。

（6）井口安全阀执行机构漏油和执行不够不动作，指执行机构向外漏油，控制压力统统不稳压，执行机构动作不动作，无法开关，经调试后仍无效果。

（7）主控阀门带压更换应执行《带压更换井口主控阀推荐做法》（油勘〔2010〕80号）的相关规定，主控1#阀门运行正常的情况下，可在井下安全阀关闭条件下更换井口安全阀。当需要更换1#主控阀门时，生产单位生产技术部门应编制更换主阀的作业设计，并按照各油田公司管理规定上报更换计划和初步方案，履行审批程序。施工设计由施工单位编制，由生产单位审查、审批。

（8）作业前应召开方案交底会，严格落实各项井控技术措施，开展应急演练，做好风险辨识及削减控制措施。

（9）生产单位应做好全程监护检测工作，严格落实防火防爆、防中毒、防坠落、防机械打击等技术措施。

（10）现场作业后应由生产单位生产技术部门牵头，组织安全及气井管理部门进行施工质量验收，完成气井交接工作。

9.4.3.6 采气作业井控管理

储气库注采井在采气阶段的运行管理要求与常规开发井并无本质不同，但储气库井控系统有其自身特点，具有一套完整的井控系统，主要包括注采井及井口装置和单井井口控制系统。井口控制系统是指电—液压控制系统控制井口或者井下安全阀的开关地面控制装置，主要由井口控制盘、传感器、高低压控制阀组及 RTU 远程控制柜组成。井口控制系统安装在距井口 20~30m 范围内，用于对井口采气树井下安全阀和地面安全阀实现有效的控制，既可人工现场控制，又可远程控制，具有超、欠压限压保护、防火防爆功能，能够检测油管和套管压力以及井口的开关状态并且传递到控制室，可保证井口生产的安全和稳定，保护井口设备和管线，保护油气资源和环境，防止污染。注采井采气作业的井控管理要求如下：

（1）注采作业前都应根据气井的有关资料编写投产工程设计方案，方案中必须有井控内容，按程序审批并组织实施。储气库注采井特别是含硫化氢的井应安装液压控制的井下安全阀、地面安全阀、井口控制装置。各级套管头上应安装校验有效的压力表，监测各级套管环空压力变化。

（2）作业前应检查确认采气树安装牢固、平整，不偏、不斜、不漏，井口周围无积液、无坍塌，阀门手轮、阀杆护套及压力表等所有附件齐全完好，所有阀门开关灵活、能全开全关、无内漏。所有井控设备资料齐全。

（3）注采气作业时的开井、关井、日常及一般性维护措施要严格执行气井井口及其他井控装置的操作规程，确保其井控性能。未经生产管理和安全管理部门同意，运行部门不得随意屏蔽任何井控设备及装置，并保证电源供电连续，特殊情况下应履行审批程序并尽快恢复。

（4）注采气期间应定期检查井下安全阀的运行压力，确保安全阀处于全开状态，不得半开半闭造成安全阀损伤而密封失效。采气期间，非特殊原因，已投产井的主控阀门应处于常开状态。

（5）井口采气树闸阀只能处于全开启或全关闭两种状态，禁止闸阀部分开启，闸阀不能当作节流阀使用。开关阀门时应按操作规程平稳操作，阀门开关到位后不得借助管钳等工具进行额外紧固，开关困难时应采取合理措施，不得强行操作。井口安全阀打开后不能进行手动锁死，应处于液压控制开启状态。除检修和应急外，采气树的主控阀门（指 1#总闸阀和 2#、3#套管闸阀，以及井口安全阀）的操作应征得生产单位生产技术主管部门同意，履行相应审批程序。

（6）生产单位应定期对井口采气树等井口装置进行维护保养，并做好维护保养记录，内容包含井号、采气树及附件生产厂家、规格型号、维护时间、维护人、维护内容、存在问题、记录人等内容。保养内容应包括开关阀门多次、密封性检查，注黄油或者密封脂、附件维护保养，采气树清洁、防腐漆修复、保温等，确保采气井口装置完整、阀门开关灵活、无锈迹、不漏气，附件使用正常，防腐保温完好。铭牌、润滑油嘴和阀杆护罩不允许涂漆。井口安全阀要进行开关灵敏度测试。井口压力表、温变、压变等按照规定及时进行校验及保养。

（7）一般情况下，单井井口控制系统一般控制 1 个到 2 个安全阀。先导回路由电液控制，主回路由液压控制。液压控制系统配备电动高压泵、手动泵、蓄能器、压力开关、液位开关、过滤器、过压保护及必要的压力、液位指示仪表等部件。正常情况下，井口及井下安全阀等井控设备的开关启停都由井口控制盘进行操控，生产单位应定期对其进行巡检，确保各项设备参数正常，各开关正常，蓄能器压力等都处于正常范围。

（8）生产单位应定期对井口控制系统进行维护保养，并做好维护保养记录。

① 井口控制系统检修维修人员必须为专业设备维护维修人员，具有判断和排除故障的能力。若生产单位无相关人员，可聘请厂家技术人员进行检修维修。

② 在控制系统检修、保养及长期不工作时，要对系统泄压，同时要断开系统入口和出口的连接。

③ 控制系统运行过程中要定期检查，保持零件、部件的完整性。设备需及时对过滤器进行排水。巡井过程中必须检查控制阀、高压阀、节流阀、溢流阀、单向阀、压力元件等是否正常工作。每周检测液压管线接头，目视泄漏，如有泄漏需紧固。每周检查油箱液位，如果液位低液位计的下限及时补油。设备每连续运行 30d 以上时需检查高压油泵进出口是否有堵塞或者泄漏。

④ 设备运行过程中，每季度检查一次蓄能器的充气压力，检查过滤器及滤网是否清洁，对控制盘进行清洗，检查电磁阀是否动作。每半年需对油箱进行排污并清洗过滤器，对管接头、螺钉、调节螺钉、连接管路等进行一次全面紧固，同时取样化验油液污染状况，超标时应进行净化处理或更换新的油液。

⑤ 如果出现设备元器件故障或者失效，应及时进行修理和或更换，操作中不要带压松动或拧紧元器件。

⑥ 设备运行过程中，每年应进行一次全面检修维护保养。同时对压力表、传感阀、溢流阀进行返厂或者聘用厂家专业人员进行现场校定，并做好检修维护保养记录，并归档。

⑦ 当系统某部位产生异常时，如噪声、电动机频繁启动等，要及时分析原因进行处理，不要勉强运转，控制盘不得敞开使用并保持清洁。

⑧ 不得擅自更改或增加管路，更改所有的主机设备、控制元件、附件及管路系统，需要更换和调整时，必须报生产技术主管部门同意，编制更改方案，聘用设备生产厂家进行调整和更换。

⑨ 采气井口装置维护保养应现场填写记录表，记录表主要包含井号、控制系统类型及附件生产厂家、规格型号、维护时间、维护人、维护内容、存在问题、记录人等内容。

（9）单井井口控制系统安装或者检修后，在投运前必须进行全面检查，内容应包括油液检查、元器件紧固检查、管线、电缆连接检查、球阀、针阀检查，安全溢流阀检查，面板开关状态检查，调试保护检查，设定值检查，连接件检查等。开井时应先开井下安全阀，后开地面安全阀，关井时应先关闭地面安全阀，再关闭井下安全阀。只有井下安全阀的井口，可直接开关井下安全阀。开关井时应严格按照单井井口控制系统操作规程操作。

（10）在生产过程中要严格执行气井巡回检查制度，发现异常情况应及时向生产技术管理部门报告。

9.5　气田回注井的井控管理

气田采出水回注井是指气田范围内用于将生产、生活废水处理以后同层回注至气田相关开发生产层系，防止发生环境污染事件的注水井。图9-23为采出水回注井井口。

图9-23　采出水回注井井口

9.5.1　采出水回注井井口装置管理

（1）回注井井口各阀门应每半年进行一次维护保养，井口各阀门零部件要求齐全，无渗漏，清洁无腐蚀。

（2）开关作业时操作人员应侧身，不得正对阀门，使用工具从里侧向外侧搭接，应平稳操作，注意安全。

9.5.2　井口压力控制

回注井正常运行时，井口回注压力不能超过设计的最高注入压力，防止造成地层压裂、设备损坏和管线超压。

9.5.3　回注井完井

回注井完井时，要根据回注水体水质，选择适合材质管材、封隔器封隔油套环空并灌注保护液方式完井，实现保护套管、提高使用寿命、避免发生环境事故、可持续发展的目的。

9.5.4　回注井井筒维护

按照行业标准和企业规定，定期对回注井进行腐蚀监测，跟踪井筒管串腐蚀情况，及时进行修井维护。

9.6　长停井、废弃井的井控管理

长停井是指生产或者修井作业已经结束，但还没有采取永久性弃井作业的井。长停井分为关停井和暂闭井。若一口长停井的完井井段与油管和套管连通，则该井可归为长停井。关停井状态是指从停产或完成修井作业后 3 个月开始计算；若一口长停井的完井井段与生产油管或者套管已被隔离，则该井可归为暂闭井。暂闭井从完井井段被隔离之日算起。

由于地层产能枯竭、井下套管损坏等原因，一些油气井经修复仍无法恢复采油、采气生产而导致报废。这类井一般称为废弃井，通常包括油井、气井、注入井和未利用的探井等。也就是说永久性弃置的井称为废弃井。

废弃井及长停井的井控管理主要依据石油天然气行业标准 SY/T 6646—2006《废弃井及长停井处置指南》及 API BULLETIN E3—1993《废弃井和长停井做法》。

9.6.1　封堵和弃井作业目的

9.6.1.1　弃井作业的目的

弃井是为保护自然资源。废弃井应采用留水泥塞封堵作业来保护淡水层，同时也阻止地层流体在井内运移。地层流体在井筒的运移有以下这两种情况：

（1）有连通渗透性地层与淡水层或地表的井眼通道；

（2）地表水渗入井筒中并窜入淡水层。

所以，在井内适当的位置注水泥塞或打桥塞从而有效地阻止流体运移。

9.6.1.2　封堵作业的目的

一口井部分井段的永久性封堵及废弃井的弃井作业的主要工作，是在井内适当层段注水泥塞以防止井筒中形成流体窜流通道，其目的在于保护淡水层和限制地下流体的运移。主要体现在以下几点：

（1）保护淡水层免受地层流体或地表水窜入的污染。

（2）隔离开注采井段与未开采利用井段。

（3）保护地表土壤和地面水不受地层流体污染。

（4）隔离开处理污水的层段。

（5）将地面土地使用冲突降低到最低程度。

（6）储气库老井封井主要是为了确保储气库生产运行安全。储气库对整个库区内的井筒、设备、管道都有严格的气密封性要求，老井的井筒质量是关系储气库建设成败的重要因素之一，严格意义上讲，一口漏气井可以报废一个储气库。

为达到上述目的，要求所有关键性层段之间应是隔离开的，所以在编写封堵设计前，首先应认清井内各地层的特性。这样才能在井筒中选择恰当的层段进行注水泥塞或打桥塞来阻止流体运移。

9.6.2 作业中考虑的环境因素

在井内，有许多阻止流体窜流的因素。例如，在所知的淡水层以下下入表层套管并固井以及在注采层段下入油层套管并固井等采取的多种防止流体窜流的井身结构措施。在防止流体窜流和保护淡水层的作业中，水泥塞或桥塞是决定性的因素。当然，像井筒阻力、井下地层效应和地层压力平衡等自然因素，对阻止流体窜入淡水层也起到了一定作用。

9.6.3 作业方法

9.6.3.1 利用井身结构保护

将表层套管下至淡水层以下，并注水泥充满环形空间（即使干井也应如此）。

油层套管从地面下到注采层，并注水泥固井，以防止在套管外的注采流体有垂直方向上的运移。

9.6.3.2 采用恰当的封堵方式

正确的封堵方式能够保证封堵报废效果，从而将永久性地阻止流体在井内运移，也将阻止流体通过套管或套管和井眼的环空窜通。当然要根据井的实际情况，选择合适的水泥型号从而保证水泥塞的坚固性。

9.6.3.3 利用自然规律保护

井眼阻力，比如留在废弃井中的钻井液，膨胀性页岩或坍塌地层都能阻止流体运移。钻井液的黏度、密度以及由它形成的滤饼，都给流体的运移造成了阻力。通常留在井内的钻井液具有足够的压力来平衡地层压力，有时甚至超过了正常的压力梯度，这样就大大地降低了流体运移的机会。在某些区域的地层内，膨胀的页岩或坍塌地层也会对完井后套管外仍没有水泥固井的井段起到封隔作用。在较长的裸眼井段中，比如未下套管的干井，膨胀性页岩或坍塌的地层也可以起到自然封闭井眼的作用。

9.6.4　封堵和弃井作业处置

9.6.4.1　主要工作

1）隔离油气层和处理废水层段

为达到保护淡水层这一最主要的目的，应隔离各个油气层和处理废水的层段，并且在最下部淡水层的底部打一个水泥塞。

2）打地表水泥塞

地表打一个水泥塞，来阻止地面水渗入井内并流入淡水层。因地面水有可能已被工业、农业或城市生活所污染，如没有地面水泥塞，则地面水进入井筒中的后果也可能是非常严重的。同时地表水泥塞也限制了井内流体流出地表，从而保护土壤和地面水。

3）防止层间窜流

由于层间窜流会干扰邻井的开发，所以在弃井作业中，井内打水泥塞或桥塞的位置选择上，不仅要保证隔离开那些已确认为有生产能力的油气层或注水层，还要使井内所有注采井段都被隔离开，将油气及注入液限制在各自的层段里，阻止各层之间的井内窜流。

图 9-24 为废弃井井身结构示意图，在井筒中起封隔作用的水泥塞的最小长度一般是 30m。

9.6.4.2　几种常用封堵方式

1）一次固井合格气井产层封井

注水泥塞挤封产层，封堵半径应达到 0.5m，水泥塞应从人工井底注到射孔段顶界以上 300m。要求分两次打水泥塞，第一次从人工井底注到射孔段顶界以上 150m，第二次再注水泥塞 150m，使储层得到彻底封堵。

封隔水层，隔离地表水。从水层底界以下 50m 处打桥塞桥塞上注水泥塞至井口。一次固井合格气井产层封井如图 9-25 所示。

2）常规高危井段封堵

因套管损坏等原因，地层流体易进入井内井段的封堵，采用悬空水泥塞进行封堵，水泥塞上下界面距待封堵段上下界面长度不小于 50m，图 9-26 为常规高危井段封堵示意图。

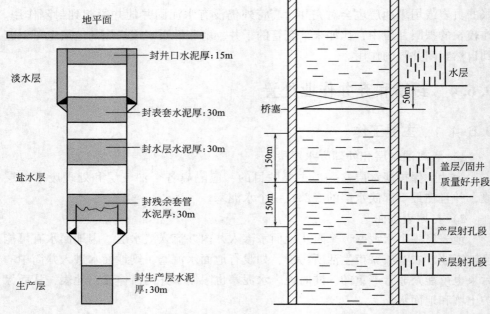

图 9-24　废弃井井身结构示意图　　　图 9-25　一次固井合格气井产层封井示意图

3）高压、高含硫化氢井段的封堵

采用先注悬空水泥塞封闭，再采用桥塞加水泥塞封闭。要求悬空水泥塞底界低于高危井段底界不小于 150m，顶界高于高危井段顶界不小于 150m，桥塞位置距悬空水泥塞顶界不小于 50m，桥塞上水泥塞长度不小于 150m，见图 9-27。

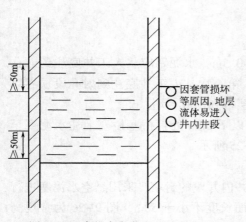

图 9-26　常规高危井段封堵示意图

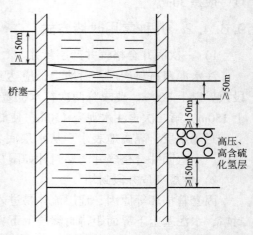

图 9-27　高压、高含硫化氢井段封堵示意图

9.6.5　长停井井控

9.6.5.1　常停井的井控要求

长停井应安装完整的井口装置，其性能参数要满足所控制流体在油管、套管和油套环空中出现的异常高压。每月应做一次井口油压、套压变化情况记录，并检查井口设施是否完善、配件是否齐全。按生产井要求进行井口装置的维护。常停井应修建井口房，保护井口，防止设施、配件被意外损坏。

9.6.5.2　长停井安全泄压

1）开井泄压

根据井的压力、出液及冰堵情况，用管汇节流阀控制放喷、泄压速度。

2）井口泄压安全注意事项

（1）流程应安装在平整地面上，打地锚固定，各接头连接牢固。

（2）螺纹清洗干净，涂抹黄油，缠紧生料带，上紧。

（3）有井口房的要尽量敞开，以利于天然气逸散，周围禁止火种，防止出现爆炸事故。

（4）放喷口应固定并选择在下风方向，喷口朝上，采用远距离点火方式，防止烧伤事故。

（5）泄压时确定警戒区域，悬挂警示标志，严禁火种，现场使用防爆工具，做好应急救护工作。

（6）泄压作业完成后，拆除泄压流程，损坏设备材料要及时修复和补充，以利下次使用。

3）常停井管线泄压要求

由于常停井的管理中还要设计生产管线的泄压，以保证在恢复生产时管线畅通，为生产提供前期保障。在北方的寒冷天气，要防止管线发生冻堵和堵塞，在确定长停井的方案后要及时对其生产管线进行疏通。

（1）用高压压风机清扫管线时，操作阀门均要先开后关。

（2）连接活接头均要上紧，防止脱扣伤人。开关阀门时不要正对阀门。

（3）管线吹扫完成，需要放空时，先检查站内流程，再将各生产井和扫线井下游阀门打开，上游阀门关闭。

（4）外送压力很小时，应认真检查流程，是否有管线堵塞或闸板脱落。

9.6.6　暂闭井井控

暂闭井可根据实际情况采用桥塞（包括丢手封隔器）、打水泥塞和水泥封堵等方法隔离完井井段。

气井常停井必须按暂闭井管理,处理时先压井,在气层以上 50m 打一个长度为 50~100m 的水泥塞。安装井口帽,加注标记,以备将来随时打来重复利用。

9.6.6.1 隔离完井井段按暂闭井管理的气井

(1)勘探井完井后暂时不具备生产能力,但有可能重新启动开发生产。

(2)气井气体组分中含有高浓度硫化氢、二氧化碳等有毒有害气体,目前不具备开发开采条件。

(3)在现有技术、设备、人员条件下无法进行有效封堵的气井。

(4)因井下事故或者井内流体高温高压,危及井下和井口安全的气井。

9.6.6.2 暂闭井的井控管理

(1)井口要求:安装井口设备,安装压力表。

(2)定期检查:每季度检查井口设备附件设施是否齐全,检查油压及各级套管情况;重点检查法兰连接处腐蚀状况和密封性;检查所有阀门开关的灵活程度,若发现异常应及时处理。

(3)维护管理:井口设备各阀门处、BX160/158 型法兰每半年注入一次密封脂;井口设备各阀门每季度注入一次润滑脂;异常情况要做好防范措施。

(4)台账记录:做好注脂和阀门、法兰维护保养记录。

9.6.7 废弃井井控

因能源枯竭、井下套管损坏无法进行修复或者恢复产能的气井一般称为废弃井,即永久性弃置的气井。

9.6.7.1 废弃井处理

废弃井处理一般采用分段注水泥封堵和全井段注水泥封堵。井筒完好的采用分段式封堵;井筒复杂(套管穿孔严重、流体串层、其他特殊气井)气井采用全井段注水泥封堵。

气井分段注水泥封堵按照不同井筒工况封堵方式大致分三种情况:

(1)井筒空井筒,无油管,直接下工具油管挤封气层,封隔水层,隔离地表水;

(2)井筒有完井管柱,起出完井管柱下工具油管挤封气层,封隔水层,隔离地表水;

(3)井筒有完井管柱且存在桥塞(水泥塞)封堵,起出完井管柱、打捞桥塞(钻磨水泥塞),下工具油管挤封气层,封隔水层,隔离地表水。

挤封气层原则:根据长庆气田实际情况,气井封堵采用三段式封堵。第一段：储层挤封并上覆水泥盖层（储层挤封半径不小于 0.5m。储层挤封时，层间距大于 100m，采用分层封堵，层间距小于 100m，采用合层封堵。储层段儿挤封完毕后，上覆水泥盖层不小于 200m）。第二段：气井中段打悬空水泥塞巩固封堵效果（悬空水泥塞长度不小于 200m，具体位置视井况不同而定）。第三段：封隔水层，隔离地表水（根据地质分层情况，确保水泥塞底界位于水层底界以下 50m，顶界位确保位于水层顶界以上 50m 或者浇注至井口）。

永久性封堵气井井口处理：

（1）复耕井永久性封井井口处置：从地面以下 100m 到地面打一个悬空水泥塞，割掉从地面以下 2m 处井口段套管及其他遗留管柱，割掉后，如果环空无水泥，则应用水泥浆填满这些空间，在井眼上部浇注 1m×1m×1m 水泥柱，恢复地貌，在井眼位置安装一个可识别的标志。

（2）不复耕井永久性封井井口处置：井口采用简易井口装置，在套管头上直接安装 1#阀门+截止阀+压力表，见图 9-28。

图 9-28　废弃井、封堵井井口

9.6.7.2　废弃井井控管理

（1）对永久性废弃井每半年进行一次检查，检查是否有泄漏等情况，并记录巡井资料。"三高井"废弃后应加密巡检。每年应进行一次井口设施的维护保养。

（2）对于深井和特殊井的废弃处理应增打水泥塞或进行特殊处理。

（3）废弃井应建立档案，档案资料包括井位、处理日期、应用工艺和封堵作业（方案设计、施工总结、管柱记录）等资料。

第 10 章　井喷失控处理技术

井喷失控处理技术是三级（三次）井控重要的内容，它的核心问题是如何进行井喷抢险和灭火。

井喷失控有两种情况：一种是地下井喷，即喷漏同层或喷漏同存，按照喷漏并存的压井方法进行压井可解决；第二种是井口装置或井控管汇失去控制，或者没有井控装置或是天然气流通过套管外喷出，此时根本无法控制溢流或井涌，造成了地面井喷失控。

井喷失控的原因很多，但其处理方法主要是围绕着怎样使用井口装置、井控管汇重新控制油气流这一环节进行的。井喷失控虽各有其特点和复杂性，但其处理方法基本相同。井喷失控事件应急预案是生产经营单位为了减轻事故产生的后果预先制定的抢险救灾方案，是进行事故救援活动的行动指南。

10.1　天然气井井喷失控处理

井喷失控的处理是一项复杂而危险的工作，需要精心组织和施工。险情一旦发生，要迅速成立抢险小组，制定抢险方案，统一指挥和协调抢险工作。抢险小组应根据现场掌握的天然气流的喷势大小、井口装置及钻具的损坏程度，根据掌握的井喷层位、井喷过程和事故特点，结合对地质、工程资料的综合分析，制定出有效的抢险方案，组织抢险人员、抢险物资、抢险设备，专人统一指挥，实施抢险。

10.1.1　井喷突发事件分级

10.1.1.1　一级井喷突发事件（Ⅰ级）

凡符合下列情形之一的，为一级井喷突发事件：

（1）海上油（气）井发生井喷、油气爆炸、着火或井喷失控；

（2）陆上油（气）井发生井喷失控，并造成超标有毒有害气体逸散，或窜入地下矿产采掘坑道；

（3）陆上油（气）井发生井喷，并伴有油气爆炸、着火，严重危及现场作业人员和周边居民的生命财产安全；

（4）引起国家领导人关注，或国务院、相关部委领导作出批示的井控事件；

（5）引起人民日报、新华社、中央电视台、中央人民广播电台等国内主流媒体，或法新社、路透社、美联社、合众社等境外重要媒体负面影响报道或评论的井控事件。

10.1.1.2　二级井喷突发事件（Ⅱ级）

凡符合下列情形之一的，为二级井喷突发事件：

（1）海上油（气）井发生井涌并伴有大量溢流或井漏失返；

（2）陆上含超标有毒有害气体的油（气）井发生井喷；

（3）陆上油（气）井发生井喷失控，在 12h 内仍未建立井筒压力平衡，企业自身难以在短时间内完成事故处理；

（4）引起省部级或集团公司领导关注，或省级政府部门领导作出批示的井控事件；

（5）引起省级主流媒体负面影响报道或评论的井控事件。

10.1.1.3　三级井喷突发事件（Ⅲ级）

（1）陆上油（气）井发生井喷，能在 12h 内建立井筒压力平衡，企业自身可以在短时间内完成事故处理；

（2）引起地（市）级领导关注，或地（市）级政府部门领导作出批示的井控事件；

（3）引起地（市）级主流媒体负面影响报道或评论的井控事件。

10.1.2　井喷失控处理的准备工作

10.1.2.1　保护井口

井口是控制井喷的关键所在，井喷失控后的情况不论有多复杂，只要尽力保护好井口，则能掌握井喷失控处理的主动权。保护井口要做好以下两方面的工作：

（1）准备充足的水源和供水设备。可以经四通向井内注水，并向井口装置及其周围浇水，达到润湿喷流、清除火星的目的。

（2）消除井口装置周围一切障碍物并加固井口。

10.1.2.2　防止着火

井喷失控一旦着火，会在非常短的时间内造成人身伤害、设备损坏，而且会使事故变得更为复杂，处理条件更恶劣。井喷失控的井应尽一切努力防止着火，防止的办法主要是：

（1）停机、停电、停锅炉，设置警戒线。

（2）严格执行井口装置和放喷管线安装的有关规定，一旦发生井喷，立即控制井口，防止因井喷物撞击井架等产生火花。

10.1.2.3　井喷失控的点火

（1）含硫化氢油气井发生井喷失控，在人员生命受到巨大威胁、失控井无希望得到控制的情况下，作为最后手段应按抢险作业程序，制定点火安全措施，对油气井井口实施点火；

（2）现场条件不能实施井控作业而决定放喷口点火时，应先点火后防喷。

（3）高含硫化氢天然气井井口失控后井口点火规定：

① 井口失控是指井喷发生后，无法用常规方法和装备控制而出现地层流体（油、气、水）敞喷的现象，包括：防喷器无法关闭井口或防喷器刺漏或爆裂、套管头刺漏、四通刺漏、内防喷工具失效、井口内控防喷管线刺漏或爆裂、底法兰下套管刺漏等。

② 高含硫化氢天然气井井口失控后井口点火条件：高含硫化氢天然气井发生井口失控，短时间无法控制，距井口 100m 范围内环境中的硫化氢 3min 平均检测浓度达到 150mg/m³，甲方的现场代表或甲方的委托人应在 15min 内下令实施井口点火。点火后应对下风向尤其是井场生活区、周围居民区、医院、学校等人员聚集场所二氧化硫浓度进行检测。

③ 若井场周边 1.5km 范围内无常住居民，现场作业人员可采取措施进行抢险，可适当延长点火时间。

④ 井口点火决策人：高含硫化氢天然气井井口失控后井口点火决策人一般为甲方的现场代表或甲方的委托人。

⑤ 油气田企业在井控实施细则中明确高含硫化氢天然气井井口点火的条件、点火的决策程序、点火决策岗位、点火岗位、点火操作程序和方式。甲方、乙方均在本企业井喷突发事件应急预案中明确高含硫化氢天然气井井口点火的条件、点火决策岗位、点火岗位。基层现场应急处置预案中，明确高含硫气井井口点火决策人、点火人以及点火操作程序和方式。

10.1.2.4　划分安全区

一旦井喷失控，在井场周围设置必要的观测点，定时取样测定喷流天然气的组分、硫化氢等有毒有害气体含量、可燃气体浓度、风向等有关数据，划分安全区并建立隔离带、疏散人员，严格警戒。

（1）做好人身安全防护工作，避免烧伤、中毒、噪声等伤害。

（2）及时与当地政府联系疏散人员，若天然气喷流中含有硫化氢，人畜均要疏散。凡井场能拖走的设备如储油罐、氧气瓶等隐患设备、物资转移出危险区域，以避免引起爆炸。

10.1.2.5　井口清障

井喷失控时，应保护井口，同时充分暴露井口，要清除井口周围和抢险通道上的障碍物，给灭火和换装井口创造有利条件。

（1）带火切割清除障碍物。根据井场地理条件、风险，用消防水龙头喷射水雾将火压向某一方向，本着"先易后难、先近后远、先外后内、分段切割、逐步推进"的原则，用氧炔焰切割、纯氧切割、水力喷砂切割等手段，边割边拖，逐步清除。

（2）未着火的井，在清障时要防止产生火星或火花。

10.1.2.6　灭火方法

井喷失控着火，可根据着火情况采用以下方法扑灭不同程度的天然气井火灾。

1）密集水流灭火法

密集水流灭火法即从防喷器四通向井内注水，同时用消防水枪向井口上面密集喷水，在较为集中燃烧的火焰最下部形成一层完整的水层，并逐步向上移动水层，把火焰往上推，将井内喷出的天然气流与火焰切断，达到灭火的目的。仅靠密集水流灭火法，其灭火能力较小，其仅适用于小喷量、喷流较集中向上的井。

密集水流灭火法不仅可以独自作为一种灭火方法，而且是其他灭火法的基础，在采用其他灭火方法时，还必须同时辅以密集水流才能将天然气井火灾扑灭。

2）突然改变喷流方向灭火法

突然改变喷流方向灭火法是在采用密集水流灭火法的同时，突然改变喷流的方向，使喷流和火焰瞬时中断实现灭火。改变喷流方向可借助特制的遮挡工具或被拆掉的设备（如转盘等）来实现。突然改变喷流方向灭火法的灭火能力也有限，只适用于中等以下喷量、喷流集中于某一方向的失控井。

3）快速灭火剂综合灭火法

快速灭火剂综合灭火法是将液体灭火剂通过防喷器四通注入井内与油气喷流混合，同时向井口装置喷射干粉灭火剂，内外灭火剂结合使用达到灭火的目的。

4）空中爆炸灭火法

空中爆炸灭火法是将炸药放在火焰下面爆炸，利用爆炸产生的冲击波，在将天然气喷流下压的同时，又把火焰往上推，造成天然气喷流与火焰瞬时切断，同时爆炸产生的二氧化碳等废气又起到隔绝空气的作用，造成瞬时缺氧而使火焰窒息熄灭。

爆炸时，既要灭火又不能损坏井口，所以应严格控制爆炸规模，同时选用撞击时不易爆炸、遇水不失效、高温下不易爆炸且引燃容易的炸药，如 TNT 炸药。

5）钻救援井灭火法

钻救援井灭火法是在失控着火井附近钻一口或多口定向井与失控着火井连通，然后泵入压井液，压井、灭火同时完成，如图 10-1 所示。

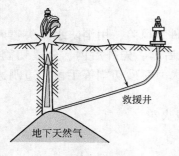

图 10-1　钻救援井

理想的救援井应在井喷层段与喷井相交，这需要精确的定向控制技术。一般来说，救援井与喷井总是立体相交而隔有一段距离，但可借助救援井的水平射孔技术、压裂技术或井下爆炸等方法使之连通。救援井压井的目的是制止与其连通的失控着火井天然气喷流继续喷出，压井时还须考虑救援井井口装置、套管和地面的承受能力。

10.1.3　井口处理

10.1.3.1　设计新的井口装置组合

要重新控制井喷，就必须针对井喷失控的特点和控制后的作业，设计新的井口装置组合。设计新的井口装置组合的原则如下：

（1）应在天然气井敞喷的情况下便于安装。为此，新的井口装置通径应不小于原井口装置通径。新旧井口之间的密封钢圈应加工成特殊钢圈，并用埋头螺栓事先固定在法兰上，以防被天然气流冲掉。

（2）为保证井口的承压能力，原井口装置各组成部分，能利用的尽可能利用，不能利用的必须拆除。

（3）低回压放喷。失控后，特别是着火后可利用的原井口装置的承压能力已有所降低，故应采取低回压放喷措施。放喷管线通径一般不低于 102mm，必要时可增加。

（4）应兼顾控制后的作业。在优先考虑安全可靠的控制井喷的同时，应考虑控制后能进行井口倒换和可能进行不压井起下管串、压井、井下事故处理等作业。

（5）对于空井失控井，新井口最上面一般都要安装一个操作简单方便、开关可靠的大通径的阀门。在天然气流敞喷的情况下，先用它关井可避免直接用闸板防喷器关井时闸板防喷器芯子的橡胶密封件被天然气流冲坏。

（6）新井口装置高度要适当，以便整体吊装和下步作业。

（7）新井口装置所需配件、工具等应配备充足，并安排专人复核并妥善负责保管，以免抢换井口时延误作业。

10.1.3.2 拆除坏井口

在清除障碍物和灭火工作完成后，即着手拆除已损坏的旧井口（部分或全部），抢换新的井口装置组合，为下一步处置井喷创造条件，这也是关系到抢险工作成败的关键。拆除坏井口时应注意：

（1）组织精干熟练的抢险突击队员，在十分明确分工的前提下，进行战前演习，达到配合操作非常熟练的程度，以便在井口作业时配合默契。

（2）旧井口凡是已经损坏不能利用的部分必须全部拆除，不能留下隐患。

（3）在拆卸坏井口时避免产生火星。

（4）所有进入警戒区的吊车、拖拉机、机动车辆等的排气管必须加防火罩，并指定专人连续喷水冷却。

10.1.3.3 抢装新的井口装置

抢装新的井口装置组合是抢险施工中的关键环节。为了保证安全抢装，必须尽量减少天然气流对新井口的冲击；尽可能远距离操作或尽量减少井口周围的作业人员数量，缩短抢装作业时间；消除一切着火的可能性；一切措施都要经过试验或演练。

抢装新的井口装置组合主要采用整体吊装法或分件扣装法。

1）整体吊装法

如图 10-2 所示，在实施整体吊装法时，为了减小天然气流对新井口冲击而造成摆动，吊装前先将新井口通孔全部打开，对失火井，新井口装置要加装引火筒。采用长臂吊车平稳起吊并调整平衡，缓慢将新井口吊至井口上方适当高度（4~7m），可切割气流，采用绷绳从四个方向拉紧扶正，使新井口中心正对主气流中心。然后根据实际情况从两个方向或四个方向用绞车钢丝绳在吊车司机的密切配合下加压，缓慢下放，与原井口连接。此方法与分拣扣装法相比，工作量小。

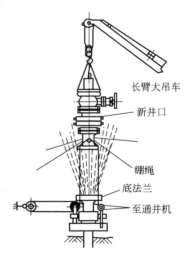

图 10-2 整体吊装新井口

在使用长臂吊车拆除坏井口，抢装新井口时，应把吊车的排气管加长并插入水中，且经常浇水冷却。

2）分件扣装法

如图 10-3 所示，在井口天然气流喷量及压力较小的情况下，可以采取分件扣装的办法，将一个大阀门扣装在井口法兰上。首先把闸板全部打开，并避开井口天然气流，将阀门与井口法兰之间连接好一个铰链，然后用绞车钢丝绳将阀门拉动，使其反转90°，扣装在井口上，随后依次扣装好新井口的每一部件。

扣装法的优点是轻便，动用设备少、切割气流时间短；但在井口周围作业时间长。

3）转装法

如图10-4所示，在井口天然气流喷量及压力较小的情况下，也可以采取转装法，即把大阀门的闸板全部打开，与井口错位（避开天然气流），先将阀门法兰和井口法兰连接好一个螺栓，然后在阀门手轮上绑上油管，用人力旋转180°，即可使阀门中心正对主气流中心，让天然气流经阀门中孔上喷，随即穿好并紧固好所有螺栓后，关闭阀门，达到控制井口的目的。

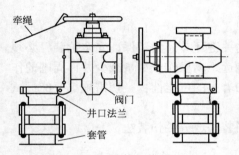

图10-3　分件扣装井口

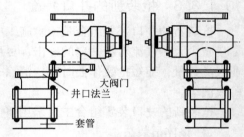

图10-4　转装井口

10.1.3.4　压井

新井口抢装成功，使失去控制的井喷变成了有控制的放喷，给下一步处理创造了条件。若井内有管柱且钻具或油管未被损坏，可按正常方法压井；但是井喷失控除井口装置、井口管汇损坏外，多数情况下钻具或油管被天然气流冲出井筒或断落掉入井内，或钻具在井口严重损坏或变形。新的井口装置组合抢装好后，一般都要进行不压井强行下管柱或打捞作业，然后是压井或不压井完井。

压井时应特别注意以下问题：

（1）井喷失控井在经过较长时间的井喷后，地层能量亏损较大，因此在选择压井液密度时要特别谨慎，密度低了压不住，密度高了又容易将地层压漏，因此应考虑"压堵兼施"的方案，原则上地层压力系数附加 $0.07 \sim 0.15 \mathrm{g/cm}^3$ 为宜，并在压井液中加入一定量的封堵材料。

（2）压井排量根据天然气流喷量大小、钻具及井眼尺寸确定，一般要求在 $1 \sim 4 \mathrm{m}^3/\mathrm{min}$，要使形成的液柱压力的速度稍大于气层压力恢复速度为宜。

（3）准备性能符合要求且数量为井筒容积2～3倍的压井液，以满足压井施工的需要。

10.2　应急响应

发生井喷失控时，作业现场前期应急行动要执行以下临时处置原则：

（1）立即关停动力设备和施工车辆，切断生产区电源，打开专用防爆探照灯；

（2）立即向上一级主管部门或有关部门汇报，疏散无关人员，最大限度地减少人员伤亡；

（3）组织现场力量，控制事态发展，同时调集救助力量，对受伤人员实施紧急抢救；

（4）保持通信畅通，随时上报井喷事件险情动态；

（5）分析现场情况，及时界定危险区；

（6）分析风险，在保证人身安全的前提下，组织抢险，控制事态蔓延，同时防止出现环境污染、有毒有害气体中毒等次生灾害。

10.2.1　信息接收与报告

（1）企业发生Ⅰ级井喷突发事件时，企业事发生产单位接到井喷突发事件报警后，经过初步判定确定突发事故的级别，符合井下作业Ⅰ级井喷突发事件时，立即启动事发单位的井喷突发事件应急预案，并第一时间向企业生产应急指挥中心汇报，企业应在事件发生30min以内以电话形式上报集团公司总值班室（应急协调办公室），同时报告工程技术分公司和勘探与生产分公司。之后，在4h内续报信息，根据情况变化和工作进展及时续报后续相关信息。每日7：00前报送最新情况。集团公司总值班室（应急协调办公室）根据需要，将事件信息通报相关部门和专业公司。

属地油气田企业根据法规和当地政府规定，在事件发生后第一时间向属地政府主管部门报告。

发生井喷突发事件后，情况紧急时，企业事发生产单位可越级直接向集团公司总值班室（应急协调办公室）报告，同时向当地政府主管部门报告。

（2）企业发生Ⅱ级井喷突发事件时，由事件相关企业负责组织联动处置，并在事件发生30min以内以电话形式上报集团公司总值班室（应急协调办公室）、工程技术分公司和勘探与生产分公司。集团公司总值班室（应急协调办公室）根据需要，将事件信息通报相关部门和专业公司。接到Ⅱ级井喷突发事件报告时，集团公司启动预警程序。事件处置结束后，企业在7d内将事件处置报告报集团公司井喷突发事件应急领导小组办公室。

（3）企业发生Ⅲ级井喷突发事件时，由企业组织进行处置，在事件处置结束后 7d 内将事件处置报告报集团公司井喷突发事件应急领导小组办公室。

信息报告和通信联络，应采用有效方式，发送图文传真和电子邮件时，应确认对方已收到。

（4）报告和记录的内容：事件发生时间、地点、现场情况以及存在的社会、环境敏感因素；事件造成的伤亡人数、经济损失、周边影响；事件的原因分析，已经采取的措施，下步处置方案，生产恢复期判断；舆情监测和媒体应对情况；事件涉及的装置、设施等基础数据和背景资料、请求上级部门支持和协调事项；其他需要报告的事项。

10.2.2　井喷事件应急处置程序

井喷突发事件应急处置程序如图 10-5 所示。

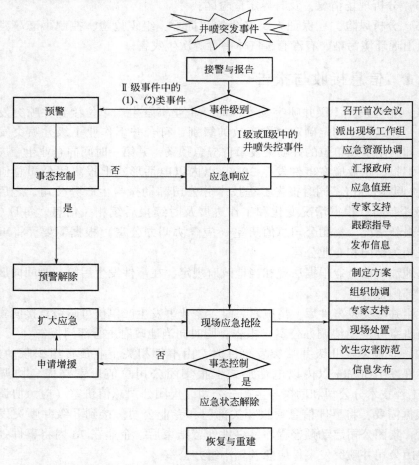

图 10-5　井喷突发事件应急处置程序

　　井下作业井喷突发事件应急处置过程中可能会包含人员伤亡、环境污染、火灾、有毒有害气体中毒等次生灾害风险，因此现场指挥部要认真制定和做好次生灾害的预防措施，提前做好相应的应急预案。

　　井喷及井喷失控险情得到控制，现场人员生命和财产已经脱离险境，现场指挥部核实现场情况上报企业应急领导小组，由井喷应急领导小组组长决定发布状态解除命令，宣布解除井下作业井喷突发事件的应急状态。

10.3　井喷抢险救援技术历程及装备

10.3.1　国内井喷抢险技术发展历程

　　20 世纪 70 年代到 80 年代，没有抢险专用抢险装备，井喷抢险主要以民用消防设施为主，依靠技术人员根据现场需要设计加工抢险装置，耗费大量时间，抢险作业面临很多困难。

　　90 年代开始井喷抢险技术得到了一定发展，国内组建了专业队伍，配备了部分井喷抢险专用装备，初步形成了现代井喷抢险技术。

　　1991 年，1995 年中国灭火队奔赴科威特抢险灭火，一举扑灭了 10 多口高难度油井大火，十多年中分别成功处置了海南 2 号平台、窟 5 井、沙 15 井等抢险，井喷抢险技术和装备进一步提升。

　　2006 年中国石油川庆灭火公司采用水力喷砂切割换装井口，全过程带火作业抢险成功处置了土库曼斯坦高压、高产、高含硫井奥斯曼 3 井井喷失控着火。

　　近年来，通过引进配套和自主创新，形成了清障设备、冷却掩护灭火设备、井口重建设备、应急指挥网络系统等系列装备，国内井喷抢险技术与装备已达到世界领先水平。

10.3.2　井喷抢险救援装备及工具简介

10.3.2.1　远程点火装置

　　远程点火装置针对作业过程中放喷点火和井喷失控抢险点火需要，依据火焰喷射枪原理，可安全、可靠、遥控喷射点火，能满足现场高压、高产、高含硫化氢天然气井放喷点火需要。远程点火装置如图 10-6 所示。

10.3.2.2　远距离带火井口切割技术

　　油气井井喷着火，井口装置往往已严重烧坏，多处刺漏，横向火大，为了保证安全，首先用水力喷砂切割装置从井口装置下四通的上颈部切割掉，消除横向

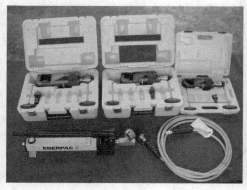

图 10-6 远程点火装置

火。火势小、情况简单井可采用氧乙炔或燃烧棒切割等多种方式。高压、高产、高含硫化氢井，最好采用远距离水力喷砂切割装置。如图 10-7 为高压水力喷砂带火切割清障设备。

图 10-7 高压水力喷砂带火切割清障设备

10.3.2.3 近井口高温防护技术

油气井着火后，特别是高压、高产、高含硫化氢天然气井喷失控着火井，火势凶猛，辐射热强，即使燃烧后也会产生很多有害气体，由于喷势较大，往往很多地方刺漏，因此存在很多不完全燃烧的有害物体。一方面要冷却保护井口。另一方面抢险机具虽然有抗高温防辐射功能，但也需要冷却掩护，更重要的是抢险人员更要保护，才能完成抢险作业。图 10-8 为遥控水炮掩体、消防雪炮等冷却掩护装置作业现场。图 10-9 为穿抗高温防护服近井口作业。

图 10-8　遥控水炮掩体、消防雪炮等冷却掩护作业

(a) 抗高温防护服　　　　　　　(b) 近井口作业

图 10-9　穿抗高温防护服近井口作业

10.3.2.4　远距离控制自行式带火抢装井口作业机

采用吊装新井口装置，必须有人近距离操作，对高压、高产、高含硫化氢井喷着火井，存在很多安全隐患，吊装新井口困难，远程液动控制或无线遥控带火重置新井口装置与吊装井口装置相比，使抢险人员远离井口作业，保证抢险人员人身安全。图 10-10 为远距离控制自行式带火抢装井口作业机带火装井口。

(a) 自行式带火抢装井口作业机在井口附近待命

(b) 作业机切割气流、加压下放新井口

(c) 新井口安装坐放成功

图 10-10　遥控自行式带火抢装井口作业机带火装井口

10.3.2.5　应急指挥网络系统

应急指挥网络系统可实现指挥部与现场救援的快速信息传递，是及时、高效、顺畅实施抢险救援工作的有力保障。

第11章 井控设备概述

在井下作业过程中，井控设备对防止溢流、控制井喷起着关键作用。井控设备是确保油气井安全的重要保障，对保护人员、设备及环境的安全起着重要作用。随着油气勘探开发技术的发展，井控设备的设计制造水平也不断发展进步，防喷器由手动闸板防喷器到液压闸板防喷器和环形防喷器，从低压到高压、大通径、可变径，从地面防喷器到井下防喷器并不断完善，目前已发展成为规格齐全，功能完善的标准化系列产品。

11.1 井控设备的组成与功用

井控设备是指为实施油、气、水井压力控制的一套专用的设备、仪器和工具，是对油气井实施压力控制的关键手段，是对井喷事故进行预防、监测、控制、处理的关键装置，是实现井下作业安全施工的可靠保证，是井下作业设备中必不可少的系统装备。

11.1.1 井控设备的组成

井下作业的井控设备主要由包括以下几部分：

（1）井口装置，包括采油（气）树、防喷器、套管头、四通、转换法兰等。

（2）控制装置，包括司钻控制台、远程控制台、辅助遥控控制台等。

（3）井控管汇，主要包括节流管汇及液动节流阀控制箱、防喷管线、放喷管线、压井管汇、注水及灭火管线、反循环管线等。

（4）内防喷工具，主要包括管柱旋塞阀、止回阀、油管堵塞器及各类形式的井下开关等。

（5）井控监测仪器、仪表，主要包括循环罐液面检测与报警仪、井液密度监测报警仪、返出井液流量监测报警仪、井液返出温度监测报警仪、起管柱时井筒液面监测报警仪、泵冲等参数的监测报警仪、有毒有害及易燃易爆气体检测仪等。

（6）辅助装置，主要包括压井液加重设备、液气分离器、除气器、起管柱自动灌液装置等。

（7）其他井控装置，主要包括自封头、旋转防喷器、带压作业起下钻装置、点火装置、专用灭火设备、拆装井口设备及工具等。

11.1.2 井控设备的功用

井控设备是指用于实施油气井压力控制的一套专用设备、仪表和工具的总称。

为了满足油气井压力控制的要求，井控装置必须能在井下作业过程中对地层压力、地层流体、井下主要技术参数等进行准确的监测和预报，当发生溢流、井喷时，能迅速控制井口，控制井筒流体的排放，并及时泵入压井液重建井内压力平衡，即使发生井喷乃至失控着火事故，也具备有效的处理条件。

井控设备具有以下功用：

（1）监测和报警。对油气井进行监测和报警，以便尽早发现溢流及其预兆，尽早采取控制措施。

（2）预防井喷。保持井筒内的井液静液柱压力始终大于地层压力，防止溢流及井喷条件的形成。

（3）迅速控制井口。溢流或井喷发生后，能迅速关井控制井口，并实施循环，排除溢流和压井作业，对油气井重建井内的压力平衡。

（3）允许井内流体可控制地排放。

（4）处理复杂情况。在油气井井喷失控的情况下，进行灭火抢险等处理作业。

（5）满足特殊工艺需要。井控设备能够在欠平衡条件下进行井下作业，在特殊压井等工艺条件下起到安全保障作用。

11.2 防喷器的特点

防喷器是井控设备的核心组件，其性能的优劣直接影响油气井压力控制的成败。为保障井下作业的安全，防喷器必须满足下列要求：

（1）关井动作迅速。

当井内出现溢流时，井下作业用闸板防喷器能在3~8s，环形防喷器能在30s内实现关井。

（2）操作方便。

液压防喷器可以在距离井口25m以远的安全距离直接对井口进行控制，操作方便、省力、简便。

（3）安全可靠。

液压防喷器除了可以用遥控和远程控制外，还配备了手动锁紧装置，当液控失效时，可以手动关井，封井时安全可靠。

（4）现场维修方便。

防喷器的胶芯或闸板是封井的密封元件，使用中易磨损失效。当发现这些密封元件严重磨损后，在现场条件下进行拆换省时、省力。

11.3　防喷器的额定工作压力与公称通径

11.3.1　防喷器的额定工作压力

防喷器的额定工作压力是指防喷器安装在井口投入工作时所能承受的最大工作压力。目前国内液压防喷器的最大工作压力共分为 6 级：14MPa、21MPa、35MPa、70MPa、105MPa、140MPa，如表 11-1 所示。

11.3.2　防喷器的公称通径

防喷器的公称通径是指防喷器的上下垂直通孔直径。公称通径是防喷器的尺寸指标。常用的防喷器的公称通径有 11 种：103mm、180mm、230mm、280mm、346mm、426mm、476mm、528mm、540mm、680mm、760mm，如表 11-1 所示。

表 11-1　防喷器的通径代号、公称尺寸及额定工作压力

通径代号	公称尺寸，mm（in）	额定工作压力，MPa					
		14	21	35	70	105	140
10	103（4$\frac{1}{16}$）	△	△	△	△	△	△
18	180（7$\frac{1}{16}$）	△	△	△	△	△	△
23	230（9）	△	△	△	△	△	△
28	280（11）	△	△	△	△	△	△
35	346（13$\frac{5}{8}$）	△	△	△	△	△	△
43	426（16$\frac{3}{4}$）	△	△	△	△	△	—
48	476（18$\frac{3}{4}$）	—	—	△	△	△	—
53	520（20$\frac{3}{4}$）	—	△	—	—	—	—
54	540（21$\frac{1}{4}$）	△	—	△	△	—	—
68	680（26$\frac{3}{4}$）	△	△	—	—	—	—
76	762（30）	△	△	—	—	—	—

注：△表示防喷器现有规格。

此外现场使用的还有 46mm、52mm、65mm、78mm、79mm 等几种小通径防喷器。

11.4 防喷器的型号

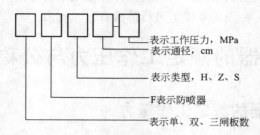

类型代号 H 表示环形，Z 表示闸板，S 表示手动。闸板数用阿拉伯数字表示，不标表示单闸板，2 表示双闸板，3 表示是三闸板。

例如：

（1）2FZl8-35，表示公称通径为 180mm，最大工作压力为 35MPa 的双闸板防喷器。

（2）FHl8-35，表示公称通径为 180mm，最大工作压力为 35MPa 的球形胶芯环形防喷器。

（3）SFZ18-21，表示表示公称通径为 180mm，最大工作压力为 21MPa 的手动单闸板防喷器。

11.5 井口防喷器组合

井下作业中，通常油气井口所安装的部件自下而上分别是：套管头、四通、闸板防喷器、环形防喷器。由于油气井具体情况的差异，井口所装防喷器的类型、数量也不相同。

11.5.1 压力级别的选择

防喷器压力等级应与最高地层压力相匹配，根据作业设计要求及设备配备情况确定防喷器的组合形式。

依据 SY/T 6690—2016《井下作业井控技术规程》中附录 A 推荐进行选择。

（1）无钻台作业，压力等级为 14MPa、21MPa、35MPa 的防喷器组合形式见图 11-1。

（2）有钻台作业，压力等级为 14MPa、21MPa、35MPa 的防喷器组合形式见图 11-2。

（3）有钻台作业，压力等级为 70MPa、105MPa 的防喷器组合形式见图 11-3。

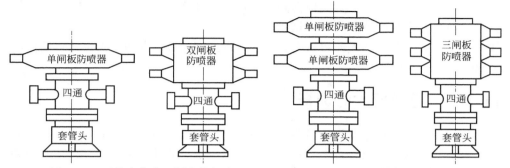

图 11-1 无钻台作业，压力等级为 14MPa、21MPa、35MPa 的防喷器组合形式

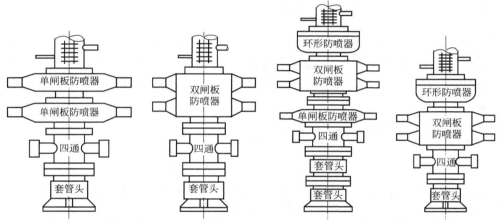

图 11-2 有钻台作业，压力等级为 14MPa、21MPa、35MPa 的防喷器组合形式

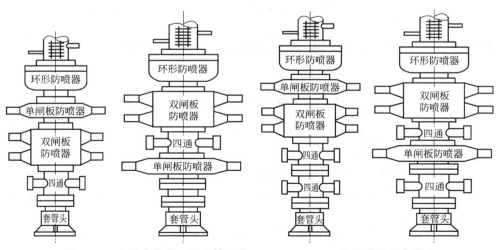

图 11-3 有钻台作业，压力等级为 70MPa、105MPa 的防喷器组合形式

　　井口防喷器类型与数量应根据需要与可能合理确定。通常对于高压油井、气井井口防喷器数量安装多些，以增加对油（气）井压力控制的可靠程度。对于浅井、低压油井井口防喷器数量安装少些，以适应修井周期短、拆装运输简便的要求。

11.5.2　通径尺寸的选择

　　防喷器的公称尺寸即为防喷器的通径，是指能通过防喷器中心孔最大钻具的尺寸。防喷器组和的通径必须一致，其大小取决于作业井的套管尺寸，即必须略大于套管尺寸。

11.5.3　防喷器类型的选择

　　在井下作业中为适应各种情况下迅速关井，井口防喷器往往不止一个。在井筒内有管柱的情况下使用半封闸板防喷器，在井筒内无管柱时使用全封闸板防喷器或环形防喷器，在带压起下钻作业时使用环形防喷器，对于射孔作业可选用射孔用防喷器等。

11.5.4　防喷器数量的选择

　　（1）通常高压井、高产气井、含硫化氢等有毒有害气体的高危害井、高敏感区域井、复杂结构井、特殊工艺井等高风险井，深井、探井防喷器的数量安装得多些，以增加对油气井压力控制的可靠程度。

　　（2）对于浅井、低压井井口防喷器的数量可安装少些，在满足井控安全的前提下，以适应建井周期短、拆装运输简便的要求。

11.6　井控设备使用要求及报废规定

11.6.1　防喷器及控制装置的使用要求

　　（1）防喷器、防喷器控制台等在使用中，作业队要专人检查与保养，保证井控设备处于完好状态；

　　（2）正常情况下，严禁将防喷器当采油树使用；

　　（3）不连续作业时，井口必须有控制装置，严禁在未打开闸板防喷器的情况下起下管柱作业；

　　（4）防喷器的控制手柄都应标识，不准随意扳动；

　　（5）防喷器在不使用期间应保养后妥善保管。

11.6.2　井控设备报废规定

防喷器出厂时间满 13 年的要报废。达到报废总年限后确需延期使用的，须经第三方检验并合格，延期使用最长 3 年。

（1）防喷器报废通用要求，符合下列条件之一者，强制报废：

① 防喷器出厂时间满 16 年的；

② 在使用中发生承压件本体刺漏的；

③ 被大火烧过而导致变形或承压件材料硬度异常的；

④ 承压件结构形状出现明显变形的；

⑤ 不是密封件原因而致反复试压不合格的；

⑥ 法兰厚度最大减薄量超过标准厚度 12.5% 的；

⑦ 承压件本体或钢圈槽出现被流体刺坏、深度腐蚀等情况，且进行过两次补焊修复或不能修复的；

⑧ 主通径孔在任一半径方向上磨损量超过 5mm，且已经进行过两次补焊修复的；

⑨ 承压件本体产生裂纹的；

⑩ 承压法兰连接的螺纹孔，有两个或两个以上严重损伤，且无法修复的。

（2）环形防喷器符合下列条件之一者，强制报废：

① 顶盖、活塞、壳体密封面及橡胶密封圈槽等部位严重损伤或发生严重变形，且无法修复的；

② 连接顶盖与壳体的螺纹孔，有两个或两个以上严重损伤且无法修复的（仅对顶盖与壳体采用螺栓连接的结构）；或顶盖与壳体连接用的爪盘槽严重损伤或明显变形的（仅对顶盖与壳体采用爪盘连接的结构）；或顶盖与壳体连接的螺纹，有严重损伤或粘扣的（仅对顶盖与壳体采用螺纹连接的结构）；

③ 不承压的环形防喷器上法兰的连接螺纹孔，有总数量的 1/4 严重损伤，且无法修复的。

（3）闸板防喷器符合下列条件之一者，强制报废：

① 壳体与侧门连接螺纹孔有严重损坏且无法修复的；

② 壳体及侧门平面密封部位严重损伤，且经过两次补焊修复或无法修复的；

③ 壳体闸板腔顶密封面严重损伤，且经过两次补焊修复或无法修复的；

④ 壳体闸板腔侧部和下部导向筋磨损量达 2mm 以上，且经过两次补焊修复或无法修复的；

⑤ 壳体内埋藏式油路窜、漏，且无法修复或经两次补焊修复后，经油路强度试验又发生窜、漏的。

（4）防喷器控制装置具备以下条件之一者，强制报废：

① 出厂时间满 18 年的；

② 主要元件（泵、换向阀、调压阀及蓄能器）累计更换率超过 50% 的；

③ 经维修后，主要性能指标仍达不到行业标准 SY/T 5053.2—2007《钻井井口控制设备及分流设备控制系统规范》规定要求的；

④ 对回库检验及定期检验中发现的缺陷无法修复的；

⑤ 主要元器件损坏，无修复价值的，分别报废。

（5）井控管汇总成符合下列条件之一者，强制报废：

① 出厂时间满 16 年的；

② 使用过程中承受压力曾超过强度试验压力的；

③ 管汇中阀门、三通、四通和五通等主要部件累计更换率达 50% 以上的。

（6）井控管汇中主要部件符合下列条件之一者，强制报废：

① 管体发生严重变形的；

② 管体壁厚最大减薄量超过 12.5% 的；

③ 连接螺纹出现缺损、粘扣等严重损伤的；

④ 法兰厚度最大减薄量超过标准厚度 12.5% 的；

⑤ 法兰钢圈槽严重损伤，且进行过两次补焊修复或不能修复的；

⑥ 阀门的阀体、阀盖等主要零件严重损伤，且进行过一次补焊修复或不能修复的；

⑦ 管体及法兰、三通、四通、五通、阀体、阀盖等部件经磁粉探伤或超声波探伤检测，未能达到 JB/T 4730—2015《承压设备无损检测》中Ⅲ级要求的。

第 12 章　闸板防喷器

闸板防喷器是井口防喷器组的重要组成部分。闸板防喷器是将两块闸板从左右两侧推向井眼中心，实现封闭井口，通过控制井口压力来实现对井内压力、地层压力的控制。

12.1　闸板防喷器的作用和类型

12.1.1　作用

（1）井内有管柱时，配上相应管子闸板，能封闭套管与管柱间环形空间；

（2）当井内无管柱时，配上全封闸板可全封闭井口；

（3）当处于紧急情况时，可用剪切闸板剪断井内管柱，并全封闭井口；

（4）在封井情况下，通过与四通及壳体旁侧出口相连的压井、节流管汇进行钻井液循环、节流放喷、压井、洗井等特殊作业；

（5）与节流、压井管汇配合使用，可有效地控制井底压力，实现近平衡压井作业。

液压闸板防喷器的上述功用，在具体使用时仍有所限制。

剪切闸板主要用于深井、超深井、高气油比和三高井。

但当利用壳体侧孔节流、放喷时，井内高压流体将严重冲蚀壳体，从而影响壳体的耐压性能。因此，通常并不使用壳体侧孔节流或放喷，侧孔用钢板封闭。

国产闸板防喷器的半封闸板，一般不能悬挂管柱，从国外进口的闸板防喷器有的允许承重，有的则不允许承重。

12.1.2　闸板防喷器的类型

闸板防喷器的种类很多，按照闸板的驱动方式不同可分为手动闸板防喷器和液压闸板防喷器两大类。气田主要使用液压闸板防喷器，这里主要介绍液压闸板防喷器。

按闸板的用途不同可分为全封、半封、变径、剪切和电缆闸板。根据所能配置的闸板数量不同可分为液压单闸板防喷器、液压双闸板防喷器和液压三闸板防喷器。国内常用的主要有液压单闸板防喷器与液压双闸板防喷器，其中液压双闸板防喷器应用更为普遍。

12.2 液压闸板防喷器的结构和工作原理

12.2.1 结构

液压闸板防喷器主要由壳体、侧门、油缸、活塞与活塞杆、锁紧轴、端盖、闸板等部件组成。图 12-1 为结构较为简单的具有矩形闸板室的双闸板防喷器结构图，图 12-2 为闸板防喷器的各部件组成。

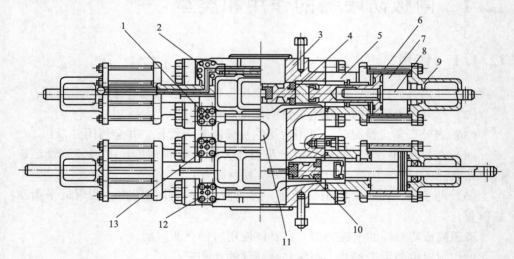

图 12-1 旋转侧门式双闸板防喷器

1—下铰链座；2—上铰链座；3—壳体；4—半封闸板；5—侧门；6—活塞与活塞杆；7—油缸；
8—锁紧轴；9—端盖；10—全封闸板；11—侧孔；12—下铰链座；13—上铰链座

12.2.2 工作原理

12.2.2.1 液压关井

当高压油进入左右油缸关闭腔时，推动活塞、活塞杆，使左右闸板总成沿着闸板室内导向轨道，分别向井口中心移动，达到关井的目的。闸板防喷器工作原理如图 12-3 所示。

液压油经壳体关闭油口→壳体油路→铰链座→侧门油路→液缸油路→缸盖→油路→液缸关闭腔。

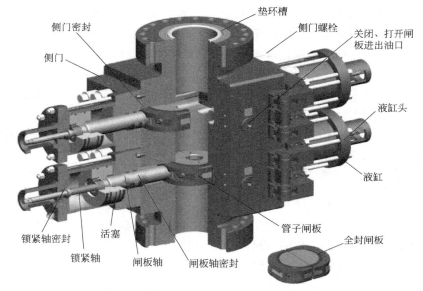

图 12-2 闸板防喷器的各部件组成

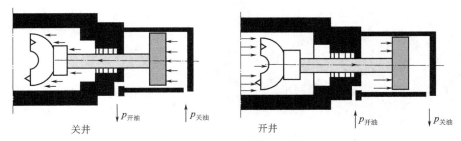

图 12-3 闸板防喷器工作原理

12.2.2.2 液压开井

当高压油进入左右油缸开启腔时，左右两个闸板总成分别向离开井口的方向移动，达到开井的目的。

液压油经壳体开启油口→壳体油路→铰链座→侧门油路→液缸开启腔。

闸板防喷器需要长时间关井时，可用手动锁紧装置（或液压锁紧机构）顺时针旋转锁紧闸板。打开闸板前应检查锁紧装置是否解锁，先解锁，后打开闸板。

12.2.3 液压闸板防喷器的结构特点

12.2.3.1 液压闸板防喷器壳体的结构特点

（1）壳体由合金钢铸造或锻造成型，有上下垂直通孔与侧孔。

（2）壳体内有闸板室，闸板室在垂直活塞杆的纵向截面上呈矩形，以容纳扁平的闸板。闸板室底部制成便于泥砂流入井筒的倾斜面，并制有支撑筋，闸板室顶部有一个经过加工的凸台密封平面，有的防喷器此处为一可拆卸更换的密封座圈。

（3）侧孔位于上下闸板体腔中间或下闸板的下面，通径较小，必要时可用来循环井内的液体或放喷。

（4）对于旋转侧门式液压闸板防喷器，在其壳体侧面上，还有紧固侧门及支撑侧门铰链座的螺孔。

（5）壳体上下端部的连接方式有两种，分别是栽丝连接、法兰连接。

12.2.3.2 闸板防喷器的四处密封

为了使液压闸板防喷器实现可靠的封井效果，必须保证其四处有良好的密封，否则油气井是控制不住的。这四处密封是：

（1）闸板前部密封：如图 12-4 所示，闸板前部装有前部橡胶（胶芯的前部），依靠活塞推力，前部橡胶抱紧管柱实现密封。当前部橡胶严重磨损或撕裂时，高压井内液体会于此处刺漏而使封井失效。全封闸板则为闸板前部橡胶的相互密封。

图 12-4 闸板前部与钻具之间的密封、
闸板上部与壳体之间的密封、
壳体与侧门之间的密封

（2）闸板顶部密封：闸板上平面装有顶部橡胶（胶芯的顶部），在井口高压的作用下，顶部橡胶紧压壳体凸缘，使井内液体不致从顶部通孔溢出，见图 12-4。

（3）侧门密封：侧门与壳体的接合面上装有密封圈，见图 12-4。侧门紧固螺栓将密封圈压紧，使井液不致从此处泄漏。该密封圈并不磨损，但在长期使用中会老化变质，故应按规定使用期限，定期更换。

（4）活塞杆的密封：侧门腔与活塞杆之间的环形空间装有密封圈，防止高压内液体与液压油窜漏，见图 12-5。一旦高压井内液体冲破橡胶密封圈，井内液体将进入油缸与液控管路，使液压油遭到污染并损伤液控阀件。液压闸板防喷器工作时，活塞杆做往复运动，密封圈不可避免地会受到磨损，久之易导致密封失效。在封井情况下密封圈失效时，为了紧急恢复其密封作用，此处又附设有二次密封装置。

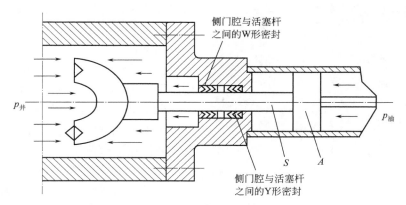

图 12-5　侧门腔与活塞杆之间的密封示意图

12.2.3.3　活塞杆的二次密封装置

　　液压闸板防喷器的侧门内腔与活塞杆之间装有密封装置以密封环形空间，保证防喷器正常工作。该密封装置的密封圈分为两组：一组用 W 形组合密封圈封闭井口高压液体，一组用 Y 形密封圈封闭液控高压油。密封圈具有方向性，只有正确安装才起到密封作用。两组密封圈的安装方向相反，这一点在维修时务必注意。

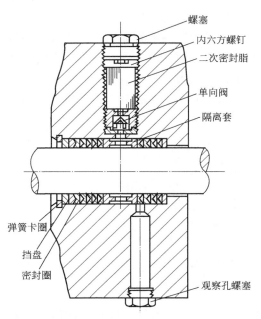

图 12-6　活塞杆二次密封装置

　　这种密封手段是活塞杆的一次密封装置。一次密封装置的密封圈还是很耐用的，由于防喷器长期使用，疏于检修，密封圈严重磨损后也可能导致一次密封装置失效。如果在封井工况下密封圈损坏，尤其是封闭井内液体的密封圈损坏，将给封井工况造成威胁。活塞杆的二次密封装置就是当一次密封装置失效时用以紧急补救其密封而设置的。活塞杆的二次密封装置如图 12-6、图 12-7 所示。在封井工况下如果观察孔有流体溢出，就表明密封圈已损坏，此时应立即卸下六角螺塞，用专用扳手顺时针旋拧孔内螺钉，迫使棒状二次密封脂通过单向阀、隔离套径向孔进入密封圈的环形间隙。二次密封脂填补空隙后就可使

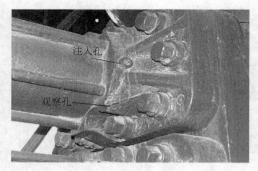

图 12-7　活塞杆二次密封观察孔、注入孔

活塞杆的密封得以补救与恢复。

活塞杆的二次密封装置使用注意事项如下：

（1）预先填放好二次密封脂，专用扳手妥善存放以免急需时措手不及。

（2）液压闸板防喷器投入使用时应卸下观察孔螺塞，并经常观察是否有钻井液或油液流出。

（3）密封圈失效后压注二次密封脂不可过量，以观察孔不再泄漏为准。二次密封脂摩擦阻力大而且黏附砂粒，当活塞杆回程时对活塞杆损伤较大，二次密封脂的压注量切忌多多益善。开井后应及时打开侧门对活塞杆及其密封圈进行检修。

12.2.3.4　闸板的密封原理及特点

闸板的密封是在外力作用下，胶芯被挤压变形实现密封作用的。

1）闸板浮动

闸板总成与壳体放置闸板的体腔之间有一定的间隙，同时闸板总成与活塞杆多是通过 T 形槽连接的，这种设计允许闸板在壳体腔内上下浮动。当闸板处于常开位置时，闸板上部密封橡胶不与闸板室顶部接触。关井后，在井口压力的作用下，闸板上部密封橡胶与壳体的密封凸台贴紧，实现密封。

对于压块与闸板体分成两体的闸板总成，关闭后继续施加压力，压块与闸板体间的橡胶被挤向上突起，贴紧在闸板室顶部的凸面，形成顶部密封，当闸板开启时，顶部密封橡胶脱离壳体凸面，缩回闸板平面内。

闸板这种浮动的特点，既保证了密封可靠，减少了橡胶磨损，又减少了闸板移动时的摩擦阻力，如图 12-8 所示。

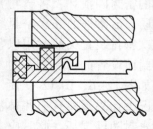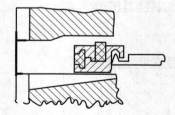

图 12-8　闸板浮动性能

2）井压助封情况

如图 12-9 所示，井液压力作用在闸板底部，推举闸板，使闸板顶部与壳体凸缘贴紧。显然，井液压力越高，闸板顶部与壳体的密封效果越好，这就是所谓

井压对闸板顶部的助封作用。当井液压力很低时，闸板顶部的密封效果并不十分可靠，可能有井液溢漏。为此，在井控车间对液压闸板防喷器进行试压检查时，需进行低压试验，检查闸板顶部与壳体凸缘的密封情况。井液压力也作用在闸板后部，向井筒中心推挤闸板，使前部橡胶紧抱井内管柱，这就是井压对闸板前部的助封作用。当闸板关井后，井口井压越高，井压对闸板前部的助封作用越强，闸板前部橡胶对管柱封得越紧。

在闸板关井动作过程中，由于井压对闸板前部的助封作用，关井油腔里液压油的油压值并不需要太高，油压通常调定为 10.5MPa 就足够了。

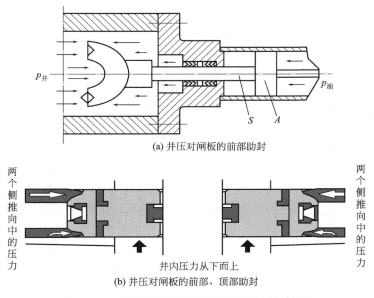

(a) 井压对闸板的前部助封

(b) 井压对闸板的前部、顶部助封

图 12-9　在关井过程中井压对闸板的助封情况

图 12-9（a）是在关井动作过程中，井压对闸板前部的助封情况。在关井动作过程中，闸板前部有井压 $p_井$ 所形成的阻力，与此同时其后部也有井压 $p_井$ 所形成的推力。推力与阻力并不相等，其中阻力较大。设活塞杆截面积为 S，闸板上两种作用力平衡的结果所产生的前进阻力应为 $p_井 S$。如果不考虑闸板关井动作过程中的各种摩擦损耗，那么只要油缸活塞上所受液压油的作用力超过 $p_井 S$，活塞就可以将闸板推向井筒中心。

设活塞截面积为 A，关井油腔液压油的压力为 $p_油$，忽略锁紧轴的影响，那么活塞在关井油腔所受油压推力为 $p_油 A$。

闸板所受油压推力 $p_油 A$ 与前进阻力 $p_井 S$ 平衡时的表达式为：

$$p_油 A = p_井 S$$

$$p_井/p_油 = A/S$$
$$A/S = R$$

则：
$$p_井/p_油 = R$$

式中，R 称为关闭压力比。A 与 S 皆为液压闸板防喷器的结构参数，对于具体的液压闸板防喷器来说，其 A 与 S 应为定值，固定不变，因此关闭压力比 R 固定不变。

在结构上 A 比 S 大得多。压力等级 14MPa、21MPa、35MPa、70MPa 的国产液压闸板防喷器的关闭压力比 R 为 5~8。

设液压闸板防喷器的 $R = 5$，则 $p_井/p_油 = R = 5$，则：
$$p_油 = p_井/5$$

当 $p_井$ 为 14MPa 时，$p_油$ 应为 2.8MPa。

当 $p_井$ 为 21MPa 时，$p_油$ 应为 4.2MPa。

当 $p_井$ 为 35MPa 时，$p_油$ 应为 7MPa。

由此看来，液压闸板防喷器关井所需液控油压与所对抗的井压并不相等，而是成正比；关井所需液控压力一般情况下都不超过 10.5MPa；只有当闸板严重砂阻或为淤泥严重黏结锈死时，才需使用高于 10.5MPa 的液压油关井。

3）自动清砂

闸板室底部有两条向井筒倾斜的清砂槽，当闸板开关动作时，遗留在闸板室底部的泥砂，被闸板排入清砂槽滑落井内，见图 12-10。液压闸板防喷器的这种自动清砂作用防止了闸板的堵塞，减少了闸板的运动阻力与磨损。

4）自动对中

为解决井内管柱的对中问题，闸板压块的前方制有突出的导向块与相应的凹槽。当闸板向井筒中心运动时，导向块可迫使偏心管柱移向井筒中心，顺利实现封井，如图 12-11 所示。关井后，导向块进入另一压块的凹槽内。

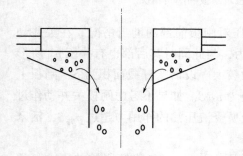

图 12-10　自动清砂示意图

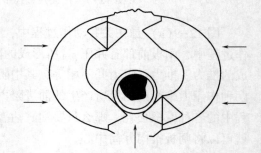

图 12-11　闸板自动对中示意图

12.2.3.5　液压闸板防喷器的侧门

液压闸板防喷器的侧门有两种形式，即旋转式侧门和直线移动式侧门。当拆换闸板、拆换活塞杆密封填料、检查闸板以及清洗闸板室时，需要打开侧门进行操作。

旋转式侧门如图 12-12 所示，由上下铰链座限定其位置，当卸掉侧门的紧固螺栓后，侧门可绕铰链座做 120°旋转。

1）旋转式侧门拆换闸板操作顺序

由于闸板损坏或是管柱尺寸更换，需进行拆换闸板作业。拆换闸板操作顺序如下：

（1）检查远程控制装置上控制该液压闸板防喷器的换向阀手柄位置，使之处于中位；

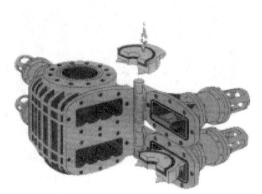

图 12-12 旋转式侧门液压闸板防喷器

（2）拆下侧门紧固螺栓，旋开侧门；

（3）液压关井，使闸板从侧门腔内伸出；

（4）拆下旧闸板，装上新闸板，闸板装正、装平；

（5）液压开井，使闸板缩入侧门腔内；

（6）在远程控制装置上操作，将换向阀手柄扳回中位；

（7）旋闭侧门，上紧螺栓。

2）旋转式侧门开关注意事项

（1）侧门不应同时打开。

拆换闸板或其他作业时，须待一方侧门操作完毕，固紧螺栓后，再在另一方侧门上进行操作。

（2）侧门未充分旋开或未用螺栓固紧前，都不许进行液压关井动作。

在这种情况下，如果进行液压关井动作，由于侧门向外摆动，闸板必将顶撞壳体以致蹩坏闸板，蹩弯活塞杆。

（3）旋动侧门时，液控压力油应处于卸压状态。

（4）侧门打开后，液动伸缩闸板时须挡住侧门。

闸板伸出或缩入动作时，门上也受有液控油压的作用，侧门会绕铰链旋动，为保证安全作业，应设法将侧门稳固住。

（5）按要求，更换完防喷器密封部件后，要对其进行试压。

3）直线运动式侧门拆换闸板的操作顺序

直线运动式侧门液压闸板防喷器如图 12-13 所示。需要开关侧门时，首先拆下侧门紧固螺帽，然后进行液压关井操作，两侧门随即左右移开；最后进行液

图 12-13　直线运动式侧门液压闸板防喷器

压开井操作，两侧门即从左右向中合拢。

　　直线运动式侧门在井场更换闸板的操作程序如下：

　　（1）检查远程控制装置上控制该液压闸板防喷器的换向阀手柄位置，使之处于中位；

　　（2）拆下两侧门紧固螺栓，用气葫芦或导链分别吊住两侧门；

　　（3）液压关井，使两侧门左右移开；

　　（4）拆下旧闸板，装上新闸板，闸板装正、装平；

　　（5）液压开井，使闸板从左右向中间合拢；

　　（6）在远程控制装置上操作，将换向阀手柄扳回中位；

　　（7）上紧螺栓；

　　（8）对新换闸板进行试压。

12.3　液压闸板防喷器的锁紧装置及开关操作

　　液压闸板防喷器的锁紧装置可分为手动机械锁紧装置和液压自动锁紧装置两种形式。

12.3.1　手动机械锁紧装置

12.3.1.1　手动机械锁紧装置的功用

　　手动机械锁紧装置如图 12-14 所示。

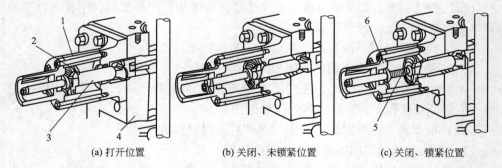

(a) 打开位置　　　　　　(b) 关闭、未锁紧位置　　　　　　(c) 关闭、锁紧位置

图 12-14　手动机械锁紧装置

1—液缸；2—活塞；3—闸板轴；4—闸板；5—锁紧轴；6—缸盖

手动锁紧装置是通过旋转手轮来关闭和锁紧闸板的。其功用：一是当需要长期封井时，液压关井后可采用手动锁紧装置将闸板锁定在关闭位置，然后将液控压力油的高压泄掉，以免长期关井憋漏液控管线；二是控制系统无油压时，可以用手动锁紧装置推动闸板关井。

使用时需要注意：手动锁紧装置只能关闭闸板而不能打开闸板，若要打开已经被手动锁紧的闸板，必须先将手动锁紧装置复位解锁，再液压操作打开闸板，这是唯一的方法。

12.3.1.2　手动机械锁紧装置的类型和组成

手动机械锁紧装置主要有液压关闭锁紧轴随动结构和简易式锁紧结构两种类型。

随动式手动锁紧装置结构如图 12-15 所示，由锁紧轴、操纵杆、手轮、万向接头等组成。锁紧轴与活塞以左旋梯形螺纹（反扣）连接。平时锁紧轴旋入活塞，随活塞运动，并不影响液压关井与开井动作。锁紧轴外端以万向接头连接操纵杆，操纵杆伸出井架底座以外，其端部装有手轮。

简易式锁紧结构如图 12-16 所示，锁紧轴并不与活塞连接，也不随活塞运动，是在缸体上直接加一个装锁紧螺杆的护套，内孔为正扣螺纹。锁紧螺杆后接手动杆及手轮。关井后的锁紧情况从外观上更易判断。当锁紧螺杆旋入护套内并顶住活塞杆时，即为锁紧工况；当锁紧螺杆伸出护套外未顶住活塞杆时，是尚未锁紧位置。一旦液控系统失效，旋转手轮锁紧螺杆直接推动活塞杆前进，关闭闸板。

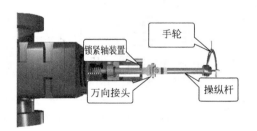
图 12-15　随动式手动锁紧装置结构

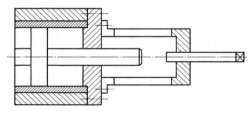
图 12-16　简易式锁紧结构

12.3.1.3　闸板的锁紧与解锁

闸板锁紧的方法是顺时针时旋转两个手轮，使锁紧轴从活塞中伸出，直到锁紧轴台肩紧贴止推轴承处的挡盘为止，这时手轮也被迫停止转动。这样，闸板就由锁紧轴顶住（锁住），封井作用力由锁紧轴提供，而无须液控油压，如图 12-17 所示。

需打开闸板时，首先应使闸板解锁，然后才能液压开井。闸板解锁的方法是

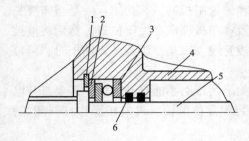

图 12-17　端盖止推轴承示意图

1—弹性卡圈；2—挡盘；3—止推轴承；
4—端盖；5—锁紧轴；6—密封圈

逆时针同时旋转两个手轮，直到手轮转够解锁的圈数，同样，手轮再回旋 1/4～1/2 圈。

为了确保锁紧轴伸出到位，手轮必须旋够应旋的圈数直到旋不动为止。手轮应旋的圈数，各液压闸板防喷器是不同的，操作人员应熟知所用防喷器手轮应旋圈数，此外还应在手轮处挂牌标明。解锁时手轮回旋 1/4～1/2 圈，但锁紧闸板时切勿回旋，以防影响关井的可靠性。

12.3.2　液压自动锁紧装置

液压自动锁紧装置是通过装于主活塞内的锁紧活塞和装于活塞径向四个扇形槽内的四个锁紧块来实现的，如图 12-18 所示。

关井时，液压油作用于关闭腔，同时推动主活塞和锁紧活塞向闸板关闭方向运动，由于锁紧块内外圆周上都带有一定角度的斜面，内斜面与锁紧活塞斜面相接触，使得锁紧块在锁紧活塞的推动下始终有向径向外部运动的趋势。一旦主活塞到达关闭位置后，锁紧块在锁紧活塞的径向力作用下向外运动坐于液缸台阶上，实现完全锁紧。液压油泄压后仅靠锁紧活塞弹簧力的作用，仍能保证可靠的锁紧状态。

打开闸板时，液压油作用于开启腔，首先使锁紧活塞向外运动，锁紧块外圈斜面与液缸台阶斜面产生锁紧块向内收缩的分力使锁紧块实现解锁，主活塞才能带动闸板轴及闸板实现开启动作。

带有液压锁紧装置的液压闸板防喷器常用于海洋钻井作业中。在海洋钻井中，防喷器常安置在海底，闸板锁紧与解锁无法使用人工操作，只能采取液压遥控的办法。

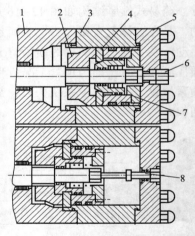

图 12-18　液压自动锁紧装置图

1—侧门；2—主活塞；3—液缸；4—锁紧块；5—缸盖；6—显示块；7—锁紧活塞；8—显示杆

12.3.3　液压闸板防喷器在现场使用时机械锁紧的检查

液压闸板防喷器液压关井后，如果不进行机械锁紧就不敢将远程控制装置上的换向阀手柄扳至中位，即不能使液控压力油泄压。这样，在长期关井条件下就有液控管线憋漏或误操作"开井失控"的危险。因此，使用液压闸板防喷器关井时，必须遵循关井操作步骤。然而，在操作中常被人们所忽视的仍然是机械锁紧问题。因此，就有必要对关井后的液压闸板防喷器是否已机械锁紧进行检查。

对于具有液压关闭锁紧轴随动结构的手动锁紧装置，由于防喷器的端盖孔内装有密封圈，锁紧轴经常相对于密封圈往复运动摩擦，致使锁紧轴外露端有较长一段无锈蚀，颇为光亮，所以当液压闸板防喷器关井后，观察锁紧轴的外露端，如果看到锁紧轴的光亮部位露出，锁紧轴外伸较长，即可断定为防喷器已机械锁紧，关井操作是正确的；如果看到锁紧轴的光亮部位隐入，锁紧轴外伸较短，则可断定为尚未机械锁紧，这种情况一般是不允许的。

对于具有简易式锁紧结构的手动锁紧装置，通过观察锁紧螺杆的伸出与缩入状态可以判断防喷器的锁紧与解锁情况。

同样观察操纵杆位置的前进或后退的变化也可以判断防喷器的机械锁紧情况。

12.3.4　液压闸板防喷器的开、关井操作步骤

液压闸板防喷器用来开、关井时，其操作步骤应按下述顺序进行。

12.3.4.1　正常液压关井

（1）远程操作：将远程控制台上控制该防喷器的换向阀手柄迅速扳至关位。

（2）要长时间关井时，顺时针旋转两操纵杆手轮规定的圈数，到位后将闸板锁紧。

12.3.4.2　正常液压开井

（1）手动解锁：逆时针旋转两操纵杆手轮，使锁紧轴缩回到位，手轮转够圈数后再回旋 1/4～1/2 圈。

（2）远程操作：将远程控制台上控制该防喷器的换向阀手柄迅速扳至开位。

12.3.4.3　液压闸板防喷器的手动关井

液控装置一旦发生故障，液压闸板防喷器就无法进行液压关井。如果需要关井，可以利用手动机械锁紧装置进行手动关井。

手动关井的操作步骤应按下述顺序进行：

（1）将远程控制台上控制该防喷器的换向阀手柄迅速扳至关位。

（2）手动关井：顺时针旋转两操纵杆手轮规定的圈数，将闸板推向井筒中心关井。

手动关井操作的实质即手动锁紧操作。然而应特别注意的是：在手动关井前应首先使远程控制装置上控制液压闸板防喷器的换向阀处于关位。这样做的目的

是使油缸开井油腔里的液压油直通油箱。手动关井后应将换向阀手柄扳至中位，抢修液控装置。

液控失效实施手动关井，当压井作业完毕，需要打开防喷器时，必须利用已修复的液控装置，液压开井，否则液压闸板防喷器是无法打开的。手动机械锁紧装置的结构只能允许手动关井却不能实现手动开井。

12.4 常用闸板防喷器的闸板

12.4.1 国产防喷器的闸板

闸板是液压闸板防喷器的核心部件，闸板由闸板体、压块、橡胶胶芯等组成，按闸板的正反面是否对称可分为双面闸板和单面闸板两种类型，如图 12-19 所示。

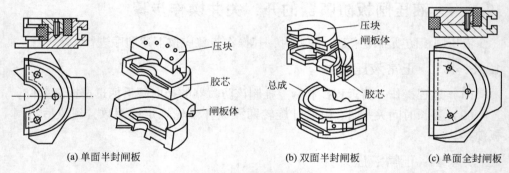

(a) 单面半封闸板　　　　　(b) 双面半封闸板　　　　(c) 单面全封闸板

图 12-19　单面闸板和双面闸板

闸板胶芯磨损后可以更换，当管柱尺寸改变时半封闸板亦应更换。双面闸板的闸板上下面对称。对不同尺寸的管柱，只需更换密封胶芯和闸板压块，其余零件可通用互换。单面闸板则需要更换全套闸板总成。双面闸板的胶芯在使用中当上平面磨损后，其下平面也必将磨损，因此双面闸板并不能上下翻面使用。

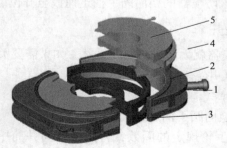

图 12-20　S 型闸板

1—闸板螺钉；2—闸板座；3—胶芯；
4—螺钉；5—闸板体

12.4.1.1 S 型闸板

1）S 型闸板（图 12-20）结构特点

（1）闸板采用上、下面对称的双面密封组装式闸板，当上部胶芯密封面磨损较大时，可翻转闸板使用另一面，延长胶芯使用时间。闸板总成由闸板体、闸板座、胶芯、闸板螺钉组合而成。

（2）闸板浮动性好。由于闸板体（压块）与闸板座（闸板夹持器）是由两体组成，两者之间相对运动范围较大，有利于前密封自动对正。而且闸板体与闸板座之间有 3mm 的安装间隙，闸板关闭时闸板体与闸板座相互间的挤压迫使顶部密封橡胶变形向上凸起，增强密封效果，减少胶芯磨损。

（3）对于不同尺寸钻具，只需更换相应的密封半环和闸板体（包括全封闸板），其余零件可通用互换。

2）S 型闸板胶芯更换拆装过程

（1）拧下两个闸板螺钉，取下闸板座（夹持器）。

（2）卸掉两个闸板胶芯螺钉。

（3）用起子将顶密封部分从闸板体槽中撬出。

（4）撬出整个胶芯。

（5）安装胶芯前要将闸板体、胶芯、闸板螺钉擦洗干净，涂上润滑油；安装过程与上述拆卸过程相反，上紧闸板螺钉时应注意保持闸板体与闸板座之间 2~3mm 设计间隙，不要使顶密封橡胶过度挤出，以免过早磨损和擦伤。

12.4.1.2　HF 型闸板

1）HF 型闸板（图 12-21）结构特点

（1）闸板采用整体式，密封胶芯采用组合胶芯式，闸板总成由闸板体、前部胶芯、顶部胶芯组合而成；

（2）结构简单，拆装方便。

2）HF 型闸板胶芯更换方法

（1）撬出顶部密封胶芯，然后再撬出前部密封胶芯。

（2）新装胶芯前先涂上润滑脂，再将前部密封胶芯装入闸板体内（注意端面方向），然后装入顶部胶芯。

12.4.1.3　H 型闸板

1）H 型闸板（图 12-22）结构特点

（1）闸板密封胶芯采用组合胶芯式，即顶密封与前密封分开式单面组合密封。闸板总成由闸板体、闸板座、前部胶芯、顶部胶芯、闸板螺钉组合而成。

（2）保留了 S 型闸板浮动性好这一优点。

（3）顶部密封和前部密封胶芯分开，可根据损坏情况不同单独更换，拆装十分方便。

（4）对于不同尺寸钻具，只需更换相应的前部胶芯和闸板体即可（包括全封闸板），其余零件可通用互换。

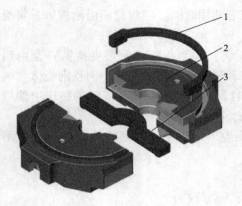

图 12-21 HF 型闸板
1—顶部胶芯；2—闸板体；3—前部胶芯

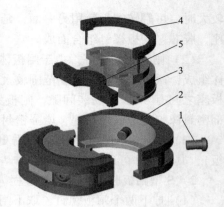

图 12-22 H 型闸板
1—闸板螺钉；2—闸板座；3—闸板体；
4—顶部胶芯；5—前部胶芯

2）胶芯更换方法及拆装过程

（1）拧下两个闸板螺钉，取下夹持器。

（2）取下顶部密封胶芯。

（3）取出前部密封胶芯。

（4）胶芯安装过程与上述拆卸过程相反（注意前部胶芯端面方向），安装要求与 S 型闸板相同。

12.4.1.4 F 型闸板

1）F 型闸板（图 12-23）结构特点

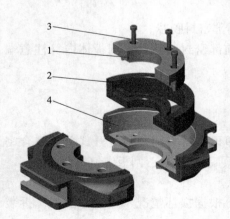

（1）采用整体式胶芯，结构简单；

（2）拆装胶芯方便，只需拧下螺钉即可。

2）胶芯更换方法及拆卸过程

（1）拧下连接螺钉 3，取下压块 1，如压块不易取下，可用铜棒震击闸板座；

（2）取出胶芯 2；

（3）胶芯安装过程与上述顺序相反，安装前应将闸板座和压块擦洗干净，涂上润滑油。

12.4.1.5 变径闸板

部分防喷器可配备变径闸板，可不用打开防喷器更换闸板，实现规定范围不同

图 12-23 F 型闸板
1—压板；2—胶芯闸板体；
3—闸板螺钉；4—闸板座

尺寸钻具的密封。图 12-24 为变径闸板，其中（a）为矩形腔变径闸板，（b）为长圆腔变径闸板。

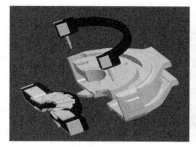 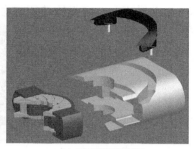

(a) 矩形腔变径闸板　　　　　　　　(b) 长圆腔变径闸板

图 12-24　变径闸板

12.4.1.6　剪切闸板

1）作用

剪切闸板的作用是在发生井喷时可将井内管柱剪断，达到完全封井的目的，在正常情况下，也可当作全封闸板使用。

在 FZ35-70 型闸板防喷器中配置 SR35-70 型剪切闸板总成，可剪断 5in、每英尺质量 19.5lb、强度为 S（135）级的钻杆，并全封闭井口，该剪切闸板见图 12-25。

2）胶芯更换方法及拆卸过程

（1）先拆下挡圈 13，拧下螺钉 12，取出下闸板 9，如下闸板不易取出，可用铜棒震出下夹持器 11。

（2）取出下胶芯 8。

（3）拆下内六角螺钉 7，取下剪切刀 4。

（4）拆上闸板 3 与拆下闸板方法相同。

（5）上、下胶芯安装过程与上述顺序相反，安装前应将各零件清洗干净，涂上润滑油。

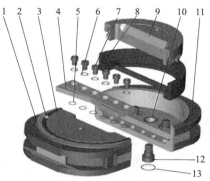

图 12-25　剪切闸板

1—上夹持器；2—上胶芯；3—上闸板；
4—剪切刀；5—O 形密封圈；6—铜垫圈；
7—内六角螺钉；8—下胶芯；9—下闸板；
10—O 形密封圈；11—下夹持器；
12—螺钉；13—挡圈

12.4.2　Shaffer 闸板

12.4.2.1　半封闸板

Shaffer 闸板（图 12-26）有许多内径系列，闸板总成包括 3 个主要部件：闸板压块、胶芯和闸板体。胶芯放在闸板体内，然后将压块和胶芯固定在闸板体内形成总成，大多数闸板用 2 个连接螺钉将压块和闸板体连接但允许压块有稍微的运动以保证胶芯的自动对正。在闸板体的顶、底分别设置导向块使管柱自动居中。

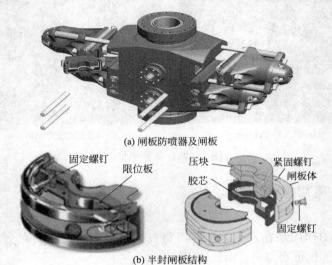

(a) 闸板防喷器及闸板

固定螺钉　限位板　　压块　　紧固螺钉
　　　　　　　　　　　　　　闸板体
　　　　　　　　胶芯
　　　　　　　　　　　　　固定螺钉

(b) 半封闸板结构

图 12-26　Shaffer 的闸板防喷器及半封闸板

12.4.2.2　变径闸板

Shaffer 变径闸板见图 12-27，变径范围 $3\frac{1}{2} \sim 5\text{in}$，闸板体与其他闸板相同，只有压块、顶密封和专用密封总成与其他不同，当闸板关闭时，支撑筋向内运动，使内径缩小。

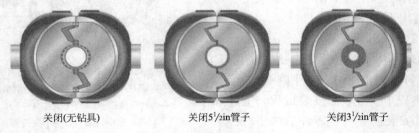

关闭(无钻具)　　　　　　关闭 $5\frac{1}{2}$ in 管子　　　　　关闭 $3\frac{1}{2}$ in 管子

图 12-27　Shaffer 变径闸板

12.4.2.3　剪切闸板

Shaffer-72 型剪切闸板可以在一个操作中实现剪切管柱和密封井眼，起全封的作用，如图 12-28 所示。70MPa 以上压力级别的防喷器活塞直径为 14in，对低压防喷器可选用 10in 活塞，操作压力为 21MPa。

剪切过程如图 12-29 所示，剪切时，下刀刃从上刀刃下部移过并剪切管柱，当两块闸板体相接时停止剪切，闸板体关闭向上挤压半圆密封使其与上密封面接触而实现顶密封，上闸板体的关闭动作推动水平密封向前，向下至下闸板顶部，形成紧密接触而实现密封，水平密封有一个固连的支撑盘，当开井时保持密封的位置。

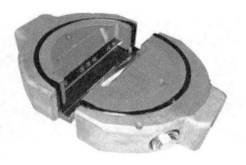

图 12-28 Shaffer-72 型剪切闸板

Shaffer 采用钴基多相合金作为剪切闸板的剪切刃，将其焊接在由超耐热不锈钢制成的闸板体上，使剪切闸板具备抗硫性能。

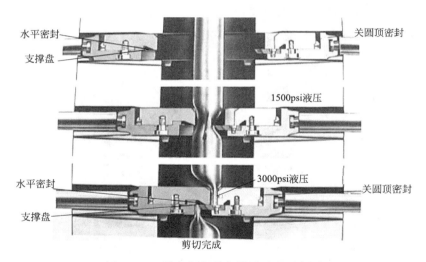

图 12-29 剪切闸板剪切钻具过程示意图

12.4.3 Hydril 闸板防喷器的闸板

Hydril 的闸板储胶量大，闸板体通过侧门内的滑道挂入，某些闸板有硬化钢支撑板用于悬挂管柱，前密封及顶密封可在现场方便地更换。前密封由储胶量很大的胶芯固连限制板组成，当两块闸板相遇时，前密封的限制板在胶芯上产生压力而形成密封，新的前密封在闸板体和管子之间有较大的距离，随着磨损的增加，闸板距管子更近，当闸板体与管子接触时，闸板胶芯的寿命就到期了。Hydril 闸板防喷器及闸板见图 12-30。

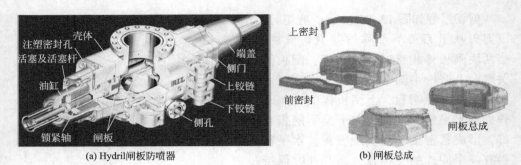

(a) Hydril闸板防喷器   (b) 闸板总成

图 12-30 Hydril 闸板防喷器及闸板

12.4.4 U 形闸板防喷器的闸板

12.4.4.1 Cameron U 形半封闸板

Cameron U 形半封闸板总成见图 12-31。

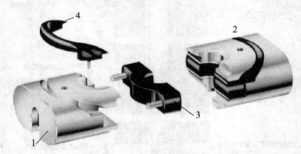

图 12-31 Cameron U 形半封闸板总成

1—闸板铁芯；2—闸板总成；3—前密封胶芯；4—顶密封胶芯

12.4.4.2 Cameron U 形和 UⅡ 剪切闸板

Cameron U 形和 UⅡ 剪切闸板如图 12-32 所示，Cameron U 形和 UⅡ H_2S 剪切闸板见图 12-33。

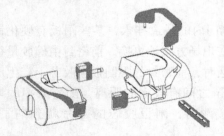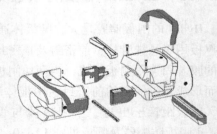

图 12-32 Cameron U 形和 UⅡ 剪切闸板   图 12-33 Cameron U 形和 UⅡ H_2S 剪切闸板

12.4.4.3　Cameron 变径闸板

Cameron 变径闸板见图 12-34(a)，Cameron 变径闸板前密封胶芯见图 12-34(b)。

(a) Cameron 变径闸板　　　　　　　　　　(b) 前密封胶芯

图 12-34　Cameron 变径闸板和前密封胶芯
1—顶密封；2—变径闸板前密封

Cameron 的 FLEX 变径密封耐高温，镶嵌"特氟龙"的闸板密封可用于强行起下钻。管子闸板在盖板与钻具接头台阶接触处堆焊有一圈耐磨硬质合金，可悬挂钻具。

12.5　液压闸板防喷器的合理使用及维护

12.5.1　使用前的准备工作

液压闸板防喷器安装于井口之后，在使用之前，注意检查以下各项工作，认为无问题时方可动作。

（1）检查油路连接管线是否与防喷器所标示的开关一致，可由远程控制台以 2~3MPa 的控制压力对每种闸板试开关动作各两次，以排除油路中的空气。如闸板开关动作与远程控制台手柄指示位置不一致时，应倒换一下连接管线，直到一致时为止。

（2）检查防喷器是否安装正确，壳体指示箭头方向朝上；手动锁紧装置要装全，固定好，并在手轮处挂牌标明开关圈数。

（3）检查手动锁紧机构是否连接并处于解锁位置，手动杆推动闸板关闭是否灵活好用。试完后手轮应左旋退回，用液压打开闸板。

（4）检查各部位连接螺栓是否拧紧。

（5）进行全面的试压，检查安装质量。试压后对各处连接螺钉再一次紧固，克服松紧不均现象。

（6）检查所装闸板芯子尺寸是否与井下管柱尺寸相一致。

（7）检查各放喷、压井、节流管汇是否连接好。

12.5.2　液压闸板防喷器使用方法

（1）防喷器的使用要指定专人负责，落实岗位职责，操作者要做到三懂四会（懂工作原理、懂设备性能、懂工艺流程；会操作、会维护、会保养、会排除故障）。

（2）当井内无管柱、试验关闭闸板时，最大液控压力不得超过 3MPa；当井内有管柱时，不得关闭全封闸板。

（3）闸板的开或关都应到位，不得停止在中间位置。

（4）在井场应至少有一副备用闸板，一旦所装闸板损坏可及时更换。

（5）用手动关闭闸板时应注意：右旋手轮是关闭，手动机构只能关闭闸板不能打开闸板，液压是打开闸板的唯一方法。

（6）若想打开已被手动机构锁紧的防喷器闸板，则必须遵循以下规程：

① 向左旋转手轮直至终点。

② 用液压打开闸板。用手动机构关闭闸板时，远程控制台上的控制手柄必须置于关的位置，并将锁紧情况在控制台上挂牌说明。

（7）进入目的层后，每天应开关闸板一次，检查开关是否灵活，每次起钻完后还应做全封闸板的开关试验。

（8）不允许用开关防喷器的方法来泄压，以免损坏胶芯。

（9）注意保持液压油的清洁。

（10）未上紧侧盖连接螺钉前，不许在侧门处于关闭状态下，做开关闸板的动作，以免蹩坏活塞杆。

（11）防喷器使用完毕后，闸板应处于打开位置，以便检修。

12.5.3　液压闸板防喷器使用注意事项

（1）半封闸板的尺寸应与所用管柱尺寸相对应。

（2）井中有管柱时切忌用全封闸板关井。

（3）长期关井应手动锁紧闸板并将换向阀手柄扳至中位。

（4）长期关井后，在开井以前应首先将闸板解锁，然后再液压开井。未解锁不许液压开井；未液压开井不许上提管柱。

（5）闸板在手动锁紧或手动解锁操作时，两手轮必须旋转足够的圈数，确保锁紧轴到位。

（6）液压开井操作完毕应到井口检视闸板是否全部打开。

（7）半封闸板关井后不能转动管柱。

（8）半封闸板不准在空井条件下试开关。

（9）防喷器处于"待命"工况时应卸下活塞杆二次密封装置观察孔处螺塞。防喷器处于关井工况时应有专人负责注意观察孔是否有溢流现象。

（10）配装有环形防喷器的井口防喷器组，在发生井喷紧急关井时必须按以下顺序操作：

① 先利用环形防喷器关井，其目的是一次关井成功并防止液压闸板防喷器关井时发生刺漏。

② 再用液压闸板防喷器关井，其目的是充分利用液压闸板防喷器适于长期关井的特点。

③ 最后及时打开环形防喷器，其目的是避免环形防喷器长期关井作业。

12.5.4　液压闸板防喷器维护保养

防喷器每作业完一口井都要进行全面的清理、检查，有损坏的零件及时更换，壳体的闸板腔和闸板总成在清洗干净后涂油防锈（建议涂敷合成复合铝基润滑脂），连接螺纹部分涂螺纹油。

12.5.4.1　旋转式侧门液压闸板防喷器

1）闸板及闸板密封胶芯的更换

闸板密封胶芯是防喷器能否起关井作用的关键部件，一旦损坏，防喷器就起不了关井作用，因此必须保证完整无损，发现密封面损坏，必须及时更换。更换闸板及闸板密封胶芯的步骤如下：

（1）使手动锁紧装置处于解锁状态。

（2）用液压油将闸板打开到全开位置。

（3）将闸板总成从闸板轴尾部水平向外侧拉出。取出闸板总成时，注意保护侧门密封面、闸板和闸板轴，避免磕碰及擦伤。

（4）更换闸板橡胶件，先向上撬出顶密封，然后向前卸掉前密封，更换新胶芯。装配顺序相应反顺序即可。

2）侧门铰链座检查

侧门铰链座既是侧门的旋转轴，又是液压油的通道，当密封圈损坏时，就会发生漏油现象。此时，需拆开检查，具体步骤如下：

（1）先保证侧门和壳体的紧固连接；

（2）从铰链座上拧下 2 个定位销，然后卸掉 4 个连接螺钉；

（3）将铰链座从侧门上取出，可轻轻打出，切忌用力过大以免伤害密封面；

（4）检查铰链座上 O 形圈，尽可能全部更换；检查密封面是否有拉伤痕迹，如有应修复；

（5）安装时将配合面涂润滑油，轻轻打入侧门，注意定位孔位置，先装 2 个定位销，后上 4 个螺钉。

3）液缸总成的修理与更换

如果闸板轴密封、活塞密封、锁紧轴密封有损坏漏油，均应拆卸进行检修，具体步骤如下：

（1）若闸板未处于全开位置，则应先用液压将其打到全开位置；若侧门已处于打开状态，则应关闭侧门，并且至少应在铰链座对面拧一根侧门螺栓；

（2）液缸下面放置一干净油盆，防止拆卸中油流到地面；

（3）卸掉缸盖固定双头螺栓及螺帽，拧下缸盖与锁紧轴；

（4）将锁紧轴从缸盖中轻轻打出；

（5）取下液缸；

（6）松开活塞锁帽内的防松螺钉；

（7）卸掉活塞锁帽，取下活塞；

（8）打开侧门，取下闸板，拔出闸板轴；

（9）卸掉挡圈，取出闸板轴、密封圈，同样方法取出缸盖内的锁紧轴密封圈。

4）液缸拆卸后的检查部位

（1）液缸内壁：液缸内表面产生纵向拉伤深痕时，即使更换新的活塞密封圈也不能防止漏油，应换新的液缸；同时检查活塞等相关件，找出拉伤原因并予以解决，如果伤痕是很浅的线状摩擦伤或点状伤痕，可用极细的砂纸和油石修正。

（2）闸板轴，锁紧轴密封面：密封面有拉伤时判断和处理方法同液缸。如果镀层剥落，将会产生严重漏失，必须更换新件。

（3）密封圈：应首先检查密封件的唇边有无受伤的磨损情况，以及 O 形密封圈是否挤出切伤等，当发现密封件有损坏或轻微伤痕时，最好都能予以更换。

（4）活塞：活塞的活动密封面不均匀磨损的深度超过 0.2mm 时，就应更换，其他表面不能有明显的影响密封的伤痕。

5）液缸总成的安装

安装时依照拆卸的反顺序进行，但要注意以下几点：

（1）检查零件有无毛刺或尖棱角，如有应去掉，以能保证密封圈的唇边不会被刮伤，并注意保持清洁。

（2）装入密封圈时，密封圈表面要涂润滑油，相对密封面也涂油，以利于装配。

（3）注意唇形密封圈的方向，唇边开口对着有压力的一方。

（4）注意使密封圈能顺利地通过螺纹部分，不要刮坏。

12.5.4.2　直线运动式侧门液压闸板防喷器

1）闸板密封胶芯的更换

闸板密封胶芯是防喷器能否起关井作用的关键部件，一旦损坏，防喷器就起不了关井作用，因此必须保证完整无损，发现密封面损坏，必须及时更换。更换闸板密封胶芯的步骤如下：

（1）手动锁紧装置处于解锁状态。

（2）卸掉侧门紧固连接螺栓，注意若防喷器装在井上，井内如有压力时不能拆卸侧门螺栓。

（3）用小于 5MPa 的压力，操作液控装置的关闭闸板动作，侧门打开到极限位置；将更换闸板工具上紧在壳体的侧门螺栓孔内，调节更换闸板工具的长短，使其顶紧侧门。

（4）操作液控装置的打开闸板动作，将闸板打开到全开位置。

（5）将闸板总成从闸板轴尾部向上提出。取出闸板总成时，注意保护开、关侧门活塞杆，避免磕碰及擦伤。

（6）先撬出顶密封，然后卸掉前密封，更换新胶芯。装配顺序相应反顺序即可。

2）液缸总成的修理与更换

如果闸板轴密封、活塞密封、锁紧轴密封、开关侧门活塞杆密封有损坏漏油，均应拆卸进行检修，具体步骤如下：

（1）用小于 5MPa 的压力，操作液控装置关闭闸板动作打开侧门，安装更换闸板工具，打开闸板总成；

（2）泄掉液缸内的压力，在液缸下面放置一干净油盆，防止拆卸中油流到地面；

（3）卸掉缸盖固定双头螺栓及螺母，拧下缸盖与锁紧轴；

（4）将锁紧轴从缸盖中轻轻打出；

（5）取下液缸、油管；

（6）松开活塞锁帽内的防松螺钉；

（7）卸掉活塞锁帽，取下活塞；

（8）取下闸板总成，拔出闸板轴；

（9）用吊车吊住侧门，拧下开、关侧门活塞杆；

（10）卸掉挡圈，取出侧门内的闸板轴密封圈，同样方法取出缸盖内的锁紧轴密封圈。

3）拆卸后的检查部位

（1）液缸、油管内壁：液缸、油管内表面产生纵向拉伤深痕时，即使更换新的密封圈也不能防止漏油，应换新的液缸、油管；同时检查活塞等相关部件，找出拉伤原因并予以解决，如果伤痕是很浅的线状摩擦伤痕或点状伤痕，可用极细的砂纸和油石修复。

（2）闸板轴、锁紧轴、开关侧门活塞杆密封表面：密封表面有拉伤时，判断和处理方法同液缸。如果镀层剥落，将会产生严重漏失，必须更换新件。

（3）密封圈：应首先检查密封件的唇边有无磨损情况，以及 O 形密封圈有无挤出切伤等，当发现密封件有损坏或伤痕时，要予以更换。

（4）活塞：活塞的活动密封面不均匀磨损的深度超过 0.2mm 时，就应更换，其他表面不能有明显影响密封的伤痕。

4）液缸总成的安装

安装时依照拆卸的反顺序进行，但要注意以下几点：

（1）检查零件有无毛刺或尖棱，如有应去掉，这样才能保证密封圈不会被刮伤，并注意保持清洁。

（2）装入密封圈时，密封圈表面要涂润滑油，相对密封面也要涂油，以利于装配。

（3）注意唇形密封圈的方向，唇边开口对着有压力的一方。

（4）注意使密封圈能顺利地通过螺纹部分，不要刮坏。

12.5.4.3　防喷器橡胶件的存放

橡胶件的存放应符合以下条件：

（1）必须存放在光线较暗且又干燥的室内，存放温度为 27℃ 以下常温，避免靠近取暖设备，禁止阳光直射。

（2）不能有腐蚀性物质溅到橡胶件上。

（3）橡胶件应远离高压带电设备，以防这些设备产生臭氧，发生腐蚀。

（4）应使橡胶件在松弛状态下存放，不能弯扭，挤压和悬挂。

（5）经常检查，如发现有变脆、龟裂、弯曲、出现裂纹者不可使用。

（6）橡胶件到存放使用期限必须报废。

12.5.5　常见故障及处理方法

液压闸板防喷器常见故障及处理方法如表 12-1 所示。

表 12-1　液压闸板防喷器常见故障及处理方法

故障现象	产生原因	排除方法
井内介质从壳体与侧门连接处流出	防喷器侧门密封圈损坏；防喷器侧门螺栓未上紧；防喷器壳体与侧门密封面有脏物或损坏	更换损坏的侧门密封圈，紧固该部位全部连接螺栓，清除密封面脏物，修复损坏部位

续表

故障现象	产生原因	排除方法
闸板移动方向与控制台铭牌标志不符	控制台与防喷器连接管线接错	倒换防喷器油路接口的管线位置
液控系统正常，但闸板关不到位	闸板接触端有其他物质或砂子、钻井液块的淤积	清洗闸板及侧门
井内介质窜到液缸内，使油中含水汽	闸板轴密封圈损坏，闸板轴变形或表面拉伤	更换损坏的闸板轴密封圈，修复损坏的闸板轴
防喷器液动部分稳不住压、侧门开关不灵活	防喷器液缸、活塞、锁紧轴、油管、开关侧门活塞杆密封圈损坏，密封表面损伤	更换各处密封圈，修复密封表面或更换新件
侧盖铰链连接处漏油	密封表面拉伤；密封圈损坏	修复密封表面，更换密封圈
闸板关闭后封不住压	闸板密封胶芯损坏，壳体闸板腔上部密封面损坏	更换闸板密封胶芯，修复壳体闸板腔密封面
控制油路正常，用液压打不开闸板或侧门	闸板被泥砂卡住	清除泥砂，加大液控压力

第13章 环形防喷器及其他防喷器

13.1 环形防喷器的种类和结构

环形防喷器是由于其封井胶芯呈环状而得名。封井时，环形胶芯被迫向井筒中心集聚、环抱管柱，过去也曾称之为万能防喷器或多效能防喷器。环形防喷器常与闸板防喷器配套使用。环形防喷器必须配备液压控制装置才能使用。

13.1.1 环形防喷器的作用

（1）当井内有管柱及钢丝绳、电缆时可用于封闭井口环形空间（简称为封环空），对井口处不同尺寸，不同断面的管柱都能实现良好密封。

（2）当井内无管柱时能全封井口（简称为封零）。

（3）环形防喷器在封闭具有 18°斜坡的钻杆时可带压起下管柱作业。带压起下管柱时应适当降低控制压力，起下速度不大于 0.2m/s，允许胶芯与管柱之间有少量泄漏以利于润滑。

13.1.2 环形防喷器的类型

环形防喷器按其胶芯的形状不同可分为锥形胶芯环形防喷器、球形胶芯环形防喷器、筒形胶芯环形防喷器、组合胶芯环形防喷器。

目前环形防喷器的产品代号不尽统一，现场常用的环形防喷器的代号如表 13-1 所示。

表 13-1 环形防喷器的代号

名称	球形胶芯类	锥形胶芯类	组合胶芯类	筒形胶芯类	抽油杆防喷器
代号	FH	FHZ	FHZH	FHTZ	FHTG

举例如下：

（1）FHZ18-21：表示额定工作压力为 21MPa、公称通径为 180mm 的锥形胶芯环形防喷器。

（2）FH18-35：表示额定工作压力为35MPa、公称通径为180mm的球形胶芯环形防喷器。

（3）FHT18-21：表示额定工作压力为21MPa、公称通径为180mm的筒形胶芯环形防喷器。

13.1.3　环形防喷器的结构和工作原理

锥形胶芯环形防喷器的结构主要由顶盖、防尘圈、胶芯、活塞、支撑筒、壳体等组成（图13-1）。球形胶芯环形防喷器由顶盖、壳体、防尘圈、活塞、胶芯等构成（图13-2）。

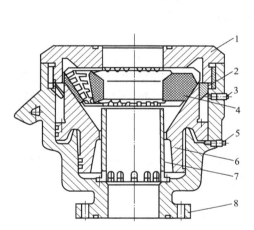

图13-1　锥形胶芯环形防喷器结构

1—顶盖；2—防尘圈；3—油塞；4—胶芯；5—油塞；6—活塞；7—支持筒；8—壳体

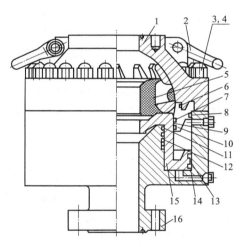

图13-2　球形胶芯环形防喷器

1—顶盖；2—吊环；3—螺母；4—螺栓；5—球形胶芯；6,8—O形密封圈；7,11,14—U形密封圈；9—耐磨圈；10—防尘圈；12—耐磨圈；13—耐磨圈；15—活塞；16—壳体

关井动作时，来自液控系统的压力油进入下油腔（关井油腔），推动活塞迅速向上移动。胶芯受顶盖的限制不能上移，只能被迫向井筒中心挤压、紧缩、环抱管柱，封闭井口环形空间。当井内无管柱时，胶芯向中心挤压、紧缩直至胶芯中空部位填满橡胶为止，从而全封井口。在关井动作时，上油腔内的液压油通过液控系统管路流回油箱。

开井动作时，来自液控系统的压力油进入上油腔（开井油腔），推动活塞迅速向下移动。活塞对胶芯的挤压力迅即消失，胶芯靠本身橡胶的弹性向外伸张，恢复原状，井口全开。在开井动作时，下油腔里的液压油通过液控系统管路流回油箱。

13.1.4　锥形胶芯环形防喷器

13.1.4.1　胶芯结构特点

（1）胶芯外形呈锥状，见图13-3。

支撑筋
橡胶

图 13-3　锥形胶芯

胶芯由支撑筋与橡胶硫化而成，支撑筋用合金钢制造。

（2）井压助封。

封井时，井口高压流体作用在活塞底部，有助于推动活塞向上移动，迫使胶芯向中心收拢，促使胶芯密封更紧密，增加密封的可靠性，从而降低了所需的液控关闭压力，加强了胶芯的封井作用。

（3）储胶量大。

胶芯筋板之间的橡胶均可挤向井口形成密封。其胶量比需要封闭的空间面积大得多。因此，它可以封闭不同形状、不同尺寸的钻具，也可以全封闭井口。

（4）弹性恢复。

胶芯工作以后能完全恢复到自由状态，不影响钻具通过。液控压力、井内压力越高，封井时间越长，则胶芯完全恢复到自由状态所需时间也越长。

（5）更换胶芯容易。

井内无钻具时，只要打开顶盖即可更换。

（6）不易翻胶。

在封井状态时，井内压力使胶芯中部橡胶上翻，而支撑筋阻止其上翻，使橡胶处于安全受压状态，可以承受较大的压力而不致撕裂。

（7）胶芯寿命可测。

可以对带有探测孔的锥形胶芯环形防喷器在现场进行检测。

13.1.4.2　壳体结构特点

锥形胶芯环形防喷器的壳体与顶盖均为合金钢铸造成型，并经热处理，制造交易，成本较低，其外径小于其他类型的环形防喷器，但高度较高。

13.1.4.3　壳体与顶盖的连接

锥形胶芯环形防喷器的顶盖与壳体连接形式有两种：螺栓连接式和爪块连接式，如图13-4、图13-5所示。

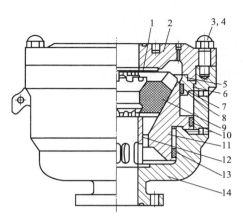

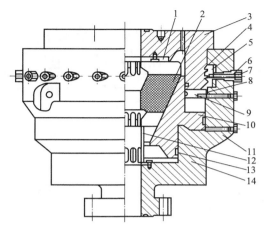

图 13-4　螺栓连接式锥形胶芯环形防喷器

1—耐磨板；2—顶盖；3—螺母；4—螺栓；5,6—O 形
密封圈；7—防尘圈；8,10,13—双 U 形
密封圈；9—锥形胶芯；11—活塞；
12—支撑筒；14—壳体

图 13-5　爪块连接式锥形胶芯环形防喷器

1—耐磨板；2—锥形胶芯；3—顶盖；4,11,13—双 U 形
密封圈；5—爪块；6—爪块螺钉；7—爪块紧固
螺钉；8—U 形密封圈；9—防尘圈；10—活塞；
12—支撑筒；14—壳体

13.1.4.4　活塞及密封结构的特点

活塞结构特点：

（1）锥形活塞，由于锥度小，封闭所需的活塞轴向上推力也小，但相应的活塞行程要增加，从而增加了整个防喷器的高度，故比同规格的其他类型环形防喷器高 20% 左右；

（2）活塞上下封闭支撑部位间距大，扶正性能好，不易卡死、偏磨、拉缸或黏合，延长了使用寿命；

（3）活塞结构简单，制造容易，拆装方便。

密封结构特点：

（1）固定密封用矩形密封圈、O 形密封圈；

（2）活动密封采用唇形密封圈，最大限度地降低了密封圈的磨损，而且密封可靠，避免了泄漏。

13.1.5　球形胶芯环形防喷器

13.1.5.1　胶芯结构特点

（1）球形胶芯如图 13-6 所示。

它是由沿半环面呈辐射状的弓形支撑筋与橡胶硫化而成。在胶芯打开时，这些支撑筋将离开井口，恢复原位，即使在胶芯严重磨损时也不会阻碍井口畅通。

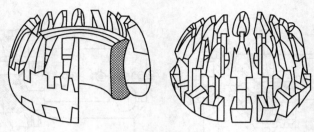

图 13-6　球形胶芯

（2）不易翻胶。

在封井状态，井压使胶芯中部橡胶上翻，而支撑在球面上的支撑筋阻止上翻，使橡胶处于安全受压状态，可承受较大的压力而不致撕裂。

（3）漏斗效应。

球形胶芯从自由状态到封闭状态，各横断面直径的缩小是不相等的，上部缩小的数值大，下部缩小的数值小，因而胶芯顶部挤出橡胶最多，底部最少，形成倒置漏斗状。这些橡胶的流向不仅可以提高密封性能，而且使钻具接头易于进入胶芯。正是漏斗效应，使得钻具相对于防喷器可以一定范围地自由活动。漏斗效应如图 13-7 所示。

（4）橡胶储备量大。

封井起下管柱被磨损的同时，有较多的备用橡胶可随之挤出补充。球形胶芯直径大，高度相对较低，支撑

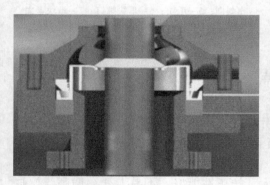

图 13-7　漏斗效应

筋数量为 12~20 块，使用寿命较锥形胶芯长。

（5）井压助封。

在关井时，作用在活塞内腔上部环形面积上的井压向上推活塞，促使胶芯密封更紧密，增加密封的可靠性。

（6）胶芯寿命长。

FH23-35 环形防喷器试验表明，胶芯关闭 $3\frac{1}{2}$in 钻杆，通过 18°/35° 斜坡接头 1000 个循环，通过钻杆 3000m（包括接头），并经历耐久性试验 380 次，开关性能试验 201 次，密封效果仍很稳定。

13.1.5.2　活塞及密封结构特点

活塞的结构特点：

（1）活塞的径向断面呈 Z 形，行程短，高度低，径向尺寸大，故球形胶芯

环形防喷器比其他类型防喷器高度小，横向尺寸大，开关一次耗油量大。

（2）活塞高度低，活塞上下密封支撑部位间距小，导向扶正性能差，特别是封闭时活塞处于上部位置，上下两支撑扶正间距更小，因此活塞易偏磨。如果液压油不洁净，固体颗粒进入活塞与壳体间隙，易引起活塞卡死或拉缸，所以液压油应按期滤清与更换。

活动密封处共分三个部位密封，有如下特点：

（1）活塞外径密封部位（在活塞外径上），封隔油缸开关两腔；

（2）活塞内径密封部位（在壳体上），封隔井压与关闭腔；

（3）活塞内径与挡泥环处密封，封隔油缸开启腔。

13.1.6 环形防喷器技术参数

锥形胶芯环形防喷器和球形胶芯环形防喷器的比较见表 13-2。

表 13-2 两种环形防喷器比较

比较项目	锥形胶芯环形防喷器	球形胶芯环形防喷器
结构复杂程度	简单	简单
胶芯封零效果	好	好
现场更换胶芯的方法	井内无管柱时胶芯易更换，井内有管柱时采用切割法	井内无管柱时胶芯易更换，井内有管柱时采用切割法
胶芯寿命	寿命短	寿命长
开关一次所需油量的比值	2	3
外形特征	径向尺寸偏小，高度稍高	径向尺寸较大，高度稍低
重量	轻	稍重
造价	低	稍高

常用环形防喷器技术参数见表 13-3、表 13-4。

表 13-3 常用锥形胶芯环形防喷器技术参数

型号	通径 mm（in）	工作压力 MPa	液控油压 MPa	关闭油量，L	开启油量，L	顶部连接形式	底部连接形式	底部螺栓 规格 mm×mm	底部螺栓 上紧力矩，N·m
FH18-21	179.4（7$\frac{1}{16}$）	21	≤10.5	13.9	11.2	栽丝 7$\frac{1}{16}$in-21 6B R45	法兰 7$\frac{1}{16}$in-21 6B R45	M30×3	930
FH18-35	179.4（7$\frac{1}{16}$）	35	≤10.5	13.9	11.2	栽丝 7$\frac{1}{16}$in-35 6B R46	法兰 7$\frac{1}{16}$in-35 6B R46	M36×3	1737

续表

型号	通径 mm（in）	工作压力 MPa	液控油压 MPa	关闭油量,L	开启油量,L	顶部连接形式	底部连接形式	底部螺栓 规格 mm×mm	上紧力矩,N·m
FH23-35	228.6 (9)	35	≤10.5	27.4	15.9	裁丝 9in-35 6B R50	法兰 9in-35 6B R50	M42×3	2910
FH35-21	346.1 (13⅝)	21	≤10.5	48.5	25.7	裁丝 13⅝-21 6B R57	法兰 13⅝-21 6B R57	M36×3	1737

表 13-4　常用锥形胶芯环形防喷器技术参数

型号	通径 mm（in）	工作压力 MPa	液控油压 MPa	关闭油量,L	开启油量,L	顶部连接形式	底部连接形式	底部螺栓 规格 mm×mm	上紧力矩,N·m
FH23-35	228.6 (9)	35	≤10.5	42	33	裁丝 9in-21 6B R49	法兰 9in-35 6B R50	M42×3	2910
							法兰 9in-70 6BXBX157	M39×3	2272
							法兰 9in-70 16BX		
FH28-35	279.4 (11)	35	≤10.5	56	52	裁丝 11in-35 6B R54	法兰 11in-35 6B R54	M48×3	4516
							法兰 11in-70 6BXBX158	M45×3	3654
FH35-35	346.1 (13⅝)	35	≤10.5	94	69	裁丝 13⅝in-356BX BX160	法兰 13⅝in-35 6BXBX160	M42×3	2910
							13⅝in-70 6BXBX159	M48×3	4516

13.2　环形防喷器的使用

在作业过程中，遇情况紧急时，环形防喷器能否有效封井，关键取决于胶芯的性能是否完好。胶芯是环形防喷器的核心部件，而且又属易损件。工作中胶芯的磨损自然不可避免，但如何减少胶芯的磨损，设法延长其使用寿命则至关重要。为保护胶芯、确保封井可靠，必须正确操作并合理使用环形防喷器。以下几点是环形防喷器在使用中必须予以注意的：

（1）环形防喷器在现场安装后，应按标准进行现场试压。环形防喷器封零动作胶芯磨损过多，将导致胶芯提前报废，因此在现场一般不做封零试验，但应按规定做封环空试验。

（2）按有关规定试关防喷器检查封井效果。如发现胶芯失效或其他问题，应立即更换处理。

（3）不许长期关井作业。

① 胶芯在长时间的挤压作用下会加速橡胶老化变脆、缩短使用寿命；

② 环形防喷器无机械锁紧装置，在封井过程中必须始终保持高压油作用在活塞上，管路长期处于高压工况下极易憋漏，进而导致井口失控。

（4）防喷器处于封井状态时，允许慢速上下活动管柱，但不允许旋转管柱。

（5）严禁用微开环形防喷器的办法泄降套压。严禁将环形防喷器当作刮泥器使用。

（6）封井强行起下作业时，只能通过具有 18°坡度的钻杆，见图 13-8。

（7）每次打开后，必须检查胶芯是否全开，以防挂坏胶芯。

（8）防喷器的开、关应使用符合标准的液压油，并注意保持其清洁。

（9）封井液控油压不应过大，液控油压最大不允许超过 15MPa。通常，封井液控油压不超过 10.5MPa。

（10）胶芯备件应妥善保管。胶芯的存放应严格按照国家、行业标准的规定。

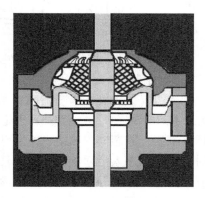

图 13-8　封井状态强行起下钻

① 根据新旧程度按时间顺序编号，在胶芯保质期内，按先旧后新依次使用。

② 存放在常温干燥的暗室，远离有腐蚀性的物品，远离产生电弧的电器设备，如电动机、电焊机等，远离电离辐射。

③ 胶芯应在松弛状态下存放，不得弯曲、挤压和悬挂。

④ 检查如发现有变脆、龟裂、弯曲、出现裂纹的不再使用。

13.3　其他防喷器

13.3.1　旋转防喷器

旋转防喷器适用于负压、泡沫、空气等作业井的动密封装置。它与液压防喷器、钻具止回阀和不压井起下钻加压装置配套后，可安全地进行带压钻进与不压井起下钻作业，用于特殊修井作业中。

13.3.1.1 主动密封式旋转防喷器

生产主动密封式旋转防喷器的公司较多,但就其原理来讲,基本是一致的。下面就以 Shaffer 公司生产的旋转防喷器为例作简介。

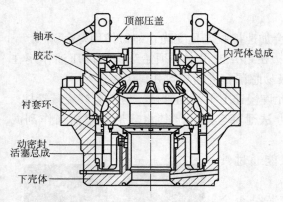

图 13-9 主动密封式旋转防喷器

1)结构

主动密封式旋转防喷器的结构是在球形胶芯环形防喷器的内腔顶部增设了一套旋转轴承系统,以便在封闭井内钻具与井眼之间的环空之后,胶芯能随同钻具一起带压转动,实现欠平衡压力作业。其主体主要由壳体、顶盖、衬套、球形密封胶芯、旋转动密封、活塞总成、止推轴承、扶正球轴承等组成,如图 13-9 所示。

2)原理

当需要关闭旋转防喷器时,液压油从下壳体的进油口进入防喷器的活塞下腔,推动活塞上行,活塞挤压胶芯沿上壳体内腔的球面上行,由于受壳体上内腔球面限制,胶芯向内收缩,抱紧钻具,从而实现胶芯与钻具的密封。当需要开启时,液压油进入活塞上腔,推动活塞下行,在液压力和胶芯自身弹性的作用下,胶芯向外张开松开钻具。在上述两个过程中,液压油不断通过防喷器,对轴承、动密封进行润滑的同时,还对轴承和动密封进行冷却。

13.3.1.2 被动密封式旋转防喷器

国内外生产被动密封式旋转防喷器的公司较多。但其原理基本一致,下面以 FX18-10.5/21 旋转防喷器为例作简介。

1)型号表示

旋转防喷器型号表示如下:

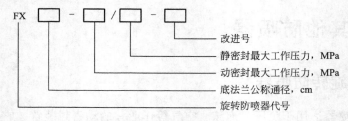

例如 FX18-10.5/21,表示底法兰公称通径为 180mm,动密封最大工作压力 10.5MPa,静密封最大工作压力为 21MPa 的旋转防喷器。

2）结构原理

旋转防喷器主要由外壳与旋转总成两部分组成，旋转总成主要由密封胶芯、中心管、推力圆柱滚子轴承、深沟球轴承等零部件组成，FX18－10.5/21 旋转防喷器结构如图 13－10 所示。

FX18－10.5/21 旋转防喷器的中心管是靠深沟球轴承扶正于壳体腔内，而推力圆柱滚子轴承承受双向作用力，可防止中心管上下窜动。该防喷器采用自封式胶芯，在钻杆进入胶芯内孔后，胶芯内孔受张力而扩张，建立密封。当有井压时，井压作用于胶芯外部，由于胶芯内外的压力差使得胶芯与钻杆间的密封更加可靠。胶芯内镶有异形骨架，在过钻杆接头时，增加了胶芯橡胶的抗轴向变形能力。另外采用双级胶芯密封，当下部胶芯磨损密封失效后，上部胶芯可提供第二道密封，减少了停钻维修时间。

中心管的上部旋转密封将大气与冷却水、冷却水与轴承润滑油封隔，并通过循环水对上部旋转密封圈进行强制冷却。中心管的下部旋转密封（封隔轴承润滑油与钻井液）采用自行设计的动压密封圈。为提高动压密封圈的寿命，强制泵入的润滑

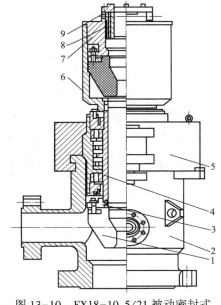

图 13－10　FX18－10.5/21 被动密封式旋转防喷器结构图

1—胶芯；2—壳体；3—下胶芯座；4—旋转总成；5—卡箍总成；6—旋转筒；7—上胶芯座；8—补心；9—钻杆驱动器

油单向通过动压密封圈向井内漏失，形成油膜润滑，并且润滑油压力始终高于井压 1.7~3MPa，即减小动压密封圈的压差，同时也可以防止压井液窜入轴承总成。

13.3.2　电缆防喷器

13.3.2.1　封闭式电缆输入射孔防喷器

1）功用

封闭式电缆输入射孔防喷器解决了对电缆的静密封，在射孔时，射孔枪封闭在井内，井口处于封闭状态。若发生井喷，能保证在封闭状态下剪断电缆并将留井电缆卡住，防止留井电缆和射孔枪落井。在剪断电缆的同时，闸板关闭，实现了井口的可靠封闭。目前，对于高压油气井的井下测井作业，尤其是电缆输送射孔作业，用常规的井控措施，井口一直处于完全敞开的状态，一旦发生井喷，只

能待井喷时将电缆截断或待电缆及射孔枪被喷出后才能关闭井口，是一种事后抢喷措施，危险性很大。若发生井喷，该防喷器能保证在封闭状态下剪断电缆并将留井电缆卡住，防止留井电缆和井下工具落井，同时关闭闸板全封装置，实现井口可靠封闭，避免了井喷对人员的伤害、保护了设备、防止了环境的污染。

2）结构及参数

该射孔防喷器分上下两部分，通过活接头连接，见图13-11。

（1）上部：电缆油脂密封装置、活接头。

（2）下部：电缆剪切及全封装置、电缆夹紧装置。

SFZ8/14-21封闭式电缆输入射孔防喷器技术参数见表13-5。

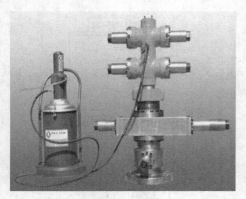

图13-11　封闭式电缆输入射孔防喷器

表13-5　SFZ8/14-21封闭式电缆输入射孔防喷器技术参数

型号	通径，mm	工作压力，MPa	下部通径，mm
SFZ8/14-21	80	21	153

13.3.2.2　液压电缆射孔防喷器

1）结构

液压电缆射孔防喷器为一个整体式结构，主要由密封填料盒、注脂枪、壳体、剪切/全封闸板、电缆密封闸板、电缆卡瓦等部件组成，结构如图13-12所示。

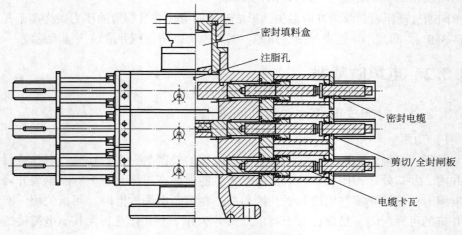

图13-12　全封闭电缆防喷器

2）工作原理

射孔作业时，将电缆磁定位器及电缆穿过密封填料盒后再安装射孔枪，并将密封填料盒与防喷器对接旋紧。用自动注脂器在密封装置中加满油脂，使电缆处于密封装置。关闭上部液压闸板密封电缆，在闸板形成的空腔中，加注密封油脂，实现了对电缆上下运动的动密封（动密封工作压力 14MPa，静密封21MPa）。在井口压力超过 14MPa 时应加大油压使其静止不动，尽快采取压井措施。若上部密封失效出现井涌时，可远程液动关闭电缆卡瓦将电缆卡紧，然后再液动关闭中间的剪切/全封闸板，剪断电缆的同时实现全封闭井口。在压井成功后，卸开密封填料盒，卡住留井电缆把井下电缆及下井工具一同取出，从而避免了打捞作业，实现了电缆射孔的防喷或抢喷。

3）射孔时发生井喷的操作程序

（1）井喷后若井内压力不超过 14MPa，且上部密封能封井时，应尽快上提电缆，在射孔枪邻近井口时，停止上提，实施压井作业，待压井成功后再卸开密封填料盒，取出射孔枪。

（2）井口压力超过 14MPa 且上部密封不能封井时，应停止上提电缆，关闭底部的电缆夹紧装置，夹紧电缆，并将电缆滚筒刹车松开，使电缆落地处于松弛状态，则证明电缆已夹紧。同时用安全绳将密封器上的电缆固定好，以防伤人。然后关闭剪切/全封闸板，剪断电缆实现封井。压井成功后，将密封填料盒卸开，提起上部分，利用专用卡电缆工具卡住留井电缆，在退回电缆夹持装置后把井下电缆和枪身一同起出井口。

13.3.3　连续油管作业防喷器

13.3.3.1　连续油管井控装置组成

连续油管井控装置示意图如图 13-13 所示。标准的防喷组的组成应包括一个防喷盒、一个全封闸板、一个剪切闸板、一个卡瓦闸板、一个半封闸板、一个压井接入口。

（1）防喷盒或管子板等环空密封装置与井下工具串中的单流阀构成一个井控屏障。

（2）单个全封闸板与单个剪切闸板构成一个井控屏障。

（3）剪切与全封复合闸板构成一个井控屏障。从上至下分别是：全封闸板、剪切闸板、卡瓦（加紧卡瓦）、半封闸板。

13.3.3.2　EC 一体型防喷器

EC 一体型防喷器具备 5.12in 通径、4in 闸板；最大工作压力 69MPa；试压

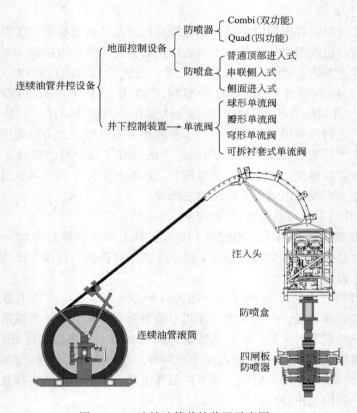

图 13-13 连续油管井控装置示意图

可达到 103MPa；防喷器闸板有不同的快速接头，以防止误连接；剪切闸板启动器装有一个增压总成，以便剪切厚壁油管。连续油管防喷器组见图 13-14。

(a) EC—体型   (b) 闸板的组成

图 13-14 连续油管防喷器组

EC 系列 CT 闸板防喷器特点：

（1）公称通径：2.56in、3.06in、4.06in、5.12in、6.38in、7.06in；

（2）压力等级：5000psi、10000psi、15000psi；

（3）结构形式：单、双、三、四；

（4）闸板类型：全封、管式、剪切、卡瓦、剪切—全封、管式—卡瓦闸板；

（5）适用于硫化氢环境。

13.3.3.3　防喷盒

防喷盒位于注入头和防喷器之间，并尽可能地靠近夹持条。通过液压压力使
防喷盒内的密封胶芯牢牢地包裹住连续油管，
实现连续油管外壁的密封。随着连续油管的起
出和下入，其密封胶芯将产生磨损，因此要定
期检查、更换。防喷盒如图 13-15 所示。

DSH43.06in 防喷盒下端连接有快速活接
头、法兰或 TOT Hydraconn 连接；连续油管为
1.000~2.375in；液控压力≤3000psi。

13.3.3.4　单流阀

单流阀安装在连续油管底部钻具组合内，
钻具组合位于断开接头之上。利用单流阀可实
现在地面油管或设备出现刺漏等问题时，可以
隔绝井内压力一级内压控制。瓣型单流阀如
图 13-16所示。

图 13-15　防喷盒

13.3.3.5　注入头

注入头的作用是为起下连续油管提供动力。注入头如图 13-17 所示。

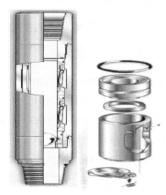

图 13-16　瓣型单流阀

图 13-17　注入头

注入头的组成：注入头基座及外框，驱动链系统，牵引系统，张紧系统，液压驱动系统，制动系统指重仪，深度技术系统。

13.3.4　补偿式多用途环形防喷器

补偿式多用途环形防喷器具有半封油管、密封电缆、全封空井功能，能够对不同形状、不同外径尺寸的管类、杆类、绳类、电缆等实现有效封闭。该装置借助井内压力对封井压力进行自动补偿，性能稳定，操作简便，关井反应迅速。该防喷器及其动力装置如图 13-18、图 13-19 所示。

图 13-18　补偿式多用途环形防喷器　　图 13-19　补偿式多用途环形防喷器动力装置

13.3.5　分流器

13.3.5.1　用途

分流器主要用于作业过程中浅气层段的井控，当作业中遇浅油气层、发生井涌时，关井回压可能造成薄弱地层破裂，这时使用分流器系统使带压井内流体按规定的路线输送到安全地点，同时密封井口，保证作业操作人员和设备的安全。

图 13-20　FFZ75-3.5 分流器

例如取套换套作业遇有浅气层的井，应考虑使用分流器。FFZ75-3.5 分流器见图 13-20。

13.3.5.2　主要技术参数

(1) 公称通径 749.5mm（29½in）；
(2) 额定工作压力 3.5MPa（500psi）；
(3) 强度试验压力 5.3MPa（700psi）；
(4) 额定液控工作压力 16MPa；
(5) 推荐液控压力 ≤10.5MPa；
(6) 关闭一次所需油量 238L；
(7) 密封范围 127~749.5mm。

第14章 井控管汇及内防喷工具

14.1 井控管汇

井控管汇（节流压井管汇）是实施油气井压力控制技术必不可少的井控设备。在井下作业过程中，一旦发生溢流或井喷，可通过节流压井管汇循环出被侵污的压井液或泵入加重的压井液进行压井，以便恢复井底压力平衡，同时可利用节流管汇控制一定的井口回压来维持稳定的井底压力。

节流压井管汇是控制井内各种流体的流动，或改变流动路线，通过节流阀给井内施加一定回压的一整套专用管汇，是井口防喷器组的配套装置，也是控制井喷、平衡地层压力和恢复油气井压力的主要设备之一。

14.1.1 节流压井管汇的型号表示方法

14.1.1.1 节流管汇

节流管汇如图 14-1 所示。节流管汇的型号表示方法如下。

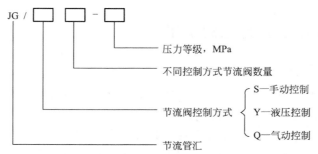

例如，JG/S2-21 表示压力等级为 21MPa，有两个手动节流阀的节流管汇。

14.1.1.2 压井管汇

压井管汇如图 14-2 所示。压井管汇型号表示方法如下。

例如，YG-21 表示压力等级为 21MPa 的压井管汇。

图 14-1　节流管汇

图 14-2　压井管汇

14.1.2　节流压井管汇的功用

14.1.2.1　节流管汇的功用

（1）节流循环或压井时控制井内流体流出井口，从而控制井口回压（油压和套压），维持井底压力等于或略大于地层压力。

（2）起泄压作用，降低井口压力，实现"软关井"。

（3）起分流放喷作用，降低井口套管压力，保护防喷器组，并将溢流物引出井场以外，防止井场着火和人员中毒，确保井下作业安全。

14.1.2.2　压井管汇的功用

（1）当不能进行正常循环或某些特定条件下必须实施反循环压井时，可通过压井管汇泵入压井液，以达到控制油气井压力的目的。

（2）全封闸板关井时，通过压井管汇向井内强行泵入加重压井液，实施压井作业。

（3）发生井喷时，通过压井管汇向井内强行泵注清水，以防燃烧起火。当发生井喷着火时，通过压井管汇向井内强行泵注灭火剂，以助灭火。

14.1.3　节流压井管汇的主要阀件

节流管汇和压井管汇上的阀件主要有平板阀和节流阀，根据驱动方式的不同，有手动平板阀、液动平板阀、手动节流阀和液动节流阀。

14.1.3.1　平板阀

1）手动平板阀的结构

手动平板阀的结构如图 14-3 所示，手动平板阀由护罩、手轮、止推轴承、丝套、阀杆、轴承套、阀盖、阀体、阀板、阀座、尾杆组成。

阀板与阀杆利用 T 形榫槽连接。阀板与阀座靠蝶形弹簧相互自由贴紧，这种结合形式保证了阀板的"浮动"。阀杆上端的护罩上开有长槽，可以从外面观察到阀杆的移动情况。阀杆下方连接尾杆。丝套与阀杆以左旋螺纹连接。装有的止推轴承使旋转手轮时更省力。尾杆可以消除关闭时阀腔内的压力骤增，而且还可以平衡阀腔液压对阀杆的作用力以减少开关阻力。

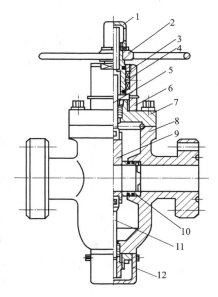

图 14-3　手动平板阀
1—护罩；2—手轮；3—止推轴承；4—丝套；
5—阀杆；6—轴承套；7—阀盖；8—阀体；
9—阀板；10—阀座；11—尾杆；12—护罩

2）手动平板阀的工作原理

用手顺时针旋转手轮，此时手轮带动丝套旋转，阀杆向下移动，从而带动阀板下行，到位后（阀杆或尾杆端部接触其护罩），再逆时针旋转手轮 1/4~1/2 圈，平板阀关闭；逆时针旋转手轮，此时手轮带动丝套旋转，阀杆向上移动，从而带动阀板向上运动，到位后，再顺时针旋转手轮 1/4~1/2 圈，平板阀打开。

开启平板阀的操作要领：逆旋，到位，回旋 1/4~1/2 圈。

关闭平板阀的操作要领：顺旋，到位，回旋 1/4~1/2 圈。

3）手动平板阀使用注意事项

（1）平板阀在使用过程中，要全开或全闭，不能处于半开半闭状态。它只能起"通流"或"断流"作用，而不能起节流（或阻流）作用。

（2）手动平板阀关闭到位后，要回旋 1/4~1/2 圈，以保证阀板有浮动的余地，使其实现浮动密封的效果。打开后，也应回旋 1/4~1/2 圈，以便下次操作容易。

（3）当两个平板阀串联组合在一起接在管汇中时，应首先使用下游的平板阀，上游的平板阀作为备用。

（4）平板阀的阀腔内必须填满密封脂，用来润滑阀板与阀座间的接触面并保证有效密封。

（5）运往井场之前，工具中心维修人员用专用油枪从壳体的注脂嘴往阀腔里强注密封脂。

（6）可从止推轴承的黄油嘴注黄油润滑轴承。

（7）当上部阀杆、下部尾杆密封填料刺漏时，可从注入嘴注入二次密封脂以补救其密封性能。

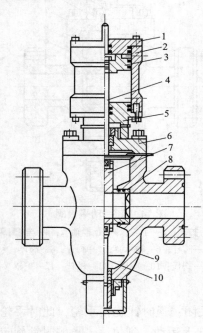

图 14-4　液动平板阀

1—缸盖；2—油缸；3—活塞；4—阀杆；
5—连接法兰；6—阀盖；7—阀板；
8—阀座；9—阀体；10—尾杆

4）液动平板阀

液动平板阀的结构（图 14-4）、工作原理与手动平板阀相同，只不过是用液缸和活塞驱动取代了手轮、丝套，可在远控台上直接操作。

液动平板阀平时在节流管汇上处于关闭状态，在节流、放喷、"软关井"时才开启工作。

14.1.3.2　节流阀

节流阀是节流管汇的核心部件，其功能就是在实施压井作业时，借助它不同的开启程度，来维持一定的井口回压，将井底压力稳定在一窄小的范围内。根据阀芯结构的不同，节流阀可以分为筒式节流阀、双盘半开式节流阀、笼套式节流阀。目前，现场使用比较多的是筒式节流阀，如图 14-5 所示为手动筒形阀板节流阀。筒形阀板节流阀的阀板呈圆筒形，阀板与阀座间有间隙，即使将该阀关闭至最小时进出口也始终相通，不能断流。

操作节流阀时，顺时针旋转手轮，开启程度减小并趋于关闭，逆时针旋转开启程度变大。节流阀的开启程度可以通过护套的槽孔中观察阀杆顶端的位置来判断。平时，节流阀一般处于半开位置。

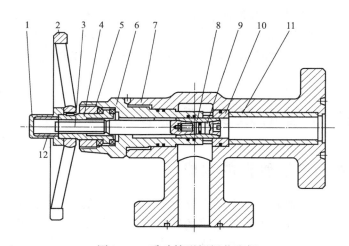

图 14-5 手动筒形阀板节流阀

1—护罩；2—手轮；3—阀杆；4—丝套；5—调节盖；6—阀盖；7—阀体；8—阀板；

9—连接螺栓；10—阀座；11—耐磨衬套；12—有机玻璃套

液动筒形阀板节流阀以液缸、活塞代替手轮机构，其余与手动筒形阀板节流阀相同，结构如图 14-6 所示。液动节流阀的操作需要通过液控箱来实现。

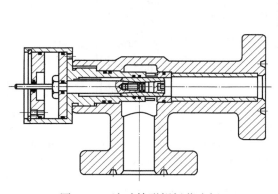

图 14-6 液动筒形阀板节流阀

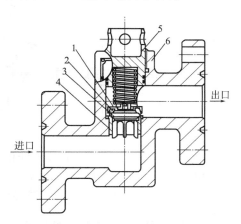

图 14-7 单流阀

1—胶皮压盖；2—阀胶皮；3—阀体；

4—阀座；5—压盖；6—阀体

14.1.3.3 单流阀

压井管汇上装有单流阀，单流阀由压盖、阀体、胶皮压盖、阀胶皮、阀体、阀座组成，结构如图 14-7 所示。

　　高压泵将压井液泵入井筒时，压井液从单流阀低（进）口进入高（出）口流出，停泵时压井液不会倒流。平时及井喷时，井内高压流体不会沿单流阀流出。现场使用时，要注意检查单流阀是否泄漏，发现泄漏要及时更换阀座密封。

14.2　井控管汇及其组合形式

14.2.1　液动节流管汇的组成

　　液动节流管汇控制箱按油泵动力分为气动式和电动式，对于具体的不同压力级别、不同厂家的节流管汇，控制箱的操作使用与安装，请参照厂家的说明书。图 14-8 为 70MPa 气动式节流管汇液控箱结构示意图。

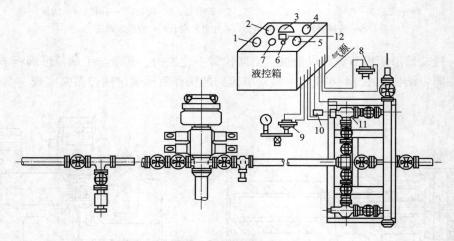

图 14-8　70MPa 气动式节流管汇与液控箱

1—油压表；2—立压表；3—阀位开启度表；4—套压表；5—气源压力表；6—三位四通换向阀；7—调速阀；
8—立管压力变送器；9—套管压力变送器；10—阀位变送器；11—液动节流阀；12—泵冲数显示器

　　液控箱中的气泵与蓄能器能制备并储存不高于 3MPa 的压力油，并利用三位四通换向阀遥控节流管汇上的液动节流阀。液控箱面板上装有立压表、套压表、阀位开启度表、油压表、气压表、三位四通换向阀、调速阀、泵冲数显示器（数显）等。

　　气压表显示输入液控箱的压缩空气气压值，气源来自修井机气控系统。油压表显示液控油压值，压力油由蓄能器提供。三位四通换向阀用来改变压力油的流动方向，遥控液动节流阀开大、关小或维持开度不变，从而控制关井套压与立压的降低、升高或稳定。调速阀用来遥控液动节流阀开关动作的速度，从而控制套压与立压变化的快慢。阀位开启度表用来显示液动节流阀的开启程度。立压表显示关井立管压力。套压表显示关井套管压力。泵冲数显示器监视压井排量，信号来自泵不接触开关的开关脉冲，并有选择开关。

立压表、套压表、阀位开启度表皆为气压表，属于二次仪表。节流管汇的五通上装有气动压力变送器，用以将套压的变化转换为低气压的变化。液控箱将 0.35MPa 的压缩空气用气管线输入气动压力变送器，气动压力变送器再将与套压成比例的低压气输回液控箱上的套压表。同样，垂直于工作台安置有气动压力变送器，液动节流阀油缸端部装有阀变送器，它们的输入气压亦为 0.35MPa，它们的输出气压返回液控箱上立压表与阀位开启度表。这 3 个"变送器"属于一次仪表，所输入的气压由液控箱内空气调压阀调定。

在正常作业时节流管汇并不投入工作，为保护立压变送器和立压表，在立管和立压变送器之间接有截止阀，平时关闭。一旦节流管汇投入压井工作应立即打开截止阀。

液控箱工作原理如图 14-9 所示。当气源进入控制箱后，一路进入气源压力表，一路进入空气滤清器。进入空气滤清器的气又分为两路，一路经减压阀后到二位三通先导阀和二位四通气控换向阀，由二位四通气控换向阀的控制使压缩空气轮换进入气动液压泵的左、右缸，使活塞左、右移动，带动柱塞泵油，高压油

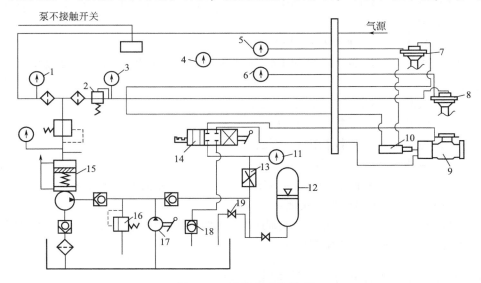

图 14-9　液控箱工作原理

1—气源压力表；2—空气调压阀；3—泵冲数显示器；4—阀位开启度表；5—立压表；6—套压表；
7—立管压力变送器；8—套管压力变送器；9—液动节流阀；10—阀位变送器；11—油压表；12—蓄能器；
13—调速阀；14—三位四通换向阀；15—气泵；16—安全阀；17—手压泵；18—背压阀；19—泄压阀

（无压缩空气时，可采用手动液压泵）经溢流阀进入蓄能器贮存。一旦需要，则可扳动手动三位五通换向阀（中位各进出口均不通）使其换向，让高压油从蓄能器（或直接由油泵来）出来，经速度调节阀（控制流量的针阀）到手动三位五通换向阀，经该阀进入液动节流阀的开启和关闭腔，使节流阀阀芯上下推进，以达到井底压力平衡的要求。

进入空气滤清器的另一路，又经一空气滤清器，进入空气减压阀，减压后的空气（0.35MPa）经输气管进入立管压力变送器，管汇压力变送器、阀位变送器，经比较变送后的压缩空气返回控制箱到立管压力表、管汇压力表和阀位开度表，让操作人员在控制箱上就能见到压力及阀的开启度，以便按平衡压井工艺的要求适时地操作节流阀，重建井内压力平衡。

14.2.2　液控箱"待命"工作时的工况

进入油气层前，井控设备进入"待命"工况时，液控箱应调试就绪，"待命"备用，此时有关阀件与显示仪表的状况如下：

（1）气源压力表（在面板上）显示 0.6~1.0MPa；

（2）变送器供气管路上空气调压阀的输出气压表（在液控箱内）显示 0.35MPa；

（3）气泵供气管路上空气调压阀的输出气压表（在液控箱内）显示 0.4~0.6MPa；

（4）油压表（在面板上）显示 3MPa；

（5）阀位开启度表（在面板上）显示 3/8~1/2 开启度（即指示液动节流阀处于半开工况）；

（6）换向阀手柄（在面板上）处于中位；

（7）调速阀（在面板上）打开；

（8）泄压阀（在液控箱内）关闭；

（9）泵冲数计数器显示为零；

（10）压表（在面板上）显示零压，套压表（在面板上）显示零压；

（11）压力变送器截止阀关闭。

设备停用时应将箱内两个空气调压阀的输出气压调为零，打开泄压阀使油压表回零，立压表开关旋钮旋至关位。

14.2.3　液动节流管汇的关键部件

14.2.3.1　气动压力变送器

液动节流管汇上所装设的气动压力变送器 QY-400 为气动抗震压力变送器。

QY-400 的功用与防喷器控制装置所用 QB-32 气动压力变送器相同，但其结构原理却大不一样。

QY-400 的功用是将套管、立管中压井液的压力值转换为低压气压值，以低压气压表显示立管压力和套管压力。

由于套管与立管中的压井液压力波动过大，加以压井液有一定腐蚀性，因此 QY-400 的结构较为特殊。QY-400 的结构如图 14-10 所示。

阀体下部输入测量液体，即套管或立管压井液。阀盖上的高位孔输入一次气，气压调定 0.35MPa，气源来自液控箱，阀盖上的低位孔输出二次气，气压值在 0~0.2MPa 范围内变化，二次气压值与所测量的液体压力成比例并由气管线输回液控箱上的套压表或立压表。

在输入 0.35MPa 的一次气压后，若阀体下部无测量液体，阀针在小弹簧作用下坐在阀座上，阀针所控制的进气口封闭而排气口开启，二次气路与大气相通，二次气压为零。

高压井液的压力作用在驱动密封橡胶上，橡胶变形向上推举负荷

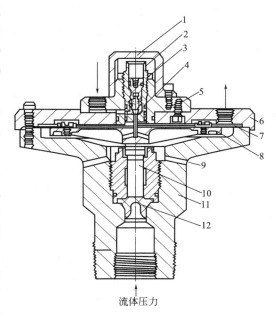

图 14-10　QY-400 气动抗震压力变送器
1—护罩；2—阀座；3—锁紧螺母小弹簧；4—阀针；
5—上盘；6—阀盖；7—隔膜；8—隔膜板；
9—通大气孔；10—负荷针；
11—阀体；12—驱动密封橡胶

针，负荷针则推举隔膜板，隔膜变形向上微凸将阀针顶起，此时阀针所控制的排气口封闭，进气口打开，压缩空气进入阀盖与隔膜之间的气室中。气室中的气量增多，气压升高，气压对隔膜的作用力与下部修井液的向上作用力相对抗并将微凹的隔膜向下压平。在隔膜向下变形的同时，阀针在小弹簧作用下亦向下移动直到进气口封闭为止。这时，阀针所控制的排气口与进气口皆封闭，隔膜不再变形，气室压力稳定，输出稳定的二次气。

当下部输入的压井液压力增高时，隔膜又被推举向上微凸变形，顶起阀针，进气口打开，气室压力略微升高，隔膜在较高气压作用下又向下变形，直到阀针将进气口封闭为止，气室压力又恢复稳定，但气压已略有升高，输出压力较高的二次气。

当下部输入的压井液压力降低时，隔膜在气室气压作用下向下微凹变形，排气口打开，气室中部分压缩空气经通气孔逸入大气，气室中气压略微降低，于是隔膜又向上变形直至排气口封闭为止，气室压力恢复稳定，但气室气压已略微降低，输出压力较低的二次气。

综上所述，气动抗震压力变送器所输出的二次气压值与所测量的压井液压力成相应比例关系。液控箱上的套压表与立压表皆为气压表，但可显示高压井液压力值。这种气动压力变送器在压力多变的高压井液环境下，工作可靠，牢固耐用，工作时没有气量持续消耗。

在使用中如果发现液控箱上的套压表或立压表与管汇上的真正液压表所显示的压力值有较大误差时，可以调节气动压力变送器的阀座，以消除误差。

阀座与上盘以右旋螺纹连接，调节方法：卸下护罩，松开锁紧螺母，顺时针轻微旋动阀座，二次气压随即调高，液控箱上套压表或立压表的示压值随即增大；相反，逆时针轻微旋动阀座，液控箱上套压表或立压表的示压值随即减小。误差消除后，上紧锁紧螺母，装好护罩即可。

14.2.3.2　阀位变送器

阀位变送器安置在液动节流阀的端部。液动节流阀的活塞杆伸出端与阀位变送器的顶杆相接触。液动节流阀的开关状况通过活塞杆的位移以机械作用力的方式传输给阀位变送器，阀位变送器再将所接受的机械力转换为气压信号并将信号输送到液控箱上的阀位开启度表，以气压的高低变化显示液动节流阀的开启度刻度。

阀位开启度实际上是低压气压表，其表盘的刻度已更换为开启度刻度。

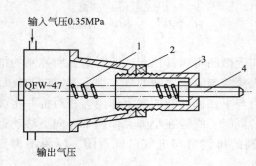

图 14-11　阀位变送器示意图
1—弹簧；2—锁紧螺母；3—套筒；4—顶杆

阀位变送器亦属自动化精密仪表，图 14-11 为其示意图，型号为 QFW-47，其结构原理为喷嘴挡板类型。

阀位变送器工作时需输入 0.35MPa 的压缩空气，其输出气压则与顶杆的位移成比例，阀位变送器工作时有气量消耗。

液动节流阀处于全关位置时，阀位开启度表的指针应指在关位上（开度为零）。如指针偏离关位则需调节回零。指针偏离较大时应进行粗调零点；指针偏离较小时可进行微调零点。

粗调零点的方法：松开阀位变送器的固定螺栓，稍微移动阀位变送器，改变顶杆与液动节流阀活塞杆的初始位置，使阀位开启度表指示关位，最后再将阀位变送器用螺栓固紧。

微调零点的方法：松开阀位变送器套筒上的锁紧螺母，旋动套筒，改变套筒内的弹簧张力，使阀位开启度表的指针指示关位，最后上紧锁紧螺母。

14.2.4　节流管汇的阀门编号及开关状态

节流管汇水平安装在井架底座外侧基础上，常用的工作压力为 35MPa、70MPa、105MPa 的节流管汇配套示意图，见图 14-12、图 14-13。

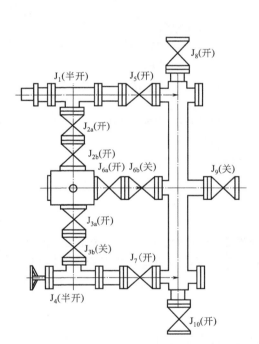

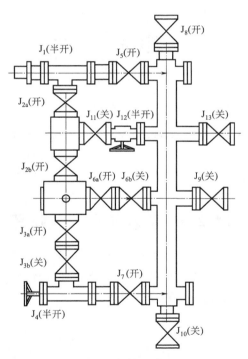

图 14-12　压力等级为 35MPa、
70MPa 节流管汇组合形式
J_1—液动节流阀；J_4—手动节流阀；J_{2a}，J_{2b}，J_{3a}，J_{3b}，J_5，J_{6a}，J_{6b}，J_7，J_8，J_9，J_{10}—手动闸阀

图 14-13　压力等级为 70MPa、
105MPa 节流管汇组合形式
J_1—液动节流阀；J_4，J_{12}—手动节流阀；J_{2a}，J_{2b}，J_{3a}，J_{3b}，J_5，J_{6a}，J_{6b}，J_7，J_8，J_9，J_{10}，J_{11}，J_{13}—手动闸阀

现场要对节流压井管汇的闸阀挂牌编号，并标明其开关状态，编号及开关状态如图 14-12 和图 14-13 所示，其开关状态一般按表 14-1 执行。

表 14-1 节流管汇闸阀的开关状态

闸阀编号	状态
J_{2a}，J_{2b}，J_{3a}，J_5，J_{6a}，J_7，J_8	开
J_1，J_{12}，J_4	开 3/8～1/2
J_9，J_{11}，J_{6b}，J_{10}，J_{3b}	关

压井管汇组合形式见图 14-14，图 14-14(a) 为 14MPa、21MPa、35MPa 单翼压井管汇组合形式，图 14-14(b) 为 35MPa、70MPa、105MPa 双翼压井管汇组合形式。

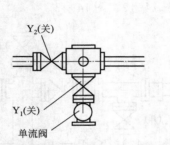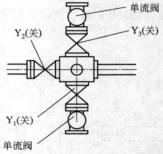

(a) 14MPa、21MPa和35MPa单翼压井管汇组合形式　　(b) 35MPa、70MPa和105MPa双翼压井管汇组合形式

图 14-14 压井管汇组合形式

Y_1，Y_2，Y_3—手动闸阀

14.2.5 简易压井、放喷管线

小修、试油作业，对风险较小的井现场经常使用简易压井、放喷管线。依据 SY/T 6690—2016《井下作业井控技术规程》简易压井防喷管线主要有图 14-15、图 14-16 的几种形式。

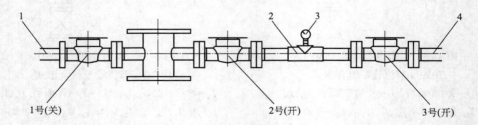

图 14-15 简易压井、放喷管线组合形式 I

1—压井管线；2—防喷管线；3—压力表；4—放喷管线；1 号闸阀常关；2 号闸阀、3 号闸阀常开

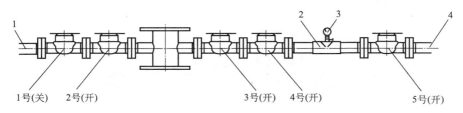

图 14-16 简易压井、放喷管线组合形式 Ⅱ

1—压井管线；2—防喷管线；3—压力表；4—放喷管线；1 号闸阀常关；2 号闸阀、
3 号闸阀、4 号闸阀和 5 号闸阀常开

14.2.6 井控管汇的保养与使用

14.2.6.1 保养与使用的要求

（1）定期检查，加注润滑油、润滑脂；

（2）管汇中的平板阀不得强行拧死，到位后必须回旋手轮 1/4~1/2 圈；

（3）管汇中各阀门应编号挂牌；

（4）节流管汇中，手动节流阀调节时人应位于阀侧；

（5）压井管汇不能用于日常灌注压井液使用，以免管线因冲蚀而失效；

（6）当节流阀发生故障，可将其上游与下游的阀门关闭，将备用节流阀下游的阀门打开，使备用节流阀工作；

（7）检修单流阀时可关闭其下游的阀门。

14.2.6.2 节流压井管汇的现场试验

（1）压井管汇和节流阀上游管路试压到额定工作压力，稳压 10min，无渗漏无压降为合格；

（2）节流阀下游管路试验到比其额定工作压力低一级压力等级，稳压 10min，无渗漏无压降为合格。

14.3 井口防喷器装置与管汇组合形式

综上，可以看出不同的作业井现场使用的管汇也不尽相同。现场应用应在满足行业标准和技术规范的基础上依据作业设计的要求。依据 SY/T 6690—2016《井下作业井控技术规程》推荐，井口防喷器装置与管汇主要有如下组合形式。

14.3.1 无钻台井口防喷器装置与管汇组合形式

图 14-17 至图 14-21 为无钻台作业井口防喷装置与管汇组合形式。

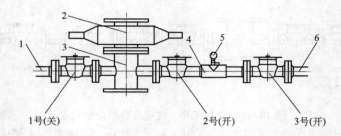

图 14-17　无钻台作业井口防喷装置与管汇组合形式 I

1—压井管线；2—单闸板防喷器；3—作业四通；4—防喷管线；5—压力表；6—放喷管线；1 号闸阀常关；
2 号闸阀和 3 号闸阀常开；3 号为控制闸阀，用于节流应更换（加装）
节流阀（关井应先关节流阀，再关节流阀前的平板阀）

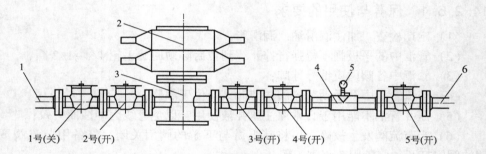

图 14-18　无钻台作业井口防喷装置与管汇组合形式 II

1—压井管线；2—双闸板防喷器；3—作业四通；4—防喷管线；5—压力表；6—放喷管线；1 号闸阀常关；
2 号闸阀、3 号闸阀、4 号闸阀和 5 号闸阀常开；5 号为控制闸阀，用于节流应更换（加装）
节流阀（关井应先关节流阀，再关节流阀前的平板阀）

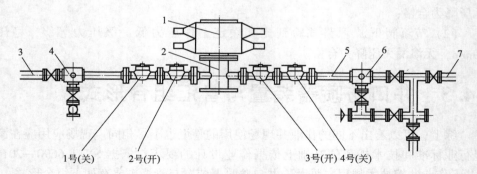

图 14-19　无钻台作业井口防喷装置与管汇组合形式 III

1—双闸板防喷器；2—作业四通；3—辅助放喷管线；4—压井管汇；5—防喷管线；6—节流管汇；
7—放喷管线；1 号闸阀和 4 号闸阀常关；2 号闸阀和 3 号闸阀常开；
关井应先关节流阀，再关节流阀前的平板阀

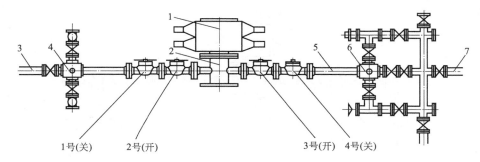

图 14-20　无钻台作业井口防喷装置与管汇组合形式Ⅳ

1—双闸板防喷器；2—作业四通；3—辅助放喷管线；4—压井管汇；5—防喷管线；
6—节流管汇；7—放喷管线；1 号闸阀和 4 号液控闸阀常关；2 号闸阀
和 3 号闸阀常开；关井应先关节流阀，再关节流阀前的平板阀

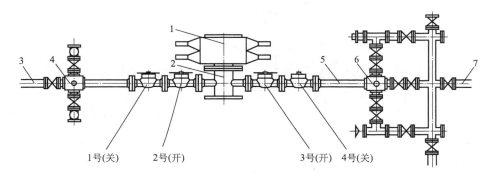

图 14-21　无钻台作业井口防喷装置与管汇组合形式Ⅴ

1—双闸板防喷器；2—作业四通；3—辅助放喷管线；4—压井管汇；5—防喷管线；
6—节流管汇；7—放喷管线；1 号闸阀和 4 号液控闸阀常失；2 号闸阀
和 3 号闸阀常开；关井应先关节流阀，再关节流阀前的平板阀

14.3.2　有钻台井口防喷器装置与管汇组合形式

图 14-22 至图 14-26 为有钻台作业井口防喷装置与管汇组合形式。

注意：图 14-19 至图 14-25 七个图引自 SY/T 6690—2016《井下作业井控技术规程》，在图中 1 号阀和 2 号阀不能双联，3 号阀和 4 号阀不能双联，现场应分开安装；有钻台作业时，1 号阀和 4 号阀必须接出井架底座以外，以便于安全操作。

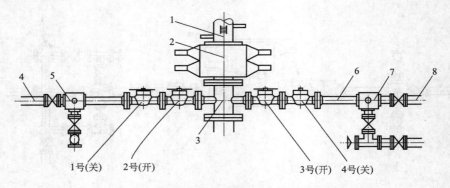

1号(关) 2号(开)   3号(开) 4号(关)

图 14-22 有钻台井口防喷装置与管汇组合形式 I

1—防溢管；2—双闸板防喷器；3—作业四通；4—辅助放喷管线；5—压井管汇；6—防喷管线；
7—节流管汇；8—放喷管线；1 号闸阀和 4 号液控闸阀常关；2 号闸阀和 3 号闸阀常开

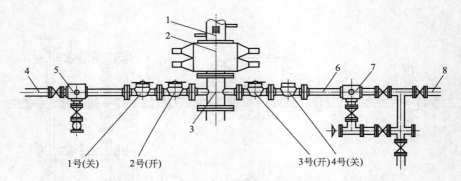

1号(关)   2号(开)   3号(开)4号(关)

图 14-23 有钻台井口防喷装置与管汇组合形式 II

1—防溢管；2—双闸板防喷器；3—作业四通；4—辅助放喷管线；5—压井管汇；6—防喷管线；
7—节流管汇；8—放喷管线；1 号闸阀和 4 号液控闸阀常关；2 号闸阀和 3 号闸阀常开

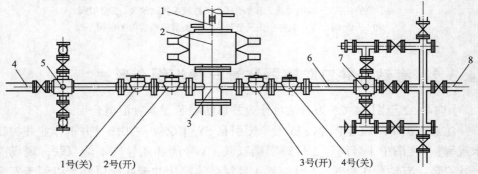

1号(关) 2号(开)   3号(开) 4号(关)

图 14-24 有钻台井口防喷装置与管汇组合形式 III

1—防溢管；2—双闸板防喷器；3—作业四通；4—辅助放喷管线；5—压井管汇；6—防喷管线；
7—节流管汇；8—放喷管线；1 号闸阀和 4 号液控闸阀常关；2 号闸阀和 3 号闸阀常开

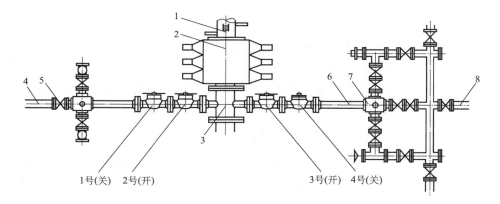

图 14-25　有钻台井口防喷装置与管汇组合形式Ⅳ

1—防溢管；2—三闸板防喷器（或双闸板和单闸板组合）；3—作业四通；4—辅助放喷管线；5—压井
管汇；6—防喷管线；7—节流管汇；8—放喷管线；1 号闸阀和 4 号液控闸阀常关；2 号闸阀和 3 号闸阀常开

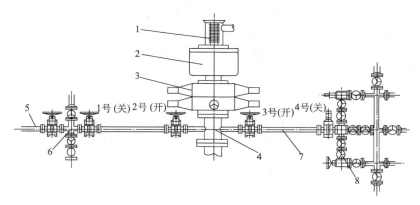

图 14-26　有钻台井口防喷装置与管汇组合形式Ⅴ

1—防溢管；2—环形防喷器；3—闸板防喷器；4—作业四通；5—放喷管线；6—压井管汇；
7—防喷管线；8—节流管汇

14.4　管柱内防喷工具

14.4.1　旋塞阀

管柱内防喷工具是装在管串上的专用工具，是用来封闭管柱的中心通孔，与井口防喷器组配套使用。现场常用的油管旋塞阀、方钻杆旋塞等皆属管柱内防喷工具。

14.4.1.1　旋塞阀的用途

旋塞阀是管柱循环系统中的手动控制阀,是防止管柱内喷的有效工具之一。井液可无压降地自由通过旋塞阀,用专用扳手按指示要求转动 90°即可实现开关。为防止起下管柱过程中发生井喷,应备有尺寸和扣型相匹配的旋塞阀,以便及时对螺纹连接。

14.4.1.2　旋塞阀结构和工作原理

旋塞阀由本体、上下阀座、球体、弹簧、操作键、开口挡圈、挡圈套、弹性挡圈及密封件、附件扳手等组成。图 14-27 为方钻杆旋塞阀,图 14-28 为油管旋塞阀。

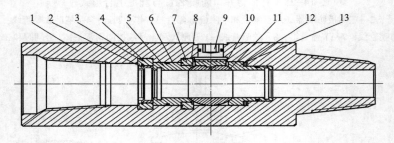

图 14-27　方钻杆旋塞阀

1—本体;2—下阀座;3—弹簧;4,7,10—O 形密封圈;5—操作键;6—球体;
8,13—开口挡圈;9—上阀座;11—挡圈套;12—孔用弹性挡圈

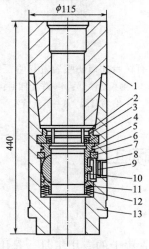

图 14-28　油管旋塞阀

1—上阀体;2—上卡套;3—卡簧;4—挡圈;5—密封圈;6—上阀座;7—下卡套;
8—密封圈;9—旋块;10—(阀体)空心球体;11—下阀座;12—弹簧;13—下阀体

密封原理是弹簧支撑球座使球定位，并使之有一定的预紧，球与球座的密封件紧密接触，当打开时水眼畅通，关闭时球面将水眼全部封住，内部压力作用在球体，使球与球座处于高压密封状态。

旋塞的公称尺寸、工作压力、连接螺纹类型等参数，应与入井管柱的规格相符合。其工作压力和试验压力见表 14-2。

表 14-2 油管旋塞阀的工作压力和试验压力表

最大工作压力，MPa	密封试验压力，MPa	强度试压力，MPa
35	≥35	70
70	≥70	105
105	≥105	157.5

14.4.1.3 使用方法

（1）本阀门的安装方向为内螺纹在上，外螺纹在下。连接前应在内外螺纹部位和肩口涂抹薄层螺纹脂。

（2）保持阀门处于"开启"位置。

（3）旋塞阀手柄应置在操作台的固定位置，便于取用。

14.4.1.4 维护保养

（1）每次使用完毕后，应仔细清洗该阀门，检查密封件的使用情况，磨损严重的应予更换。

（2）对更换零件的阀门必须经检验后方可使用。

（3）O 形密封圈的存放期不应超过 12 个月，过期作失效处理。

14.4.2 管柱止回阀

14.4.2.1 用途

管柱止回阀安装在管柱预定的部位，由于内部结构只允许管柱内流体自上而下流动，从而到达防止管柱内喷的目的。

14.4.2.2 分类

管柱止回阀按结构形式分有蝶形、球形、箭形、投入式、浮式等。

管柱止回阀的名称、代号见表 14-3。

表 14-3 管柱止回阀的代号

名称	箭形止回阀	球形止回阀	蝶形止回阀	投入式止回阀	浮阀（或称浮式止回阀）
代号	FJ	FQ	FD	FT	FZF

管柱止回阀的型号表示方法如下，表14-4为管柱止回阀型号示例。

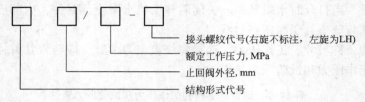

接头螺纹代号(右旋不标注，左旋为LH)
额定工作压力，MPa
止回阀外径，mm
结构形式代号

表 14-4　管柱止回阀型号示例

名称	箭形止回阀	球形止回阀	蝶形止回阀	投入式止回阀
示例	FJ86/35-NC26	FQ152/70-NC46	FD121/35-NC38	FJ105/35-NC31

14.4.2.3　止回阀结构

（1）箭形止回阀可分为上接头与阀体组合式和整体式两种，分别如图14-29和图14-30所示。

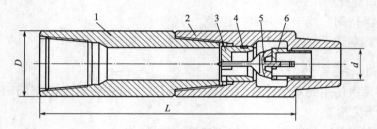

图 14-29　组合式箭形止回阀

1—上接头；2—阀体；3—密封盒；4—密封圈；5—密封箭；6—下座

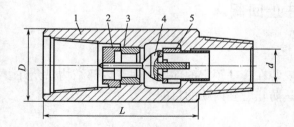

图 14-30　整体式箭形止回阀

1—阀体；2—压帽；3—密封盒；4—密封箭；5—下座（整体式）

目前，现场大量使用箭形止回阀，它受钻井液冲蚀作用小，表面有较高硬度，密封垫采用耐冲蚀、抗腐蚀的尼龙材料，整体性能良好。

（2）球形止回阀。

球形止回阀的阀体为上、下接头组合式或整体式，结构见图14-31。

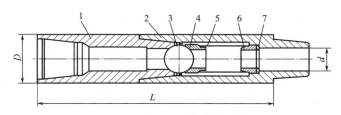

图 14-31　球形止回阀

1—上接头；2—下接头；3—密封球；4—球座；5—弹簧；6—弹簧座；7—调节垫片

（3）蝶形止回阀。

蝶形止回阀见图 14-32。

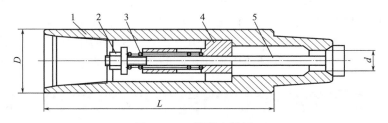

图 14-32　蝶形止回阀

1—阀体；2—调节压帽；3—弹簧；4—扶正套；5—阀瓣

（4）投入式止回阀。

投入式止回阀见图 14-33，由止回阀组件和联顶接头组成，联顶接头预先连接在管柱上需要的部位，此时阀中并无止回阀组件，井液畅通无阻。当发生溢流和井喷时，将止回阀组件投入管柱中，使止回阀组件坐落在联顶接头上，防止管柱内流体上行。投入式止回阀使用上优于其他止回阀，但其结构复杂，操作较为烦琐。

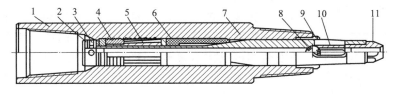

图 14-33　投入式止回阀

1—联顶接头；2—爪盘螺母；3—紧定螺钉；4—卡爪；5—卡爪体；6—筒形密封圈；7—阀体；
8—钢球；9—止动环；10—弹簧；11—尖形接头

14.4.2.4　管柱止回阀的安全使用

（1）管柱内止回阀的额定工作压力应不小于井口防喷器的额定工作压力；

（2）为避免管柱止回阀被堵塞，应对井液进行清洁过滤；

（3）经常检查阀芯，若有刺痕或损坏，应立即更换；

（4）不应在止回阀各零件的密封面、接头螺纹表面、端面和台肩面打印或焊接任何标记；

（5）投入式止回阀的卡瓦牙在卡瓦牙座的燕尾槽内应活动灵活、无卡阻；

（6）投入式止回阀的阀芯密封圈应远离有腐蚀性的物品，如酸或碱等；

（7）投入式止回阀密封橡胶件表面光滑、平整，不应有气泡、夹渣、生胶分层、硫化不良等缺陷。

14.4.3　井下安全阀

井下安全阀是连接在油管柱一定位置上的安全装置，在出现异常情况时能够实现油管内流体阻断，防止生产设施的破坏和保护人员安全，如图 14-34 所示。

井下安全阀的打开和关闭可在地面由液压管线供给的压力控制，或直接由井下条件控制，目前更多地选择使用地面控制的井下安全阀。

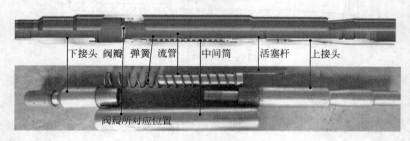

下接头　阀瓣　弹簧　流管　　中间筒　　活塞杆　上接头

阀瓣所对应位置

图 14-34　井下安全阀

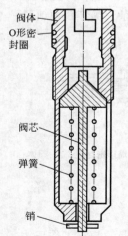

阀体
O形密封圈

阀芯

弹簧

销

图 14-35　背压阀示意图

井下安全阀按回收方法及内部关闭机构进行分类。油管回收的安全阀是油管柱的一个组成部分，要回收安全阀就要起出油管。钢丝绳回收的安全阀，在油管内装有锁紧装置以便将安全阀固定在工作筒内。钢丝绳回收的安全阀可以在不起出油管的情况下安装和回收。

具有球形和蝶形关闭机构的井下安全阀是最常用的安全阀。这两种关闭机构都可以用油管回收或钢丝绳回收。

14.4.4　背压阀

14.4.4.1　结构

背压阀是用于井下作业中的专用防喷器工具，主要由阀体、阀芯、底杆、弹簧和密封等部件组成，如图 14-35

所示。

14.4.4.2　工作原理与使用方法

从采油树顶部将背压阀放入井口采油树中，然后加压下放，使背压阀坐到油管挂中，左旋下入工具，使背压阀与悬挂器的螺纹连接。当确定背压阀确实连接到位后，就可以卸下取送工具，打开井口阀门放压。如果压力可迅速放掉，就说明背压阀已经密封到位。这时就可以拆卸井口采油树，安装防喷器，进行带压修理井口或进行其他修井作业。

14.4.5　油管堵塞器

14.4.5.1　结构

油管堵塞器如图 14-36 所示，主要由工作筒、打捞头、轴销、支撑卡、压簧、支撑体、O 形胶圈、密封段、导向头、密封短节等组成，用于不压井起下油管作业时封堵油管中孔。

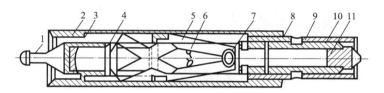

图 14-36　油管堵塞器示意图

1—工作筒；2—打捞头；3—轴销；4—支撑卡；5—压簧；6—支撑体；7,10—O 形胶圈；
8—密封段；9—导向头；11—密封短节

14.4.5.2　工作原理与使用方法

下油管时将堵塞器装入筛管上面的第一根油管内，并坐封好，随油管串一起下入井底，下完后在采油树上接防喷管和钢丝绳密封盒，用钢丝将打捞器和安全接头一起下入井底，把堵塞器取出即可投入生产。在起油管串之前，把通径规装入专用防喷器内，然后将专用防喷管接在采油树上面，下通径规通井至井底，若不遇阻，起通径规至专用防喷管内，泄掉专用防喷管内压力，卸掉专用防喷管，卸掉通径规。

装上油管堵塞器和送入器后，将专用防喷管接在采油树上面，下油管堵塞器至井底坐封。取出下油管堵塞器用的钢丝及工具头，泄掉专用防喷管内压力，卸掉专用防喷管。利用防喷管线放掉油管内的压力，确认油管内没有压力时再拆井口，安装不压井起下管串用的新井口后，即可进行不压井起油管串作业。

第 15 章 防喷器控制装置

液压防喷器控制装置主要利用液体压力推动活塞带动闸板向井眼中心移动实现关井。液压防喷器控制装置是控制井口防喷器组及液动节流阀、平板阀的重要设备，是井下作业中不可缺少的装置。

防喷器控制装置由蓄能器装置（又称远程控制台或远控台）、遥控装置（又常称为司钻控制台或司钻台）、高压油管束及管排架等组成。根据需要，还可以增设报警装置、氮气备用系统、压力补偿系统、辅助控制台等。

按井下作业方式的不同，远程控制台一般分为两类：一类是适合小修、试油等作业的小型控制装置；一类是用于大修、测试等作业的大型控制装置。

15.1 控制装置概述

15.1.1 控制装置的功用和组成

防喷器控制装置的功用如下：

（1）制备、储存压力油。

控制系统预先通过油泵组、蓄能器制备、储存足量的液压油。

（2）调节压力。

控制高压油的流动方向。通过调压阀把高压液压油调至所需的液控压力，一旦需要开关井口液压防喷器、液动放喷阀，可以通过三位四通换向阀，迅速将高压油输送到相应的防喷器或阀件的油缸中作用于相应的活塞一侧，推动闸板（或胶芯、阀板）进行开关，从而实现对井口的控制。

控制装置的组成见图 15-1。

15.1.2 类型

远程控制台分遥控和非遥控两种，按司钻控制台对远程控制台上三位四通换向阀的遥控方式，分液压传动遥控、气压传动遥控和电传动遥控。据此，控制装置分为三种类型，即液控液型、气控液型、电控液型，分别见图 15-2 FK125-3型远程控制台、图 15-3 气控液型远程控制台、图 15-4 FKDQ（电气型）电控液型远程控制台。

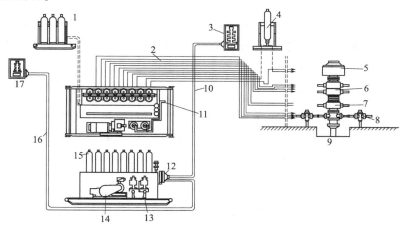

图 15-1　防喷器控制装置组成示意图

1—氮气备用系统；2—液压油管线；3—司钻控制台；4—压力补偿装置；5—环形防喷器；6—双闸板防喷器；7—单闸板防喷器；8—液动阀；9—井口防喷器组；10—气管束；11—气源接口；12—空气管缆连接法兰；13—气泵；14—电泵远程控制台；15—蓄能器；16—气管束；17—辅助控制台

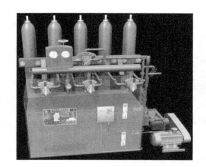

图 15-2　FK125-3 型远程控制台

图 15-3　气控液型远程控制台

图 15-4　FKDQ（电气型）电控液型远程控制台

15.1.2.1 液控液型

液控液型是利用司钻控制台上的液压换向阀,将控制液压油经管路输送到远程控制台上,使控制防喷器开关的三位四通转阀换向,将蓄能器的高压液压油输入防喷器的液缸,开关防喷器。

15.1.2.2 气控液型

气控液型是利用司钻控制台上的气阀,将压缩空气经空气管缆输送到远程控制台上,使控制防喷器开关的三位四通转阀换向,将蓄能器高压油输入防喷器的液缸,开关防喷器。

15.1.2.3 电控液型

电控液型是利用司钻控制台上的电按钮或触摸面板发出电信号,电操纵三位四通转阀换向而控制防喷器的开关。电控液型又可分为电控气—气控液和电控液—液控液型两种。

15.1.3 控制装置的技术性能

15.1.3.1 防喷器控制装置型号表示

防喷器控制装置型号表示如下:

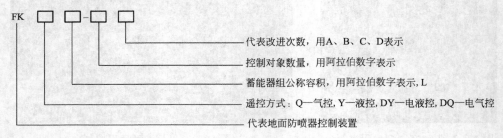

例如:(1) FKQ640-7 表示气控液型,蓄能器公称总容积为 640L,7 个控制对象的地面防喷器控制装置。

(2) FK125-3 表示液压控制,蓄能器公称总容积为 125L,3 个控制对象的地面防喷器控制装置。

15.1.3.2 防喷器控制装置蓄能器容积的配置要求

根据 SY/T 5053.2—2007《钻井井口控制设备及分流设备控制系统规范》规定:

(1) 对蓄能器的功用要求是能够提供足够的可用液量和压力来操作井控设备,并能够提供足够的剩余压力来保持密封性能。

（2）蓄能器容积要求，蓄能器最低可用液量，应在泵不工作的情况下，满足下述两个要求：

① 在井筒压力为零的情况下，从全开状态到完全关闭所需液量的100%为功能液量要求。这些所需液量由防喷器制造厂家给定，它包括关闭一个环形防喷器和防喷器组中的所有闸板防喷器的液量，及打开防喷器组一侧的节流阀或压井阀的液量。

蓄能器在容积极限排放情况下的容积设计系数应根据选定的计算方法来确定。

② 在排放完所要求的液量后，该液量已考虑了压力极限排放容积设计系数，蓄能器剩余液体的计算压力，应大于关闭一个环形防喷器，任一闸板防喷器及在防喷器组中最大额定井筒压力下，打开一侧的防喷阀并使其保持打开状态时所需的最小计算的操作压力。

15.1.3.3 控制系统控制点数和控制能力的选择

控制点数除满足防喷器组合所需的控制数量外，对于"三高"井，还需增加两个控制点数，用来控制两个液动阀，或一个用于控制液动阀，一个作为备用。

控制系统的控制能力，作为最低限度的要求，蓄能器组的容量在停泵的情况下，所提供的可用液量必须满足关闭防喷器组中的全部防喷器，并打开液动放喷阀的要求。

15.1.4 远程控制台的工作原理

远程控制台的工作过程可分为液压能源的制备、压力油的调节与其流动方向的控制。其工作原理如图15-5所示。

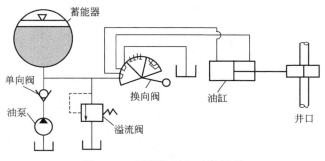

图 15-5 远程控制台工作原理

15.1.4.1 液压能源的制备、储存与补充

如图15-6所示，油箱里的液压油经进油阀、滤清器进入电泵或气泵，电泵

或气泵将液压油升压并输入蓄能器储存。蓄能器由若干个钢瓶组成，钢瓶中预充7MPa 的氮气。当蓄能器钢瓶中的油压升至 21MPa 时，电泵或气泵停止运转。当钢瓶里的油压降低至设定值时，电泵或气泵即自动启动往钢瓶里补充压力油。这样，蓄能器的钢瓶里将始终维持所需的压力油。

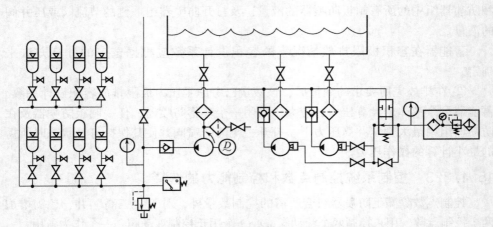

图 15-6　控制装置的液控流程——液压能源的制备

气泵的供气管路上装有气源处理元件、液气开关以及旁通截止阀。通常，旁通截止阀处于关闭工况，只有当需要制备高于 2lMPa 的压力油时，才将旁通截止阀打开，利用气泵制备高压液能。

15.1.4.2　压力油的调节与其流动方向的控制

如图 15-7 所示，蓄能器钢瓶里的压力油进入控制管汇后分成两路：一路经

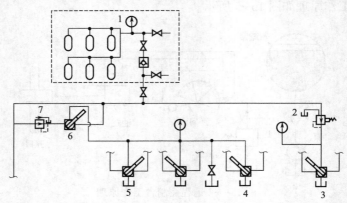

图 15-7　控制装置的液控流程——压力油的调节与流向的控制

1—氮气备用系统；2—气手动减压阀；3—控制环形防喷器三位四通转阀；4—控制闸板防喷器三位四通转阀；5—控制液动阀三位四通转阀；6—旁通阀；7—手动减压阀

气动减压阀将油压降至 10.5MPa，然后再输至控制环形防喷器的换向阀（三位四通换向阀）；另一路经手动减压阀将油压降为 10.5MPa 后再经旁通阀（二位三通换向阀）输至控制液压闸板防喷器与液动阀的换向阀（三位四通换向阀）管汇中，操纵换向阀的手柄就可实现相应防喷器的开关动作。

当 10.5MPa 的压力油不能推动液压闸板防喷器关井时，可操作旁通阀手柄使蓄能器里的高压油直接进入管汇中，利用高压油推动闸板。在配备有氮气瓶组的装置中，当蓄能器的油压严重不足时，可以利用高压氮气驱动管路里的剩余存油紧急实施防喷器关井动作。

管汇上装有泄压阀。平常，泄压阀处于关闭工况，开启泄压阀可以将蓄能器里的压力油排回油箱。典型的远程控制装置其元件组成与管路情况如图 15-8 所示。

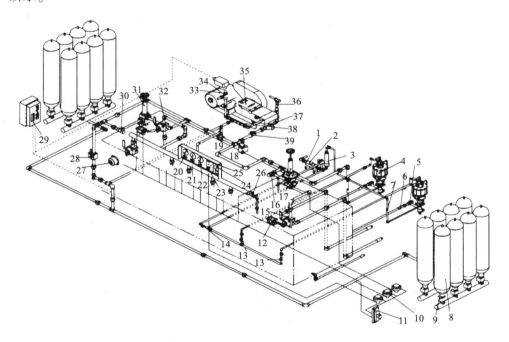

图 15-8　典型气控液型远程控制装置结构组成示意图

1—气源处理元件；2—压力表；3—液气开关；4—气泵；5—1in 滤油器；6，9，28，36，39—球阀；

7，38—单向阀；8—蓄能器；10—气动压力变送器；11—接线盘（方板）；12—双作用气缸；

13—截止阀；14—截止阀；15—三位四通转阀；16—滤油器；17—气手动减压阀；18—高压球阀；

19—溢流阀；20—蓄能器压力表；21—管汇压力表；22—环形防喷器供油压力表；

23—气动调压阀；24—气源压力表；25—分配阀（三位四通气转阀）；26—泄压阀；

27—压力控制器；29—电控箱；30—滤油器；31—手动减压阀；

32—旁通阀；33—电动机；34—溢流阀；35—电泵；37—2in 滤油器

15.1.5　防喷器控制装置及应急控制系统

防喷器控制装置及应急控制系统是在原地面防喷器控制装置的基础上整合节流管汇控制功能，并配置一套备用剪切液控单元，利用 PLC 作为控制核心，采用现场总线和无线以太网技术连接至司钻面板，建立的一套具有井口参数采集及报警、节流管汇控制、一键关井、备用应急剪切、关键数据存储的数字化综合井控控制装置。

该装置除远程控制台的原有功能外，还有以下功能：

（1）节流管汇控制功能（节控箱的操作通过司钻台实现）。

（2）一键关井功能（一键执行关平板阀、关防喷器和关节流阀）。

（3）备用应急剪切功能。备用应急剪切系统是完全独立的备用系统，在主液控失效时司钻可通过司钻面板控制备用剪切操作，队长可通过无线遥控手提箱实现备用剪切操作。

在发生溢流时，可以按原操作规程关井，也可以选择使用一键关井功能，图 15-9 为一键关井设置示意图。司钻面板至远控台用一根电源线和数据线连接，图 15-10 为数字化司钻控制台，操作反应迅速。队长遥控手提箱采用无线遥控方式，可在紧急情况下对井控系统进行遥控操作，图 15-11 为遥控手提箱。

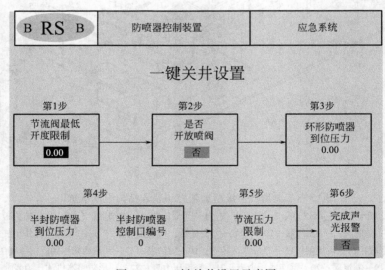

图 15-9　一键关井设置示意图

图 15-10　数字化司钻控制台

图 15-11　遥控手提箱

15.2　典型控制装置介绍

目前，国内现场使用的控制装置工作原理、结构组成及操作要领基本相同，操作者使用具体设备时可按设备说明书的提示，熟悉结构，正确操作。

15.2.1　FK240-3 控制装置

15.2.1.1　FK240-3 代号含义

FK——地面防喷器控制装置；240——蓄能器公称总容积：240L；3——控制对象数量 3 个，即可控制环形防喷器、半封液压闸板防喷器、全封液压闸板防喷器。

15.2.1.2　结构特点及工作原理

该装置的蓄能器由 6 个立式钢瓶组成，单瓶公称容积 40L，所以蓄能器公称总容积为 240L。井口防喷器的开关动作所需压力油由蓄能器提供，而蓄能器所储存的压力油由电泵或手动泵供应或补充。

电泵一台，其电源由井场发电机组提供并由压力控制器实行自动控制，压力控制器上限压力调整为 21MPa，下限压力调整为 18.5MPa。当蓄能器油压升到 21MPa 时，压力控制器自动切断电源，电泵停止工作；当蓄能器油压降到 18.5MPa 时，压力控制器自动接通电源，电泵启动运转。蓄能器里液压油的油压始终保持在 18.5~21MPa 范围内。

手动泵作为备用、辅助泵使用。当电泵发生故障或电路出现问题时，只要推动手动油泵的手柄，即可对系统提供压力油。系统压力比较低时，可以将手动油泵上的截止阀打开，使其双缸工作，以加大排出液量；系统压力较高时，推动手动泵会困难，此时应当关闭手动泵上的截止阀，使手动泵单缸工作，降低推动手柄的负荷。

蓄能器里的压力油流经高压球阀，一路经滤油器、气动减压阀输到控制环形防喷器的换向阀；另一路流经滤油器、手动减压阀、旁通阀输到控制各液压闸板防喷器的换向阀。蓄能器额定工作压力为21MPa。

该装置所控制的3个对象分别由相应的换向阀操作，扳动换向阀手柄使之处于开位或关位即可使井口环形防喷器、液压闸板防喷器开关动作。平时换向阀手柄应置于中位。

环形防喷器与液压闸板防喷器供油管路上的手动减压阀，其二次油压调整为10.5MPa。

电泵通向蓄能器的管路上装有蓄能器安全阀，用来保护蓄能器。蓄能器安全阀开启压力调整为24MPa。

控制液压闸板防喷器的换向阀供油管路上装有泄压阀。当控制装置停用搬迁时，利用泄压阀将蓄能器里的压力油排回油箱。

电泵、手动泵的进油管路上都装有进油阀和滤油器，输油管路上装有单向阀。

蓄能器的钢瓶里装有充气胶囊，钢瓶下部装有截止阀，单瓶检修时不影响整套系统工作。远程控制装置上装有3个油压表，即蓄能器压力表、环形防喷器供油压力表、液压闸板防喷器供油压力表。

油箱有效容积为456L。

电泵进油管路上设计有外接油口并备有软管附件，可将油桶中的油抽入油箱。

远程控制装置保护房的房顶可以液压打开，以便于维修蓄能器钢瓶。蓄能器进出油的主管路上设置有2个截止阀组成的液压支路，利用该支路的油压推动房顶的二位气缸使房顶打开与关闭。

15.2.2　FKQ640-7控制装置

FKQ640-7型控制装置可以控制1台环形防喷器、1台双闸板防喷器、1台单闸板防喷器、2个液动阀、1个备用控制线路，共计可控制7个对象。

该装置的蓄能器组由8个蓄能器组成，单瓶公称容积80L，因此蓄能器公称总容积为640L。井口防喷器开关动作所需的液压油由蓄能器提供，蓄能器所储存的液压油则由电泵或气泵供应与补充。

电泵1台，压力控制器上限压力调定为21MPa，下限压力调定为19MPa。当蓄能器油压升至21MPa时，压力控制器自动切断电源，电泵停止工作；当蓄能器油压降至19MPa时，压力控制器自动接通电源，电泵启动运转，蓄能器里液压油的油压始终保持在 21～19MPa 范围内。

气泵 2 台作为备用、辅助泵使用，液气开关对气泵的启停进行自动控制，控制压力调定为 21MPa。当蓄能器油压过低时，液气开关接通气源，气泵运转；当蓄能器油压升至 21MPa 时液气开关切断气源，气泵停止工作。

该装置所控制的 7 个对象分别由相应的三位四通转阀操纵。三位四通转阀手柄连接有双作用气缸，因此可在司钻控制台（遥控装置）上操纵气控阀件遥控三位四通转阀手柄，实现井口防喷器开关动作。

闸板防喷器与环形防喷器供油管路上装有减压阀，其二次油压（输出油压）调定为 10.5MPa。当闸板防喷器的闸板遇阻，10.5MPa 的油压推不动闸板时，可手动操纵旁通阀或在司钻控制台上遥控旁通阀使之处于开位，直接利用蓄能器里 19～21MPa 的高压油迫使闸板动作。

电泵通向蓄能器的管路上装有蓄能器溢流阀，用来保护蓄能器。蓄能器溢流阀调定开启压力 23MPa。环形防喷器的减压阀管路上装有管汇安全阀，用来保护高压管路。管汇溢流阀调定开启压力 34.5MPa。

蓄能器里装有充氮胶囊，蓄能器下部装有球阀，单个蓄能器检修时不影响整套系统工作。

远程控制台上除气源压力表外还装有 3 个油压表，即蓄能器压力表、环形防喷器供油压力表、闸板防喷器供油压力表。蓄能器装置上装有 3 个气动压力变送器将油压的变化转变为气压信号输至司钻控制台上的二次仪表。

油箱容积 1600L。液压油推荐 L-HM32 液压油，北方冬季选用低凝液压油，如 L-HS32。

该装置有制备 34.5MPa 高压油的能力，以便为井场其他设施与工具提供压力试验的油源。制备高压油的操作要领是：将电泵与气泵输油管线汇合处的截止阀关闭，开启旁通阀，打开气泵进气管路上的旁通截止阀，开启气泵进气阀，气泵运转，就可以得到高达 34.5MPa 的液压油。

远程控制台的保护房分为非保温型、保温型及拖撬型。可根据不同的要求配置空调、电加热板、电暖气等。

司钻控制台由气控阀件组成，利用压缩空气遥控远程控制台上的 7 个三位四通转阀以及旁通阀。

司钻控制台上的三位四通气转阀都设有弹簧复位机构，操作者动作完毕松手后，三位四通气转阀会自动恢复中位，远程控制台上双作用气缸里的压缩空气立即逸入大气，因此远程控制台上的三位四通转阀随时可以手动操作。这样就保证了司钻控制台与远程控制台对井口防喷器的控制各自独立，互不干涉。

操作者在司钻控制台上同时操作气源总阀与三位四通气转阀时才能对远程控制台实行遥控。这样就避免了由于偶然碰撞、扳动三位四通气转阀手柄而引起井口防喷器误动作事故。

司钻控制台上装有 4 个压力表，显示气源气压、环形防喷器液控油压、闸板防喷器液控油压以及蓄能器油压。

司钻控制台具有操作记忆功能，每个三位四通气转阀分别与一个显示气缸相接，当操作转阀到"开"位或"关"位时，显示窗口便同时出现"开"字或"关"字，气转阀手柄复位后，显示标牌仍保持不变，使操作人员能了解前一次在司钻台上操作的状态。

15.3 控制装置主要部件

15.3.1 蓄能器

15.3.1.1 用途

蓄能器用以储存足够的高压油，为井口防喷器、液动阀动作时提供可靠油源。

15.3.1.2 结构

蓄能器由若干个钢瓶组成，每个钢瓶中装有胶囊，胶囊中预充 7MPa 的氮气。钢瓶结构如图 15-12 所示。

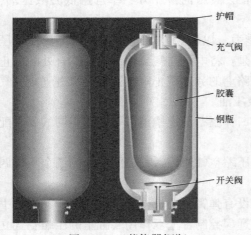

图 15-12 蓄能器钢瓶

15.3.1.3 工作原理

电泵将 7MPa 以上的压力油输入钢瓶内，瓶内油量逐渐增多，油压升高，胶囊里的氮气被压缩，直到瓶中油压达到 21MPa 为止。此时胶囊里氮气体积约占钢瓶容积的 1/3。在防喷器开关动作用油时，胶囊氮气膨胀将油挤出，瓶内油量逐渐减少，油压降低，通常油压降至 19MPa 时电泵立即启动向瓶内补充液压油，使油压恢复至 21MPa。

防喷器开关动作所需压力油来自蓄能器，而电泵与气泵则为蓄能器充油与补油。在选用控制装置时其蓄能器应能保证电泵与气泵发生故障，甚至停电、停气情况下，靠蓄能器本身的液压油量（钢瓶油压由 21MPa 降至 8.4MPa

时所排出的油量）的 2/3 即能满足全部控制对象关闭各一次的需要，不影响井控作业。蓄能器系统的可用液量应满足 SY/T 5053.2—2007《钻井井口控制设备及分流设备控制系统规范》的要求。

15.3.1.4　主要技术规范

（1）胶囊充氮压力：（7±0.7）MPa；

（2）钢瓶设计压力：31.5MPa；

（3）蓄能器额定工作压力：21MPa；

（4）蓄能器规格不同的，其排液量也不同，见表 15-1。

表 15-1　蓄能器理论排液量及实测排液量

蓄能器规格	理论排液量，L	实测排液量，L
25L	10.5	9
40L	16.8	16
80L	33.6	31
11 GA L	16.8	16
15 GA L	23.8	20

注：蓄能器充气压力 7MPa，升压至 21MPa 后，降压至防喷器最小工作压力（8.4MPa）时的排液量。

15.3.1.5　现场使用注意事项

（1）钢瓶胶囊中只能预充氮气，不应充压缩空气，绝对不能充氧气。

（2）往胶囊充氮气时应使用充氮工具并应在充氮前首先泄掉钢瓶里的压力油，即必须在无油压条件下充氮。

（3）每月对胶囊的氮气压力检测一次。检测时使用充氮工具，检测前应首先泄掉钢瓶里的压力油。

（4）现场无充氮工具时可采取往蓄能器里充油升压的方法检测钢瓶胶囊中的氮气预压力。方法是打开泄压阀使蓄能器压力油流回油箱，关闭泄压阀，启动电泵往蓄能器钢瓶里充油。油压未达到氮气预压力时压力油进不了钢瓶，蓄能器压力表升压很快，当油压超过氮气预压力时压力油进入钢瓶，蓄能器压力表升压变慢。在往蓄能器钢瓶里充油操作时，密切注视蓄能器压力表的压力变化，压力表快速升压转入缓慢升压的压力转折点即胶囊预充氮气的预压力。

（5）充氮工具如图 15-13 所示。

充氮操作时，旋开钢瓶上部的护帽，卸下充气阀螺帽，将接头与钢瓶充气阀嘴相接，另一接头与氮气瓶相接。顺时针旋转充氮工具旋钮将钢瓶充气阀压开，然后缓慢旋开氮气瓶阀旋钮并观察压力表。当表压显示（7±0.7）MPa 时，关闭氮气瓶阀旋钮，逆时针旋转充氮工具旋钮使钢瓶充气阀封闭，打开充氮工具放气

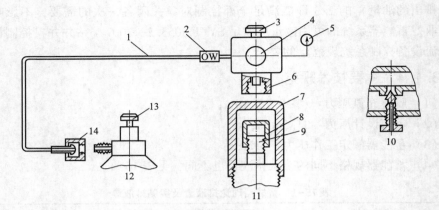

图 15-13　充氮工具示意图

1—胶管；2—单向阀；3—旋钮；4,10—放气阀；5—压力表；6,14—接头；7—护帽；8—充气阀螺帽；
9—充气阀嘴；11—蓄能器钢瓶；12—氮气瓶；13—旋钮

阀使圈闭在工具中的氮气逸出直至压力表回零，最后将两接头从钢瓶与氮气瓶上卸下。使用充氮工具时应熟悉操作顺序，确保安全作业。

15.3.1.6　蓄能器钢瓶数的校核

在选用控制装置时应对蓄能器钢瓶数进行校核，以确保井控作业安全可靠。

例如，设井口防喷器组为 2FZ18 - 35 与 FH18 - 35 的组合；控制装置为 FK2403。

已知 FH18-35 关闭一次耗油 56L，2FZ18-35 关闭一次耗油 4L×2，那么控制对象各关闭一次所需总油量应为：56L+4L×2=64L。

在停泵不补油情况下，只靠蓄能器本身有效排油量的 2/3，即能满足井口全部控制对象各关闭一次的需要。因此，控制装置的总有效排量应为：64L×1.5=96L。

已知单瓶实际有效排油量为 17L，那么控制装置蓄能器的钢瓶数应为：96L/17=5.66L，即 FK2403 的钢瓶数为 6，因此 FK2403 的控制装置是符合技术要求的。

15.3.2　电泵

15.3.2.1　用途

电泵用来提高液压油的压力，往蓄能器里输入与补充压力油。电泵在控制装置中作为主泵使用。

15.3.2.2　结构与工作原理

结构如图 15-14 所示。电泵为三柱塞、单作用、卧式、往复油泵，由三相异步防爆电动机驱动。电泵的结构与井场钻井泵类似，其工作原理也相同。

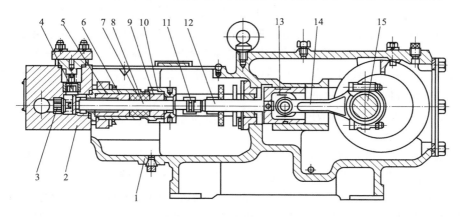

图 15-14　电泵结构示意图

1—动力端；2—液力端；3—吸入阀；4—排出阀；5—密封圈套筒；6—衬套；7—密封圈；8—柱塞；

9—压套；10—压紧螺帽；11—连接螺帽；12—拉杆；13—十字头；14—连杆；15—曲轴

电动机通过节距为 19mm（¾in）的双排滚子链条驱动电动机动力端的曲轴，曲轴的旋转运动经连杆、十字头转变为拉杆与柱塞的水平往复运动。柱塞向后运动时，吸入阀进油；柱塞向前运动时，排出阀排油。电泵无缸套，柱塞即活塞。液力端有柱塞密封装置。柱塞密封装置、柱塞与拉杆的连接方式如图 15-15 所示。电泵的排量固定，不可调节。

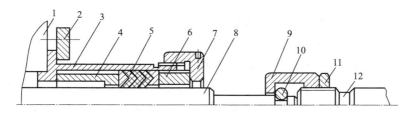

图 15-15　柱塞密封装置、柱塞与拉杆的连接示意图

1—液力端；2—压板；3—密封圈套筒；4—衬套；5—密封圈；6—压套；

7—压紧螺帽；8—柱塞；9—连接螺帽；10—钢丝挡圈；11—并帽；12—拉杆

15.3.2.3　主要技术规范

不同厂家所生产的控制装置，泵的排量与电动机功率不同，但电泵的额定工作压力都是 21MPa。

15.3.2.4　现场使用注意事项

（1）电源不应与井场电源混淆，应专线供电，以免在紧急情况下井场电源被切断而影响电泵正常工作。

（2）电源电压应保持 380V，电压过低将影响电泵的正常补油工作。

（3）控制装置投入工作时电泵的启停应由压力控制器控制，即电控箱旋钮应旋至自动位。压力控制器上限压力调定为 21MPa，下限压力调定为 19MPa。

（4）电动机接线时应保证曲轴按逆时针方向旋转，即链条箱护罩上所标志的红色箭头旋向。其目的是使十字头得到较好的飞溅润滑。

（5）曲轴箱、链条箱注入 20 号机油并经常检查油标高度，机油不足时应及时补充。半年换油一次。

（6）柱塞密封装置中的密封圈应松紧适度。密封圈不应压得过紧，以有油微溢为宜。通常调节压紧螺帽，使该处每分钟滴油 5~10 滴。

（7）拉杆与柱塞应正确连接。当钢丝挡圈折断须在现场拆换时，应保证拉杆与柱塞端部相互顶紧勿留间隙，否则将导致新换钢丝挡圈过早疲劳破坏。

15.3.3　气泵

15.3.3.1　用途

气泵用来向蓄能器里输入与补充压力油，但在控制装置中作为备用辅助泵。当电泵发生故障、停电或不许用电时启用气泵；当控制装置需要制备 21MPa 以上的高压油时启用气泵。

15.3.3.2　结构与工作原理

气泵上部为气动马达，下部为抽油泵。气动马达由钻机气控系统制备的压缩空气驱动。抽油泵为单柱塞、立式、往复油泵。气泵如图 15-16 所示。

压缩空气经换向机构进入气缸上腔推动活塞下行，此时气缸下腔与大气相通。稍后，随着活塞的继续下行，往复杆与梭块亦被迫下行。当活塞抵达下死点时，梭块刚过换向机构的中点，于是在顶销弹簧推动下梭块与滑块被迅速推向下方，换向机构实现换向。

压缩空气经换向机构进入气缸下腔推动活塞上行，此时气缸上腔与大气相通。稍后，伴随活塞的继续上行，往复杆与梭块亦被迫上行。当活塞抵达上死点时，梭块刚过换向机构中点，顶销将梭块与滑块迅速推向上方，换向机构又实现换向。如此，往复变换气流，活塞与活塞杆即连续上下往复运动。带动油泵活塞杆上下往复运动，油泵随即吸油、排油。

气泵的工作特点是：间歇吸油，连续排油。

如果气缸与油缸内腔断面的面积比为 60：1，则进气压力与排油压力的理论比为 1：60。当修井机气控系统的气压为 0.6~0.8MPa 时可获得相应油压 36~

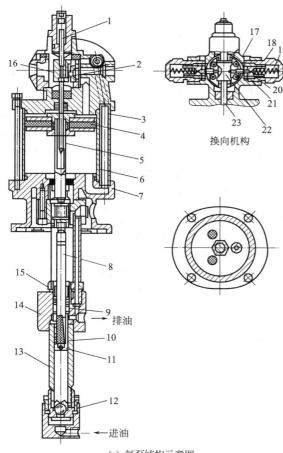

(a) 气泵结构示意图　　　　　　　(b) 气泵实物图

图 15-16　气泵

1—往复杆；2—滑块；3—导气管；4—活塞；5—活塞杆；6—气缸；7—气马达下座；8—活塞杆；9,10—密封填料；11,12—钢球；13—油缸；14—泵体；15—密封填料压帽；16,22—梭块；17—顶销；18—弹簧盒；19—弹簧；20—柱塞；21—导套；23—往复杆

48MPa。为了保护气泵与液压管线的安全，通常限定气源压力不超过 0.8MPa。

制造厂家在制造控制装置时，通常在气泵供气管线上装设有空气减压阀，用来调整供气压力，使之低于 0.8MPa。

气泵的排油量与耗气量都不稳定，随排油压力高低而变化。当排油压力低时泵冲次增多，排油量增多，耗气量增多；当排油压力高时泵冲次减少，排油量减少，耗气量减少。

气泵往蓄能器里补油时，启动较平稳，无须泄压启动。

15.3.3.3 现场使用注意事项

（1）气泵耗气量较大。当修井机气控系统气源并不充裕时，不宜使气泵长期自动运转工作。通常关闭气泵进气阀，停泵备用。

（2）气泵的油缸上方装有密封填料，当漏油时可调节填料压帽，填料压帽不宜压得过紧，不漏即可；否则将加速填料与活塞杆的磨损。

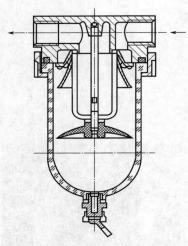

图 15-17　分水滤气器

（3）气泵应保持压缩空气的洁净与低含水量。在设备气路上的气源处理元件中的过滤器（分水滤气器）应半月清洗一次，每天打开底部放水阀放掉杯内积水（图 15-17）。

（4）气路上装有油雾器。压缩空气进入气缸前流经油雾器时，有少量润滑油化为雾状混入气流中，以润滑气缸与活塞组件。油雾器的结构如图 15-18 所示。

油雾器使用时的注意事项：

① 油杯中储存 10 号机油。

② 油杯中盛油不可过满，2/3 杯即可。油杯盛满机油时油雾器将失效。

③ 控制系统投入工作时，每天检查油杯油面一次，酌情加油。加油时不必停气，可

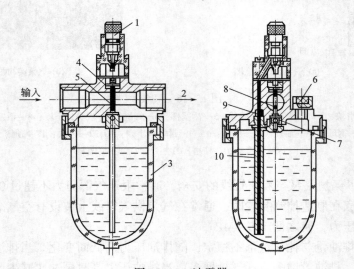

图 15-18　油雾器

1—针型阀；2—输出；3—油杯；4,5—小孔；6—螺塞；7—截止阀；8—孔；9—单向阀；10—吸油管

以"带压"操作，即将油杯上螺塞旋下直接往杯中注油，油杯中存油不会溅出。

　　④ 手调顶部针型阀以控制油雾器喷油量。通常，逆时旋拧针型阀半圈即可。

　　随着科技的不断进步和发展，北京石油机械厂现在已经生产出高压大排量的气动油泵，能够同时满足输出高压和大排量的要求，以满足不同的使用工况。

15.3.4　三位四通转阀

15.3.4.1　用途

　　三位四通转阀用来控制压力油流入防喷器的关井油腔或开井油腔，使井口防喷器迅速关井或开井。

15.3.4.2　结构与工作原理

　　三位四通转阀的手柄连接双作用气缸，既可手动换向又可遥控气动换向。三位四通转阀的结构如图 15-19 所示。

(a) 三位四通转阀实物图

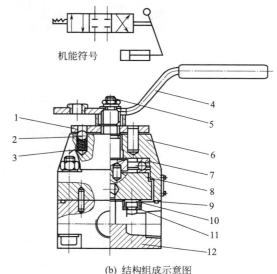

机能符号

(b) 结构组成示意图

图 15-19　三位四通转阀

1—定位板；2—钢球；3—弹簧；4—手柄；5—转轴；6—阀盖；7—推力球轴承；8—阀芯；
9—阀座；10—密封圈；11—波形弹簧；12—阀体

该阀装有推力球轴承，手柄操作轻便灵活。阀盖上部装有由弹簧、钢球、定位板组成的定位机构，手柄转动到位后即被锁住实现定位。阀体装有3个阀座，阀座下面装有波形弹簧使阀座与阀芯紧贴密封。液压油作用在阀座底部起油压助封作用。3个阀座的油口与回油口各自与管线连接。上方油口为P口，接液压油管路；下方油口为T口，接通油箱管路；A口与B口则连接通向防喷器的开、关油腔管路。阀芯有4个孔口但两两相通形成两条孔道。手柄有3个工作位置：中位、关位、开位。

当三位四通转阀手柄处于中位时，阀体上的P、T、A、B四孔口被阀芯封盖堵死，互不相通。当手柄处于关位时，阀芯使P与B、A与T连通，液压油由P经B再沿管路进入防喷器的关井油腔，防喷器关井动作，与此同时防喷器开井油腔里的存油则沿管路由A经T流回油箱。手柄处于开位时，阀芯使P与A、B与T相通，防喷器实现开井动作。三位四通转阀的工作原理如图15-20所示。

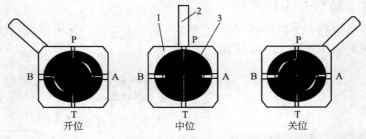

图15-20　三位四通转阀工作原理
1—阀体；2—手柄；3—阀芯

控制装置投入工作时，三位四通转阀的操纵应由司钻在钻台遥控，气动换向。但在遥控装置上操作只能使转阀处于开位或关位而不能使之处于中位。欲使转阀处于中位，必须在远程控制装置上手动操作。

15.3.4.3　现场使用注意事项

（1）操作时手柄应扳动到位。

（2）不能在手柄上加装其他锁紧装置。

（3）定期对双作用气缸进行润滑保养。

三位四通转阀性能可靠，经久耐用，很少出现故障。使用中出现问题，现场拆装检修也很方便。

针对环形防喷器开关井所需流量大的要求，现在国内已有油口为1in和1.5in的三位四通转阀，可根据需要自行选择，以达到快速开关环形防喷器的要求。

15.3.5　旁通阀

15.3.5.1　用途

远程控制装置上的旁通阀用来将蓄能器与液压闸板防喷器供油管路连通或切断。

当液压闸板防喷器使用 10.5MPa 的正常油压无法推动闸板封井时，须打开旁通阀利用蓄能器里的高压油实现关井作业。

15.3.5.2　结构与工作原理

旁通阀为二位二通转阀，其结构、工作原理与前述三位四通转阀类似（图 15-21）。阀体上装有 2 个阀座，两油口与 2 条油管连接。阀盘上有两孔。手柄有 2 个工位，即开位与关位。手柄处于开位时 2 条油路相通；手柄处于关位时两油路切断，通常手柄处于关位。阀盖上有定位机构可锁住手柄，手柄下方连接二位气缸。该阀不与油箱相通，因此开关换位时蓄能器无液压损耗。

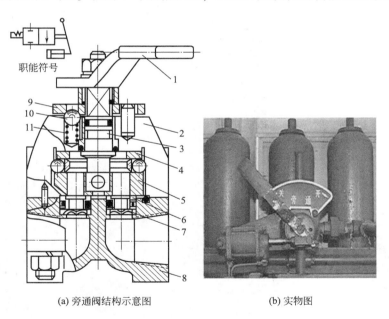

(a) 旁通阀结构示意图　　　　　　　(b) 实物图

图 15-21　旁通阀

1—手柄；2—阀盖；3—转轴；4—止推轴承；5—阀盘；6—阀座；7—蝶形弹簧；
8—阀体；9—定位板；10—钢球；11—弹簧

旁通阀也有采用二位三通转阀的，当旁通阀的手柄处于关位时，减压溢流阀的二次油进入旁通阀流入管汇，管汇压力表显示二次油压 10.5MPa；当旁通阀的手柄处于开位时，蓄能器里的一次油直接进入旁通阀流入管汇，管汇压力表显示一次油压 19~21MPa。这种二位三通旁通阀开关换位时蓄能器有液压损耗，所以开关时手柄一定要扳到位。通常手柄处于关位。

15.3.6 减压阀

15.3.6.1 用途

减压阀用来将蓄能器的高压油降低为防喷器所需的合理油压。当利用环形防喷器封井进行起下钻作业时，减压阀起调节油压的作用，保证顺利通过接头并维持关井所需液控油压稳定。

液压闸板防喷器与环形防喷器所需液控油压通常调节为 10.5MPa。

15.3.6.2 结构与工作原理

1）手动减压阀

手动减压阀的结构如图 15-22 所示。

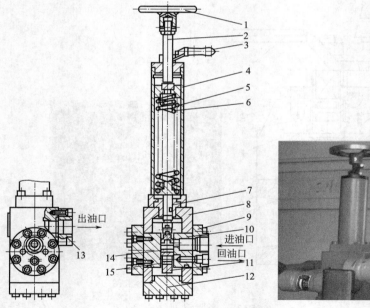

图 15-22 手动减压阀

1—手轮；2—调节螺杆；3—锁紧手把；4—弹簧调节罩；5—大弹簧；6—小弹簧；
7—连杆；8—阀体；9—进油法兰；10—进油柱塞；11—密封盒；12—下堵头；
13—出油法兰；14—减压密封环；15—泄油密封环

减压阀有 3 个油口，进油口与蓄能器油路相接；出油口与三位四通转阀 P 口相接；回油口与回油箱管路相接。高压油从进油口流入称为一次油，减压后的压力油从出油口输出称为二次油。

顺时旋转手轮，压缩弹簧，迫使连杆与密封盒下移，进油口打开，一次油从进油口进入阀腔。阀腔里的油压作用在密封盒与连杆上的合力等于油压作用在连杆横截面上的上举力。上举力推动密封盒与连杆向上移动，压缩上部弹簧，直到密封盒将进油口关闭为止，此时油压上举力与弹簧下推力相平衡，阀腔中油压随即稳定。减压阀出口输出的二次油其油压与弹簧力相对应。防喷器开关动作用油时，随着二次油的消耗油压降低，弹簧将密封盒推下，减压阀进油口打开，一次油进入阀腔，阀腔内油压回升，密封盒又向上移动，进油口关闭，二次油压又趋稳定。在这期间回油口始终关闭。

逆时旋转手轮，二次油压力将降低。此时弹簧力减弱，密封盒上移，回油口打开，阀腔压力油流回油箱，阀腔油压降低，密封盒又向下移动将回油口关闭，阀腔油压恢复稳定，但二次油压也已降低。在这期间，一次油进油口始终关闭。

二次油压力的调节范围为 0~14MPa。

在控制环形防喷器的三位四通转阀供油管路上将手动减压阀换装成气手动减压阀，其目的是便于司钻在司钻控制台上遥控调节远程控制台上的气手动减压阀，以控制环形防喷器的关井油压。

2）气手动减压阀

现有的气手动减压阀有膜片式和气马达式两种。

气手动减压阀的结构、工作原理和调压方式与手动减压阀基本相同。气动调压时，首先在气压为零的情况下，手动调压至输出压力为所需设定压力，锁定锁紧手把，然后可以在远程控制台或司钻控制台上旋转调节旋钮，即可调整环形防喷器的控制压力。当气源失效时，环形压力即恢复为手动设定的压力。

气手动调压阀（膜片式气手动减压阀）的结构如图 15-23 所示。它增加了一个橡胶膜片。气马达调压阀（马达式气手动减压阀）的结构如图 15-24 所示。

气马达调压阀的结构、工作原理和手动调压方式与气手动调压阀基本相同，所不同的是气动调压时，在远程控制台上的电控箱通过电磁换向阀对气路进行换向（电控型），或通过远程控制台显示盘上的三位四通气转阀对气路进行换向（气控型），实现气马达的正反转切换，通过蜗轮蜗杆副及螺纹副带动芯轴上下移动，释放或压缩弹簧，从而改变出口压力，即可调整环形防喷器的控制压力。当由于误操作，气动调压无法实现时，可先使电磁换向阀回复中位，松开锁紧螺帽，并扳动手柄体旋转一定角度，然后旋紧锁紧螺帽，气动调压即可恢复正常工作。

注意：气马达调压阀可以实现双向调压，经常应用在电气控型液控装置中，当气源失效时，环形压力即为失效前的压力值。气动调压时，需锁紧螺帽。

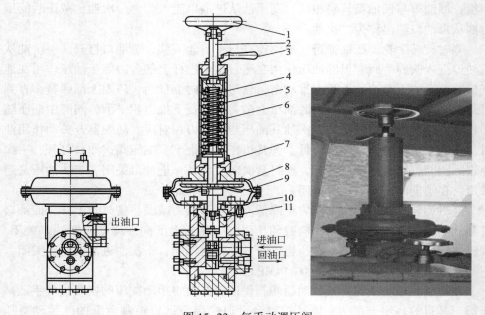

图 15-23　气手动调压阀

1—手轮；2—调节螺杆；3—锁紧手把；4—弹簧调节罩；5—大弹簧；

6—小弹簧；7—托盘；8—上膜盖；9—膜片；10—下膜盖；11—连杆

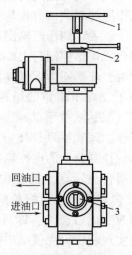

图 15-24　气马达调压阀

1—手柄体；2—锁紧螺帽；3—出油口

当用环形防喷器封井进行起下钻作业时，钻杆接头进入胶芯迫使减压阀的二次油压升高，因而密封盒上移，回油口打开，二次油压降低，密封盒下移，回油口关闭，二次油压得以保持原值不变。钻杆接头出胶芯时，减压阀的二次油压当即降低，密封盒下移，进油口打开，二次油压上升，密封盒上移，进油口关闭，二次油压恢复原值。如果没有减压阀的这种调节机能，环形防喷器在封井条件下通过钻杆接头时，会导致过度胶芯损坏。

无论哪种类型的控制装置，尽管其蓄能器的具体结构不同，所储存的液压高低不同，但在环形防喷器的液控管路上都装有减压阀，其目的就是为了保证封井以及根据具体情况对液控油压进行调压处理。

15.3.6.3 现场使用注意事项

（1）调节手动减压阀时，顺时针旋转手轮二次油压调高；逆时针旋转手轮二次油压调低。

（2）调节气动减压阀时，顺时针旋转空气调压阀手轮二次油压调高；逆时针旋转空气调压阀手轮二次油压调低。

（3）配有司控台的控制装置在投入工作时应将三通旋塞扳向司控台，气动减压阀由遥控装置遥控。

（4）液压闸板防喷器液控油路上的手动减压阀，二次油压调整为 10.5MPa，调压丝杆用锁紧手柄锁住。环形防喷器液控油路上的手动或气动减压阀，二次油压调整为 10.5MPa，切勿过高。

（5）减压阀调节时有滞后现象，二次油压不随手柄或气压的调节立即连续变化，而呈阶梯性跳跃。二次油压最大跳跃值可允许 3MPa。调压操作时应尽量轻缓，切勿操之过急。但有时跳跃值远不止 3MPa，这可能是阀腔内阀板与圆形柱塞之间卡有污物屑粒、摩阻增大的原因。遇此情况，可调节减压阀使阀板上下移动数次，将污物屑粒挤出，如仍未解除则应检修减压阀。

15.3.7 安全阀

15.3.7.1 用途

安全阀用来防止液控油压过高，对设备进行安全保护。远程控制装置上装设2个安全阀，即蓄能器安全阀与管汇安全阀。

15.3.7.2 结构与工作原理

安全阀属于溢流阀，结构如图 15-25 所示。安全阀进口与所保护的管路相接，出口则与回油箱管路相接。平时安全阀"常闭"，即进口与出口不通。一旦管路油压过高，钢球上移，进口与出口相通，压力油立即溢流回油箱，使管路油压不再升高。管路油压恢复正常时，钢球被弹簧压下，进口与出口切断。

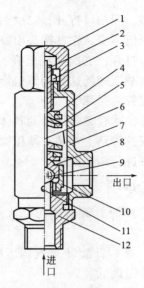

图 15-25　安全阀

1—护帽；2—调压丝杆；3—锁紧螺母；4—弹簧座；5—弹簧；6—阀杆；7—阀体；8—滑套；
9—球阀；10—导套；11—顶丝；12—接头

　　安全阀开启的油压值由上部调压丝杆调节。将上部六方螺帽旋下，旋松锁紧螺母，旋拧调压丝杆，改变弹簧对钢球的作用力即可调整安全阀的开启油压。顺时针旋拧调压丝杆，安全阀开启油压升高；逆时针旋拧调压丝杆，安全阀开启油压降低。

15.3.7.3　现场使用注意事项

　　（1）设备经检修后，安全阀压力已经调定，井场使用时只需在试运转操作中校验其开启动作压力值即可。

　　（2）国内各厂家所产控制装置的安全阀，所需调定的开启压力不同，在井场调试时应按各自的技术指标校验。安全阀开启压力指标参见表 15-2。由于管汇安全阀所调定的开启压力不同，因此各厂家的控制装置所能制备的最高油压是不同的。

表 15-2　安全阀开启压力指标

控制装置制造厂家	蓄能器安全阀开启压力，MPa	管汇安全阀开启压力，MPa
北京石油机械厂	23	34.5
上海第一石油机械厂	22	33.5
广州石油机械厂	24.5	38.5

15.3.8　单向阀

15.3.8.1　用途

单向阀用来控制压力油的单向流动，防止倒流。

电泵、气泵的输出管路上都装有单向阀。压力油可以通过单向阀流向蓄能器，但在停泵时，压力油却不能回流到泵里。这样，使泵免遭高压油的冲击。

液压闸板防喷器供油管路，在手动减压阀的二次油出口油路上通常也装有单向阀。减压阀的二次油可以通过单向阀流向控制液压闸板防喷器的换向阀，但却不能从换向阀一方倒流回减压阀。当打开旁通阀利用蓄能器的高压油控制闸板关井动作时，高压油不会经减压阀的溢流口倒流回油箱而浪费掉。

15.3.8.2　结构

单向阀的结构如图 15-26 所示。单向阀在现场无须调节与维修。

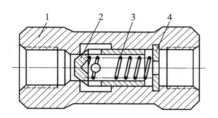

图 15-26　单向阀

1—阀体；2—阀芯；3—弹簧；4—弹性卡圈

15.3.9　压力控制器

15.3.9.1　用途

压力控制器也称为压力继电器，属于压力控制元件，用来对电动油泵的启动、停止实现自动控制。API 标准规定压力控制器的控制范围为 19~21MPa，即当电泵输出油压达到 21MPa 时电泵自动停止工作；当电泵输出油压低于 19MPa 时电泵自动启动，再次向蓄能器输入高压油，直至 21MPa 时停止泵油。

国内油田通常把压力控制器的控制范围调整到 18~21MPa。

15.3.9.2　压力控制器的使用与调节

压力控制器主要由压力测量系统、电控装置、调整机构和防爆机壳等部分组成。YTK-02E 压力控制器如图 15-27 所示。

当控制系统远程台的配电盘旋钮旋至"自动"位置时，电动机的启停就在

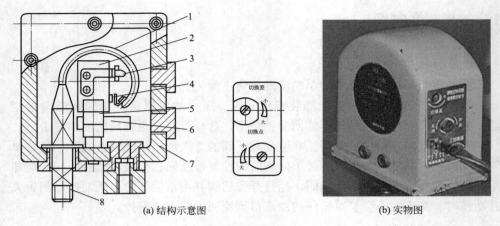

(a) 结构示意图   (b) 实物图

图 15-27　YTK-02E 压力控制器

1—压力测量部分；2—电控部分；3—调整机构；4—微动开关触点；
5—接线端子；6—调整机构；7—隔爆外壳；8—接油管

压力控制器的控制下。压力测量系统的弹性测压元件在被测介质压力的作用下会发生弹性变形，且该变形量与被测介质压力的高低成正比。当被测介质的压力达到预先设定的控制压力时，通过测量机构的变形，驱动微动开关，通过触点的开关动作，实现对电动油泵的控制。压力上限值和切换差均可以通过调整螺钉进行调节。

若将电控箱上旋钮转至"手动"位置，电动机主电路立即接通，电泵启动运转。此时电动机主电路不受电接点压力表控制电路的干预，电泵连续运转不会自动停止。如欲使电泵停止运转必须将电控箱上旋钮转至"停"位，使主电路断开。

通常，设备经检修后，电接点压力表的上下限指针已调好，井场使用时无须再做调整。

15.3.10　液气开关

15.3.10.1　用途

液气开关也称为压力继气器，用来自动控制气泵的启、停，使蓄能器保持21MPa 油压。

15.3.10.2　结构与工作原理

液气开关的结构如图 15-28 所示。液压接头连接蓄能器油路，气接头下部连接气泵进气阀，气接头侧孔则连接气源。蓄能器油压作用在柱塞上，当油压作用力大于所调定的弹簧力时柱塞下移，柱塞端部密封圈即将气接头封闭切断气泵气源，气泵停止运转。当油压作用力减弱时柱塞上移，气接头打开，气泵与气源接通，气泵启动运行。

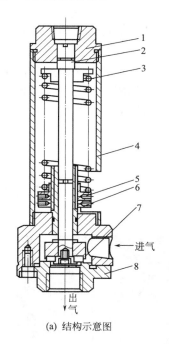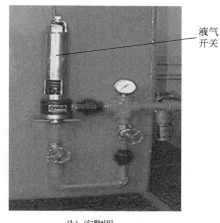

(a) 结构示意图　　　　　　　　　　(b) 实物图

图 15-28　液气开关

1—液压接头；2—柱塞；3—弹簧；4—套筒；5—调压螺母；6—锁紧螺母；7—密封圈；8—气接头

液气开关的弹簧力应调好。油压低于 21MPa 时，弹簧伸张迫使柱塞上移，气接头打开；油压等于 21MPa 时，弹簧压缩，柱塞下移，气接头封闭。

弹簧力的调节方法是：用圆钢棒插入锁紧螺母圆孔中，旋开锁紧螺母。然后再将钢棒插入调压螺母圆孔中，顺时针旋转，调压螺母上移，弹簧压缩，张力增大，关闭油压升高；逆时针旋转，调压螺母下移，弹簧伸张，弹簧力减弱，关闭油压降低。所调弹簧力是否正确，关闭油压是否 21MPa，须经气泵试运转、调试核准。最后上紧锁紧螺母。液气开关不同于压力控制器，无须调节下限油压，只需调定上限油压 21MPa 即可。气泵启动平稳、柔和，带负荷启动补油不会超载。

15.3.10.3　使用与调节

设备经检修后，液气开关的弹簧已调好，现场使用时一般无须再做调节。但在长期使用后其弹簧可能"疲劳"，弹力减弱，因而导致关闭油压有所降低，如遇这种情况可酌情调节。

15.3.11　气动压力变送器

15.3.11.1　用途

气动压力变送器用来将远程控制装置上的高压油压值转化为相应的低压气压值，然后低压气经管线输送到遥控装置上的气压表，以气压表指示油压值。

这样既可以使司钻随时掌握远程控制装置上的油压情况，又避免了将高压油引上钻台。遥控装置上气压表的表盘已换为相应高压油压表的表盘，因此，气压表的示压值与远程控制装置上所对应的油压表的油压值应是相等的。

15.3.11.2　结构与工作原理

QBY-2气动压力变送器如图15-29所示。

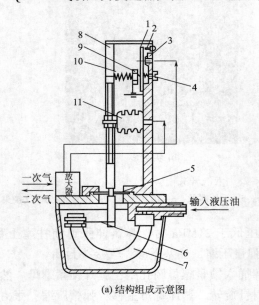

(a) 结构组成示意图

(b) 实物图

图 15-29　QBY-2气动压力变送器

1—挡板；2—顶针；3—喷嘴；4—调零弹簧螺钉；5—支点膜片；
6—拉杆；7—弹簧管；8—主杠杆；9—螺母；10—调零弹簧；11—波纹管

变送器输入液压油并输入压力为 0.14MPa 的压缩空气（一次气），输出 0.02~0.1MPa 的压缩空气（二次气），二次气压与输入液压成相应比例关系。

主杠杆为立式，由支点膜片支撑可绕支点轻微摆动。主杠杆上方承受调零弹簧作用力与波纹管作用力，主杠杆下方承受弹簧管作用力。主杠杆上下方所受作用力对杠杆产生相反的转动力矩，当转动力矩不平衡时主杠杆绕支点微摆；当转动力矩平衡时主杠杆随即稳定不再摆动。

　　弹簧管中无油压时，主杠杆在调零弹簧与波纹管张力作用下其上部向左方微摆，顶针顶住挡板，主杠杆平衡。此时挡板与喷嘴间形成较大间隙，波纹管中具有来自放大器的 0.02MPa 压缩空气。

　　当弹簧管中输入液压油时，弹簧管自由端伸张变形对主杠杆下部产生转动力矩，使主杠杆上部向右微倾，顶针微退，挡板与喷嘴间的间隙减小，自放大器输入波纹管的气压增高，波纹管张力与调零弹簧张力对主杠杆所产生的转动力矩与弹簧管张力对主杠杆所产生的转动力矩相抗衡。结果，主杠杆趋于平衡，挡板与喷嘴间的间隙固定不变，波纹管中气压稳定，变送器输出二次气压稳定。

　　当弹簧管中输入的液压升高时，主杠杆平衡被破坏，主杠杆上部向右微倾，挡板喷嘴间的间隙略微减小，自放大器输入波纹管的气压略微升高，主杠杆又趋于新的平衡状态。于是，挡板喷嘴间的间隙不再改变，波纹管中气压又恢复稳定，但气压已略微升高，变送器输出稳定的、压力稍高的二次气压。

　　当弹簧管中输入的液压降低时，主杠杆的平衡又被破坏，主杠杆上部向左微倾，顶针迫使挡板与喷嘴间的间隙略微增大，自放大器输入波纹管中的气压略微降低，主杠杆又趋于新的平衡。挡板与喷嘴间的间隙不再改变，波纹管中气压又恢复稳定，但气压已略微降低，变送器输出稳定的、压力稍低的二次气压。

　　变送器的喷嘴孔径为 1mm，恒节流孔导管孔径为 0.25mm，流通孔道都很小，因此对输入的压缩空气要求较为严格，所输入气流应洁净、无水、无油、无尘。压力变送器都附带有空气过滤减压阀，一方面用以调整输入气压（一次气）为 0.14MPa，另一方面使输入气流加以净化。

15.3.11.3　使用调节

　　气动压力变送器所输入的一次气压值由空气过滤减压阀调定。用小螺丝刀伸入空气过滤减压阀顶部小孔内，旋拧调压杆，同时观察一次气压表，当表压显示为 0.14MPa 时即停止旋拧。顺时针旋拧一次气压升高，逆时针旋拧一次气压降低。调压时操作应轻缓，一次气压应准确。

　　气动压力变送器投入工作时，远程控制装置上油压表与遥控装置上气压表所显示的油压值应基本相等，根据要求，蓄能器压力压差不超过 0.6MPa，管汇压力压差不应超过 0.3MPa。当压差过大时，可用小螺丝刀伸入变送器侧孔，旋拧调零弹簧螺钉。顺时针旋拧螺钉时，螺母后退，调零弹簧松弛，张力减弱，挡板与喷嘴间隙减小，遥控装置示压表显示值升高。同理，逆时针旋拧螺钉时，遥控装置示压表显示值降低。这种调节常称为"有压调等"。当输入液压油的压力为零时，远程控制装置与遥控装置两表指针都应回零，若遥控装置示压表指针未回零，亦可调节其调零弹簧螺钉使表针回零。这种调节常称为"无压调零"。

图 15-30 为气动压力变送器工作原理示意图。

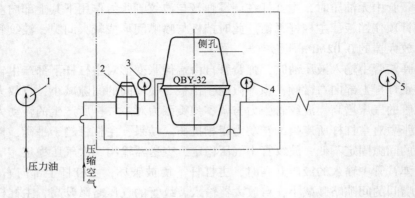

图 15-30　气动压力变送器工作原理示意图
1—蓄能器装置油压表；2—空气调压阀；3——次气压表；4—二次气压表；5—遥控装置示压表

15.3.11.4　常见故障与处理

远程控制装置与遥控装置，两个表的示压值相差悬殊。遥控装置示压表显示压力过低，可能是输入的一次气压低于 0.14MPa 或是放大器的恒节流孔导管堵塞所致。处理的办法是调准一次气压 0.14MPa，或是将装设恒节流孔导管的螺杆取出，使用不锈钢丝将恒节流孔导管孔顶通。

远程控制装置油压表的示压值为零，但遥控装置示压表显示值却很高。这可能是喷嘴黏附污物堵塞所致。处理的方法是用酒精棉球擦拭喷嘴并将喷嘴吹通，擦干。

气动压力变送器属精密仪表，调节时应小心谨慎，检修工作宜由专业仪器维修人员进行。

15.4　遥控装置

遥控装置一般安装在钻台上和干部值班房。装在钻台上的也称为司钻控制台。

15.4.1　气控液型遥控装置

15.4.1.1　结构组成及功用

司钻控制台安装于钻台上，便于司钻能方便地对防喷器实现遥控操作。当需井口防喷器开关动作时，司钻一手扳动气源总阀手柄，另一手操纵相应三位四通气转阀手柄使压缩空气输往远程控制台上的双作用气缸，推动三位四通转阀手柄动作。

典型气控液司钻控制台的结构组成如图 15-31 所示。

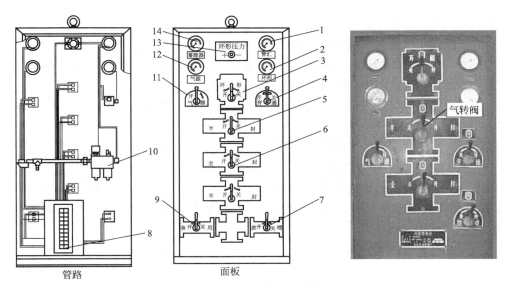

管路 面板

图 15-31 典型司钻控制台结构组成

1—管汇压力表；2—环形防喷器供油压力表；3—控制环形防喷器用三位四通气转阀；
4—控制旁通阀用三位四通气转阀；5—控制半封闸板防喷器用三位四通气转阀；
6—控制全封闸板防喷器用三位四通气转阀；7—控制液动阀用三位四通气转阀；8—方板；
9—备用三位四通气转阀；10—气源处理元件；11—气源总阀；12—气源压力表；
13—环形压力气动调压阀；14—蓄能器压力表

（1）气源压力表：用来显示气源总压力值。

（2）蓄能器压力表：用来显示蓄能器压力值。

（3）回流管压力表：用来显示闸板防喷器和液动放喷阀的油压值。

（4）环形防喷器压力表：用来显示环形防喷器的油压值。

（5）气源总阀：采用二级操作方式，以防误操作。

（6）控制液路旁通阀的气动阀：用以在司钻控制台上对管汇压力进行调节，使 10.5MPa 油压升为 21MPa 油压，供防喷器剪切钻具使用。

（7）控制液动放喷阀的气动阀（2 个）：用以在司钻控制台上对四通两侧内放喷管汇上的液动放喷阀进行开关控制。

（8）控制环形防喷器的气转阀：用以在司钻控制台上对环形防喷器进行开关控制。

（9）控制闸板防喷器的气转阀（2 个）：用以在司钻控制台上对半封和全封

闸板防喷器进行开关控制。

（10）控制环形防喷器遥控减压阀的气转阀：用以在司钻控制台上对环形防喷器供油路上进行遥控调压，以实现有效的封井效果。

15.4.1.2 特点

（1）工作介质为压缩空气，保证操作安全无污染。

（2）各气转阀的阀芯均为 Y 形，并能自动复位，在任何情况都不影响在远程控制台上使用三位四通转阀对防喷器组的操作。

（3）每个气转阀手柄下面均配有形象化的标牌，能清晰地显示出各气转阀所控制的对象，以防误操作。

（4）司钻控制台的气转阀均采用二级操作方式。气源总阀设在司钻控制台气路的上游，其他气转阀的气路为并联结构，连接在气路的下游处。若要开关防喷器，必须在（左手）向下扳动气源总阀的同时，（右手）操作相应的气转阀，以防误操作。扳动气转阀必须保持 3s 以上，以确保远程控制台上的换向阀换向到位。

（5）每个气转阀分别与一个显示气缸相连，以便显示防喷器和液动阀的开关位置。气转阀手柄复位后，显示标牌将保持不变，从而直观地显示出每个控制对象的实际工况，以免误操作。

15.4.2 电气控型液控装置

电气控型液控装置使用了 PLC、触摸屏、电磁阀组和传感器等元件，采用通信电缆传递控制信号，采用供电电缆为按钮箱（司钻控制台）和 HMI 面板（辅助控制台）供电。对 PLC 编程，对触摸屏编辑界面，当需要操作防喷器时，按下按钮箱上的按钮或 HMI 面板上的触摸屏触板对远程控制台发出控制信号，通过信号电缆将信号传到远程控制台电控箱内的 PLC 上，PLC 控制远程控制台上相应的电磁阀的动作，使双作用气缸动作，从而控制远程控制台上相应的三位四通转阀手柄。为防止误操作，在按钮箱和 HMI 面板上，当遥控远程控制台的三位四通转阀的动作时，需要同时按下二级操作按钮和相应的按钮或触摸屏触板才能完成操作。在按钮箱和 HMI 面板上都有 4 个压力表显示远程台上的压力值，可以显示当前远程控制台上的三位四通转阀的开关位置，可以对远程台上的气手动压阀调控压力。

当突然断电时，控制装置的不间断电源要为电控制部分提供至少 2h 的备用能量。

安装在钻台上的按钮箱和安装在值班室里的 HMI 面板如图 15-32 所示。

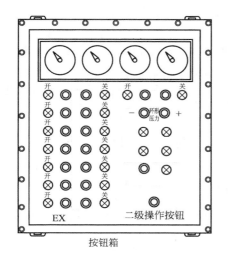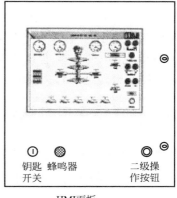

图 15-32　按钮箱和 HMI 面板

15.5　控制装置安装、调试及工况

15.5.1　控制装置的安装

（1）远程控制装置（远程控制台）安装在面对井场左侧、距井口不少于 25m 的专用活动房内，距放喷管线或压井管线应有 1m 以上的距离，并保持 2m 宽的行人通道，周围 10m 内不得堆放易燃、易爆、腐蚀物品。

（2）吊装远程控制台时，必须用 4 根钢丝绳套于底座的四脚起吊，起吊时注意平稳、不挤压保护房。吊装司钻控制台或管排架时均应将钢丝绳穿过或钩住吊环吊起。

（3）远程控制台上所需电源，最好接在钻台或机房动力电源总闸之前，并单独用闸刀控制，以便出现紧急情况井场或机房电源被切断时不影响电动机工作。

（4）总气源应与司钻控制台气源分开连接，并配置气源排水分离器，严禁强行弯曲和压折气管束。

（5）油管的连接。

建议从井口防喷器上部开始连接，依次连接管路，以便使管线摆放整齐，易于调整走向，一次安装成功。在远程控制台底座后槽钢的上方，对应于每根油管束均焊有"O"或"C"的字符。"O"为"开"，"C"为"关"。连接管路时既要按远程控制台上三位四通转阀标牌所示的全封、半封、环形、放喷等对应连接，又要注意标有"O"或"C"的管路须与防喷器本体的"开"或"关"的油口一致。

（6）安装管排架前应用压缩空气将所有管线吹扫干净，安装时管排架与防喷管线距离不小于1m。在车辆跨越处，应装过桥盖板。

（7）气管线的安装应顺管排架安放在其侧面的专门位置上，多余的管线盘放在靠远程控制台附近的管排架上，严禁强行弯曲和压折。

15.5.2　控制装置现场调试

15.5.2.1　远程控制装置空负荷运转

空负荷运转是使泵组在油压几乎为零的工况下运转，目的是疏通油路，排除管路中空气，检查电泵、手动泵空载运转情况。

1）准备

（1）远程控制台蓄能器充氮气压力（7±0.7）MPa，气源压力0.65～0.8MPa。

（2）油箱注规定的液压油、油面要合适，即液位升至油标的上限。

（3）检查曲轴箱、链条箱油标高度。向曲轴柱塞泵的曲轴箱内加入规定的机油，通过油标观察其液面高低；气源处理二联体和油雾器的油杯中加入适量的机油，链条护罩内加入适量的机油；用油枪向空气缸的油嘴内加入少许机油。

（4）电源总开关合上。

（5）蓄能器进出油截止阀开启。

（6）旁通阀手柄处于开位。

（7）换向阀手柄处于中位。

（8）蓄能器压力显示18.5～21MPa。

（9）环形、液压闸板防喷器压力表显示10.5MPa。

（10）压力控制器上限位于21MPa，下限位于18.5MPa。

（11）油箱中盛油高于下部油位计下限。

（12）泄压阀打开。

2）操作步骤

（1）电控箱旋钮转到手动位置启动电泵，检查电泵链条的旋转方向，柱塞密封装置的松紧程度以及柱塞运动的平稳状况，电泵运转10min后手动停泵。

（2）关闭泄压阀。旁通阀手柄扳到关位。

15.5.2.2　远程控制装置带负荷运转

带负荷运转是使泵组在正常油压下运转，目的是检查管路密封情况以及部件的技术指标。操作步骤如下：

（1）手动启动电泵。从蓄能器压力表上可以看出油压迅速升至 7MPa，然后缓慢升至 21MPa。手动停泵，稳压 15min。检查管路密封情况，蓄能器压力表压降不超过 0.5MPa 为合格。

（2）观察环形防喷器供油压力表与液压闸板防喷器供油压力表，检查或调节 2 个减压溢流阀的二次油压为 10.5MPa。

（3）开、关泄压阀，使蓄能器油压降到 18.5MPa 以下，手动启动电泵，使油压升到蓄能器安全阀调定值，检查或调节蓄能器安全阀的开启压力。手动停泵。

（4）开泄压阀，电控箱主令开关转到"自动"位置，电泵空载运转 10min 后，关闭泄压阀，使蓄能器压力升到 21MPa，此时应能自动停泵（不能自停时可将电控箱的主令开关转到"手动止"位置，使泵停止运转），逐渐打开泄压阀，使系统缓慢泄压，油压降到 18.5MPa 时，电泵应能自动启动。检查压力控制器的工作效能，否则重新调定。最后，将电控箱旋钮旋到停位，停泵。

（5）关闭液气开关的旁通阀，打开通往气动泵的气源开关，使气动泵工作，待蓄能器压力升到 21MPa 左右时，观察液气开关是否切断气源使气泵停止运转。逐渐打开控制管汇上的泄压阀，使系统缓慢泄压，系统压力降到 18.5MPa 左右时，气泵应自动启动。检查液气开关的工作效能，否则重新调定。最后，关闭气泵进气阀，停泵。

（6）检查或调节气动压力变送器的输入气压，一次气压表显示 0.14MPa。核对远程控制装置与遥控装置上 3 个压力表的压力值，根据压力进行"有压调定"。

（7）检查管汇安全阀的开启压力。关闭管路上的蓄能器隔离阀，三位四通转阀转到中位，电控箱上的主令开关扳到"手动"位置，启动电泵，蓄能器压力升到 23MPa 左右，观察电动油泵出口的溢流阀是否能全开溢流。全开溢流后，将主令开关扳到"停止"位置，停止电动油泵，溢流阀应在不低于 19MPa 时完全关闭。若有气泵时，关闭蓄能器组隔离阀，将控制管汇上的旁通阀扳到"开"位。打开气源开关阀、液气开关的旁通阀，启动气动油泵运转，使管汇升压到 34.5MPa，观察管汇溢流阀是否全开溢流。全开溢流后，关闭气源，停止气动油泵，溢流阀应在不低于 29MPa 时完全关闭。由于做此项检查时管路油压较高，易导致管路活接头、弯头刺漏，故现场一般不做此项调试。

15.5.2.3　控制装置停机备用

现场调试完毕后控制装置停机备用操作要领：开、关泄压阀排掉蓄能器压力油，电控箱旋钮转到停位，拉下电源空气开关，三位四通转阀手柄扳到中位，装有气源截止阀的控制装置必须将气源截止阀关闭。

15.5.3　控制装置正常工作时的工况

15.5.3.1　蓄能器装置工况

（1）电源空气开关合上，电控箱旋钮转至自动位。

（2）装有气源截止阀的控制装置，将气源截止阀打开。

（3）气源压力表显示 0.65~0.8MPa。

（4）蓄能器钢瓶下部截止阀全开。

（5）电泵与气泵输油管线汇合处的截止阀打开或蓄能器进出油截止阀打开。

（6）电泵、气泵进油阀全开。

（7）泄压阀关闭。

（8）旁通阀手柄处于关位。

（9）三位四通转阀手柄应与井口防喷装置的开关一致，即控制液动放喷阀的手柄处于关位，控制防喷器的手柄处于开位。

（10）蓄能器表显示 18.5~21MPa。

（11）环形防喷器供油压力表显示 10.5MPa。

（12）液压闸板防喷器供油压力表显示 10.5MPa。

（13）压力控制器的上限压力调为 21MPa，下限压力调为 18.5MPa。

（14）气泵进气路旁通截止阀关闭。

（15）气泵进气阀关闭。

（16）装有遥控装置的系统将三通旋塞扳向司控台。

（17）气动压力变送器的一次气压表显示 0.14MPa。

（18）油箱中盛油高于下部油位计下限。

（19）油雾器油杯盛油过半。

15.5.3.2　遥控装置工况

（1）气源压力表显示 0.65~0.8MPa。

（2）蓄能器示压表、环形防喷器供油示压表、液压闸板防喷器供油示压表，三表示压值与远程控制装置上相应油压表的示压值压差不超过 1MPa。

（3）油雾器油杯盛油过半。

15.5.4　控制装置常见故障与处理措施

液压控制装置在使用过程中，由于种种原因（误操作、缺乏保养、超期使用等）造成控制装置出现各种故障。控制装置常见故障与处理措施列于表 15-3 中。

表 15-3　控制装置常见故障与处理

事故现象	故障原因	处理措施
电泵电动机不能启动	电源参数不符合规定，电压过低电泵补油困难	检修电路
	电控箱内电器元件损坏、失灵或熔断器烧毁	检修电路或更换熔断器
	柱塞密封装置的密封圈压得过紧	适当放松压紧螺帽
电动油泵不能自动停止运转	压力控制器油管或接头处堵塞或有漏油现象	检查压力控制器管路
	压力控制器失灵	调整或更换压力控制器
控制装置运行时有噪声	系统油液中混有气体	空运转、循环排气，检查蓄能器胶囊有无破裂，及时更换
减压溢流阀出口压力过高	阀内密封环的密封面上垫有污物	旋转调压手轮，使密封盒上下移动数次，以便挤出污物，必要时拆修
电动油泵启动后系统不升压或升压太慢，泵运转声音不正常	电泵密封装置的密封填料过松或磨损	上紧压紧螺母或更换密封圈
	油箱油面过低，泵吸空	补充油量
	进油阀未打开或微开，或进油口过滤器堵塞、不畅	打开进油阀，清洗过滤器
	管汇泄压阀未关闭或微开	关闭泄压阀
	电动油泵故障	检修电泵
	三位四通手柄未扳到位	换向阀手柄扳到位
	管路活接头、弯头泄漏	检查管路，维修
	泄压阀、换向阀、安全阀等元件磨损，内部漏油	修换阀件（可从油箱上部侧孔观察阀件漏油现象）
在司钻控制台不能开、关防喷器或相应动作不一致	空气管缆中管芯接错，管芯折断或堵死，连接法兰密封垫窜气	检查空气管缆
蓄能器充油升压后油压不稳定，蓄能器压力表不断降压	管路活接头、弯头泄漏	检修
	三位四通换向手柄未扳到位	换向阀手柄扳到位
	泄压阀、换向阀、安全阀等元件磨损，内部漏油	修换阀件（可从油箱上部侧孔观察阀件漏油现象）
	泄压阀未关死	关紧泄压阀

第 16 章　带压作业井控装置

带压作业，就是在井口有压力的情况下，利用特殊的设备进行强行起下油管、套管或衬管；带压钻水泥塞、桥塞或砂堵；酸化、压裂、打捞和磨铣；挤水泥、打桥塞和报废井作业；带压情况下，故障井口和阀门的更换、油气井维修，也可以用于欠平衡钻井、侧钻、小井眼钻井等。

带压作业所用设备一般称为不压井作业机、不压井带压作业装置、带压作业机或带压作业装置等。目前不压井设备应用于陆地和海洋，主要使用全液压不压井作业机，设备实现了全液压举升，最高提升力可达 2669kN，最大下推力达1157kN，最高作业井压可达 140MPa。

16.1　带压作业井控装置的分类与组成

16.1.1　不压井带压作业装置分类

不压井带压作业装置主要分为辅助式和独立式设备，表 16-1 为辅助式和独立式设备主要性能比较。

表 16-1　辅助式和独立式设备主要性能比较

项目	辅助式设备	独立式设备
机动性	机动性和灵活性强，可随时进入施工现场	机动性和灵活性受限制
动力源	车载自身液压动力源或独立动力源	配备独立动力源
装卸	安装、拆卸方便，节省时间及费用	安装时间需要 2~3d
整体性	整体式设备，如遇特殊工具串，在井口安装设备，要进行整体调整	现场安装施工设计、井控要求进行重新装配，基本不受井下工具串限制
工作独立性	不能独立工作	可独立工作，所有管柱的起下均依靠举升系统，作业速度较辅助式慢
施工场地	需与修井机或钻机配套使用，占地空间相对较大	占地少，适合场地受限制（如海洋平台）作业

根据液缸能提供的最大提升质量，将不压井带压作业装置划分为如下系列（表 16-2）。

表 16-2　不压井带压作业装置系列

系列	提升质量，t	系列	提升质量，t
95K	43.1	230K	104.3
120K	54.4	340K	154.2
150K	68.0	420K	190.5
170K	77.1	460K	208.7
200K	90.7	600K	272.2
225K	102.1		

不压井带压作业装置一般分井口模块和动力模块。其中井口模块包括防喷器系统、平衡泄压系统、举升系统、卡瓦系统、工作平台五部分；动力模块包括动力系统和液压系统两部分。

带压作业主要解决管柱内外压力控制和管柱上顶力控制两大核心技术，其工作原理如下：

（1）桥塞或堵塞器等内防喷工具控制管柱内的压力；

（2）不压井带压作业装置防喷器系统控制油套环空的压力；

（3）不压井带压作业装置的举升系统和卡瓦系统控制管柱，实现带压起下管柱。

16.1.2　S-9 型不压井作业装置

加拿大 SNUBCO 公司生产的 S-9 不压井带压作业装置是液压辅助式带压作业设备，也称为橇装式不压井带压作业装置，井口模块通常也称为不压井井口装置或不压井起下装置，动力模块为 S-15 动力源。其技术参数见表 16-3。井口模块结构见图 16-1。整套装置可由一台平板车拖运，如图 16-2 所示。

表 16-3　S-9 型不压井作业装置技术参数

工作压力，MPa	作业能力		运行速度		冲程，m	通径，mm
	最大下推力，tf	最大上提力，tf	最大上行速度，m/min	最大下行速度，m/min		
35.0	43	68	26.4	41.1	3.6	179.38

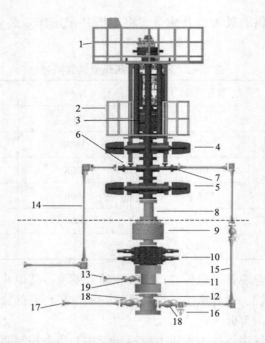

图 16-1　S-9 型不压井带压作业装置井口模块结构

1—上工作台；2—下工作台；3,9——环形放喷器；4—上闸板防喷器；5—下闸板防喷器；6—泄压阀；7—平衡阀；8—调整短节；10—液压双闸板防喷器；11—压井四通；12—井口大四通；13—泵车连接口；14—泄压管线；15—平衡管线；16—压力表；17—油放控制井口压力；18—井口闸板阀；19—液压旋塞阀

图 16-2　平板车拖运 S-9 型不压井带压作业装置

16.1.2.1　S-15 动力源结构简述

S-15 动力源是一套设计用于与 S-9 型不压井带压作业装置配套使用的集装

箱式装置，该装置为不压井作业起下装置提供动力源；另外，该集装箱还可以存放和运输配套的辅助设备和其他必备的组件。动力源的驱动单元是卡特皮勒 C-11 工业发动机，该发动机带有 FUNK 双盘式离合器壳和三相输入驱动箱，用于液压泵的输入。

16.1.2.2　S-9 型不压井起下装置结构简述

S-9 型不压井起下装置是一套组合的液压辅助起下作业装置。该装置包括一个上工作台、举升系统、卡瓦系统、下工作台、防喷器系统、平衡泄压系统。举升系统有两个加压液缸，能够提供 68tf 的举升力和 43tf 的下压力；总冲程长度 3.657m。装置内部有 4 套油管操作卡瓦，两套承重卡瓦（正向安装）和两套加压卡瓦（反向安装）；所有卡瓦最大通经 7.125in。

防喷器系统包括一个 $7\frac{1}{16}$ in×5000psi（35MPa）环形防喷器，两个 $7\frac{1}{16}$ in×5000psi（35MPa）强行起下闸板防喷器，平衡泄压系统包括 $7\frac{1}{16}$ in×5000psi（35MPa）放压/平衡四通、泄压阀、平衡阀、泄压管线、平衡管线等。

（1）工作平台：装置配有两层工作平台。上平台用于进行起下操作，控制盘就安装在此。操作人员在下工作平台可以在必要的情况下对固定卡瓦组件和环形防喷器进行维护和更换，如图 16-3 所示。

(a) 上工作平台　　　　　　　(b) 下工作平台　　　　　　(c) 上下工作台操作台

图 16-3　S-9 型带压作业上、下工作平台及操作台

（2）环形防喷器：环形防喷器为管柱起下作业提供第一级密封。带有可变形的橡胶密封，可以随意变形，包括应对裸眼井的紧急情况。液压系统能确保防喷器对管柱外径的变化快速应对以进行密封，比如工具接头和接箍，如图 16-4 所示。

（3）上半封闸板防喷器：直接安装在环形防喷器下的一个单门防喷器。这套防喷装置是一种非常耐用的设计，当环形防

图 16-4　带压作业工作环形防喷器

喷器无法完全承载井压力时，闸板防喷器为操作人员提供了井控的另一选择，见图 16-5。

（4）下半封闸板防喷器：这套装置是安装在装置内平衡四通、泄放阀的下面，这种防喷器配有可以旋转的法兰，便于不压井装置和防喷器的对中，见图 16-5。

上半封闸板防喷器

下半封闸板防喷器

图 16-5　带压作业工作上、下半封闸板防喷器

（5）平衡/泄压阀、四通：泄压阀和平衡四通有完整的接头来安装旋塞阀和节流阀。四通安装在两套闸板防喷器之间，用于在闸板防喷器和环形防喷器之间的空间进行增压和泄压；旋塞阀由上工作台控制盘进行驱动。这样的组合使得操作人员可以用不同的防喷器来控制井内压力。泄压阀如图 16-6(a)，节流阀见图 16-6(b)。

(a) 泄压阀　　　　　　　　　　　　　　(b) 节流阀

图 16-6　带压作业工作泄压阀和节流阀

（6）卡瓦组。

卡瓦是带压作业装置的关键设备，卡瓦的作用是在作业过程中夹紧管柱，控制管柱掉入井内或从井中飞出。

① 游动承重卡瓦。

用于带压起下管柱时，在重管柱模式下卡紧管柱。在起下过程使用绞车甩/接单根时，它也会卡紧管柱。游动承重卡瓦见图 16-7。

图 16-7　游动承重卡瓦

图 16-8　游动防顶（下压）卡瓦

② 游动防顶（下压）卡瓦。

在作业过程中，这套卡瓦用于轻管柱模式下卡紧管柱；倒置装配，以保证在管柱轻时阻止管柱从井筒中被顶出。游动下压卡瓦见图 16-8。

③ 固定下压卡瓦。

在作业过程中，该套卡瓦用于卡紧管柱，防止管柱被顶出。固定下压卡瓦见图 16-9。

④ 固定承重卡瓦。

固定承重卡瓦用于带压起下管柱时卡紧管柱，防止管柱落入井中。

当移动卡瓦松开管柱时，固定卡瓦卡紧管柱，使得移动卡瓦可以随液缸上移一个冲程后再次卡紧管柱。固定承重卡瓦见图 16-10。

图 16-9　固定下压卡瓦

为安全可靠地实施带压作业，不压井带压作业装置仍需配套必要的辅助作业设备和工具，通常 S-9 型不压井带压作业装置配套设备主要有：

（1）配套井口设备，包括 2FZ18-35 双闸板防喷器、环形防喷器、KQ3204 远程控制台、试压四通。

图 16-10　固定承重卡瓦

（2）配套井下工具，包括可通过式堵塞器、钢丝桥塞、电缆桥塞和油管盲堵等。

（3）配套安全工具。

① 接箍探测器，用于作业过程中准确判断接箍位置。

② 带压设备支撑架，主要用于承受带压设备和井下管柱施时在井口的重力，保护井口，实现在起下管柱过程中带压设备平稳。

③ 不压井设备专用逃生坡道。由于不压井设备操作平台有时高达 10m，该坡道主要用于不压井设备操作平台操作人员，在紧急情况下紧急逃离设备操作平台。

16.1.3　BYJ60/21DQ 带压作业机

16.1.3.1　概述

BYJ60/21DQ 带压作业机为独立式带压作业设备，本身带有 8m（完全伸出后 17m）的桅杆绞车系统，不需要修井机配合，使用升降液缸及桅杆绞车系统进行起下管柱和井下工具，可以独立完成带压起下管柱及井下工具的作业，如图 16-11 所示。

BYJ60/21DQ 带压作业机整体结构上采用模块化设计，分为动力部分和井口作业部分，动力部分为橇装结构，井口作业部分为整体式吊装结构，移运时不用拆卸，便于安装和运输。

图 16-11　BYJ60/21DQ 独立式带压作业装置

BYJ60/21DQ 带压作业机可以完成井口压力不高于 21MPa 的气井带压施工作业。

主要技术参数：

（1）升降液缸上顶力：600kN；

（2）升降液缸下压力：420kN；

（3）升降液缸空载最大上升速度：26m/min；

（4）升降液缸空载最大下降速度：40m/min；

（5）升降液缸行程：3.65m；

（6）系统通径：ϕ186mm；

（7）系统最高动密封压力：21MPa；

（8）系统最高静密封压力：35MPa；

（9）卡瓦规格：1~3½in；

（10）闸板防喷器闸板规格：全封~3½in；

（11）桅杆绞车系统载荷：500kg×2；

（12）液控系统最大工作压力：21MPa。

16.1.3.2 整体结构

采用模块化设计，分为井口装置和动力装置。

1）井口装置

井口装置包括管柱密封系统、平衡泄压系统、卡瓦系统、举升液缸、工作平台以及司钻控制台。这些组件被设计组装成一整体，移运时不用拆卸，便于运输和现场安装。

（1）管柱密封系统（防喷器系统），是带压作业机的关键部件，其作用是在整个作业过程中始终控制油套环形空间的压力，防止井喷，保证作业过程安全、顺利地进行。用户可以根据作业工艺及井口工况选择是否配剪切闸板以及闸板防喷器的数量。

BYJ60/21DQ 带压作业机的防喷器系统包括一台 3FZ18-35 三闸板防喷器、两台 FZ18-35 单闸板防喷器和一台 FH18-35 环形防喷器。其中，三闸板防喷器做安全防喷器使用，平时不参与作业，在工作防喷器需要更换配件时或是紧急情况下可以关闭安全防喷器密封井口。两台单闸板防喷器与环形防喷器组成工作防喷器。

FH18-35 环形防喷器主要是在压力低于 7MPa 时，用于密封管柱，环形防喷器配备一个 10L 的蓄能器，在通过接箍及工具时起一定的缓冲作用。环形防喷器设有减压阀，可以根据井内压力大小来调节环形防喷器的密封压力，从而减少胶芯的磨损量，延长其使用寿命，降低作业成本。FH18-35 环形防喷器见图 16-12。

　　FZ18-35 单闸板防喷器主要是在压力高于 7MPa 时，用于倒出油管接箍及工具。闸板采用长圆形整体式，其密封胶芯采用前密封和顶密封组装结构，前密封和顶密封可根据损坏情况不同单独更换，拆装简单省力；闸板总成的前密封镶嵌有耐磨高分子材料制造的耐磨体，使前密封使用寿命更长。

图 16-12　FH18-35 环形防喷器

图 16-13　3FZ18-35 闸板防喷器

　　图 16-13 是 3FZ18-35 闸板防喷器，图 16-14 是下工作台以下的井控装置。

图 16-14　下工作台以下的井控装置

　　（2）平衡泄压系统，包括两个液动平板阀和一个四通，四通安装在两台

FZ18-35 单闸板防喷器之间，四通的两个侧出口分别安装液动平板阀。平衡泄压系统的作用是防止带压开启防喷器，四通上装有电子压力传感器，精度高、稳定性好，便于观察井内压力。平衡泄压系统见图 16-15。

图 16-15　平衡泄压系统

（3）卡瓦系统的作用是在作业过程中夹紧管柱，防止管柱掉入井内或从井中窜出从而确保作业过程的安全。本系统配置了四台锥形自紧式卡瓦：固定重力卡瓦、固定防顶卡瓦、游动重力卡瓦、游动防顶卡瓦。卡瓦组采用液压控制，液缸直径小，卡瓦开关动作迅速。游动防顶卡瓦见图 16-16。

图 16-16　游动防顶卡瓦

（4）工作平台，包括主工作平台和辅助平台。主工作平台上安装有司钻控制台、斜梯、逃生滑道、油管坡道，并为操作者提供作业空间。辅助平台上有环形防喷器及部分控制阀，为环形防喷器及固定卡瓦的检修提供空间。

（5）油管输送系统，是把管柱从油管桥上输送到作业平台，或从作业平台把管柱输送到油管桥。采用电子遥控控制液压、机械联动机构，较大地减轻了劳动强度。油管输送系统见图 16-17。

图 16-17 油管输送系统

（6）桅杆绞车系统由桅杆吊臂和绞车系统两部分组成，吊臂系统执行机构由基本臂、伸缩臂、伸缩油缸、连接拉杆和吊钩等五部分组成。绞车系统由滚筒、液压驱动系统、升降机构、机械锁紧机构等组成。桅杆绞车系统见图 16-18。

图 16-18 桅杆绞车系统

（7）液压支腿框架结构，采用整体框架式液压支腿结构，可以直接操作液压换向阀手柄，操作方便快捷，减轻劳动强度。

2）液压动力系统

液压动力系统主要包括动力橇、动力系统、液压控制系统、蓄能器系统、液压油箱总成、液压油冷却循环系统、加热系统、报警系统、照明系统、液缸控制阀组和高压耐火管线等。液控系统的司钻控制台、绞车控制台、液缸控制阀组安装在井口作业系统装置上，其他部分安装在集装箱式动力橇内，便于运输。

（1）动力橇：为橇装结构形式，整体起吊。里面布局安装动力系统、液压泵、蓄能器组、液压油箱、冷却循环系统、调压阀组及控制面板、工具箱等。图 16-19 为动力橇。

（2）动力系统：包括 1 台康明斯柴油发动机和 1 台离合分动箱。柴油机配备机油压力低、水温高自动报警功能，及油压、水温超限自动停机功能。柴油机具有远程控制功能，在司钻控制台上能够实现油门调节和进气阻断紧急停车操

图 16-19　动力橇

作。采用液压离合分动箱，输出功率满足作业机工作需要。动力系统为一路输入，三路输出。图 16-20 为柴油机。

（3）液压控制系统：包括液压泵及调压阀块、举升液缸控制阀组、卡瓦系统控制阀组、防喷器两处控制阀组、液压油箱总成、蓄能器系统、冷却循环系统、司钻操作台等。液压控制系统额定压力 21MPa。

图 16-20　柴油机

液控系统配备 5 台齿轮泵，其中 2 台齿轮泵为升降液缸提供动力；另一组由三联齿轮泵组成，1 台供防喷器/卡瓦/蓄能器系统，1 台为冷却系统马达提供动力，1 台为循环冷却液压油。每台泵均有调压阀和溢流阀，用于设定泵的出口压力和溢流压力。

举升液缸控制阀组具有换向、差动、调速、制动和锁死功能。差动模式可以获得较快的举升速度；举升力及举升速度可调，并可以实现无级调速。

卡瓦系统控制阀组具有调压、互锁等功能。卡瓦控制压力可以根据工作需要进行调节；卡瓦具有互锁控制功能，即处于工作状态的一对承重卡瓦或防顶卡瓦不能同时处于打开位置，以防止由于误操作引起的移动和固定卡瓦同时打开造成的管柱上顶飞出或管柱下坠落井的事故。图 16-21 为卡瓦互锁阀。

防喷器有两处控制阀，可以使操作工在司钻控制台或远程控制台同时操作控制安全防喷器，安全方便。图 16-22 为防喷器控制阀。

图 16-21　卡瓦互锁阀

图 16-22　防喷器控制阀（分别安装在司控台和远控台）

　　作业机杆腔制动阀组，当作业机液缸活塞杆承重提升时，该阀对作业机液缸活塞杆一端提供制动力。通过上工作台司钻控制面板上的杆腔压力调节阀可调节制动力。图 16-23 为作业机杆腔制动阀组。

　　（4）液压油箱：闭式油箱，有效容积为 $1.5m^3$，油箱顶部配回油过滤系统且带内旁通，加油口盖，带过滤器的排气系统，同时配备油箱外接排气管路。油箱出油口安装内置泵吸入滤网，前壁板安装人孔盖，安装两个油位观测口及温度计，油箱吸油口处安装带有减震喉囊的蝶阀总成，油箱内部设计缓冲隔板减少运输过程中油对箱体的冲击。图 16-24 为液压油箱。

图 16-23　作业机杆腔制动阀组

图 16-24　液压油箱

　　（5）蓄能器组：配备了 4 个 40L 的蓄能器，共计 160L，如图 16-25 所示。蓄能器组连接在液控系统管汇上，具备自动充压功能，可以在柴油机不能正常工作的紧急情况下，提供高压液压油关闭井口和卡瓦，防止事故的发生。

（6）液压油冷却循环系统：为防止液压油温度过高，影响液压泵及液控系统的正常工作，配备了温控自动的液压油循环冷却系统。

（7）液压控制台：包括远程控制台、司钻控制台和桅杆绞车控制台。

司钻控制台安装在上工作平台上，其控制对象为升降液缸、下 FZ18-35 闸板防喷器、平衡阀、泄压阀、上 FZ18-35 单闸板防喷器、FH18-35 环形防喷器、固定防顶卡瓦、固定重力卡瓦、游动重力卡瓦、游动防顶卡瓦共 10 个单元，另

图 16-25 蓄能器组

有一个控制口备用。升降油缸采用先导阀控制。司钻控制台上布置有各控制对象的显示仪表、压力调节器、控制器（控制手柄）等。所有的阀都安装在控制台的控制面板上，各种压力表布置在另一个立面上。图 16-26 为司钻控制台。

图 16-26 司钻控制台（安装在上工作平台上）

图 16-27 远程控制台（安装在动力橇内）

远程控制台见图 16-27，可以控制四个对象，其作用是在紧急情况下作为二级和三级安全的控制功能，远程控制 3FZ18-35 三闸板防喷器的半封闸板、卡瓦闸板、剪切或全封闸板关闭井口并卡紧管柱，防止事故的发生。另有一个备用控制对象。

桅杆绞车控制台放置在司钻控制台一侧，主要控制绞车的上提或下放，用来输送管柱。

（8）液压管路：所有液路管汇额定工作压力 21MPa，管径设计满足液压泵排量及执行元件工作能力要求，所有需外接的液压管路汇总至一个液压接头面板上，面板上应标明接头用途，便于外接管汇连接。

16.2　带压作业设备配置及配套工具

图 16-28 为气井典型带压作业装置现场总体安装示意图。

图 16-28　气井典型带压作业装置现场总体安装示意图

16.2.1　带压作业设备的配置

带压作业设备分为两大模块，分别是基本配置和可选组件。图 16-29 为气井带压作业典型井口装置配备及组合示例图。

16.2.1.1　基本配置

（1）防喷器系统：三闸板防喷器、单闸板防喷器、环形防喷器；

（2）平衡泄压系统：四通、液动阀；

（3）举升系统：升降液缸、连接盘；

（4）卡瓦系统：固定卡瓦、游动卡瓦；

（5）工作平台：主工作平台、辅助平台；

（6）液压系统：齿轮泵、液压油箱、控制台、液压管线、蓄能器。

16.2.1.2　可选组件

以下部分可根据用户要求进行配备：

（1）防喷器系统：三闸板防喷器是否配剪切闸板、单闸板防喷器的数量；

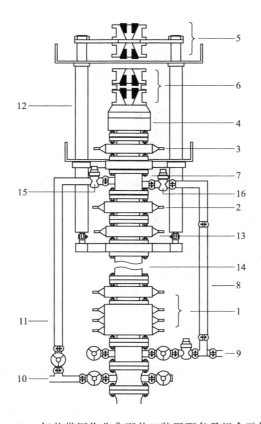

图 16-29　气井带压作业典型井口装置配备及组合示例图

1—安全防喷器组（自下至上依次为：全封闸板防喷器、剪切闸板防喷器、半封闸板防喷器和安全卡瓦）；
2—下工作半封闸板防喷器；3—上工作半封闸板防喷器；4—环形防喷器；5—游动卡瓦组（或卡瓦）；
6—固定卡瓦组（或卡瓦）；7—泄压/平衡四通；8—压力平衡管线；9—压井管汇；10—放喷管汇；
11—放喷管线；12—液压缸；13—单闸板全封防喷器；14—防喷管；15—泄压阀门；16—平衡阀门
注：根据起下单个工具长度决定防喷管高度，防喷管高度大于单个工具长度

（2）卡瓦系统：卡瓦的数量；

（3）操作平台：是否配作业机操作平台；

（4）动力系统：配备独立的柴油机与离合分动箱，还是利用闲置的柴油机
与离合分动箱进行改造；

（5）用户的其他特殊要求。

16.2.2　配套井控装置

带压作业除了上述设备配置，还应配套压井管汇、放喷节流管汇等井控装

置，如图 16-30 所示。

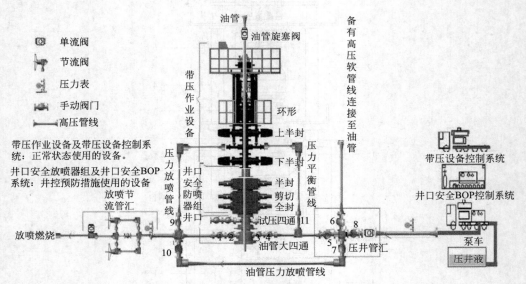

图 16-30　带压作业配套装置示意图

16.2.3　带压作业油管内压力控制

带压作业油管内压力控制常用内防喷工具机械堵塞、液体桥塞堵塞以及冷冻暂堵技术。油管内压力控制技术分为三级控制，如图 16-31 所示。

第一级：工作状态压力控制。根据施工目的和井况选用管柱底部封堵方式；水平井堵塞器下入直井段。

第二级：安全保障措施。当堵塞器坐封后，向管柱内注入水或其他介质，保障堵塞器处于良好工作状态；如果井下堵塞器发生溢流，抢装旋塞阀。

第三级：应急措施。抢装旋塞阀失败，使用剪切闸板，剪断管柱，实施关井。

16.2.3.1　机械堵塞

机械堵塞即使用内防喷工具，其作用是封堵管柱，隔离井内压力，防止井内流体从管柱溢出。

常用的内防喷工具有：回压阀、旋塞阀、油管桥塞、堵塞器等。

图 16-31　油管内压力控制

　　堵塞器是有工作筒等固定投放位置的堵塞工具。桥塞是可在管柱内任意位置投放的堵塞工具，一般有钢丝桥塞、电缆桥塞。

　　1）油管密封堵塞器

　　堵塞器密封油管部分是靠工作筒来完成的。工作筒及堵塞器结构类型较多，图 16-32 是其中一种。使用时，工作筒接在管柱的最底部，随下井管柱下入井内。如需密封住油管通道，则将堵塞器装入或投入工作筒内即可达到；如果需要敞开油管通道，只要将堵塞器从工作筒内取出即可。下井之前在地面上将堵塞器装入工作筒内，下完全部油管后再捞出堵塞器，油管内即畅通可投产。如果起油管，则在起油管之前投入堵塞器，即可密封油管，顺利起出井内管柱。

　　其部件主要由工作筒、堵塞器、打捞器、安全接头等组成。其各部件组成及技术规范如下：

　　（1）工作筒：工作筒由上、下接头和密封短节组成。上接头为内螺纹，下接头为外螺纹，分别用以和油管相连接。密封短节则与堵塞器配合起密封作用。由于所用井段不同和其他特殊要求，在井下的堵塞器工作不只一级，也有两级的。所以其规范也有所不同，按其密封段最小直径分为55.5mm、50mm 及 42mm 三种。

　　（2）堵塞器：主要由打捞头、提升销钉、支撑卡体、调节环、密封圈、密封圈座、心轴、轴

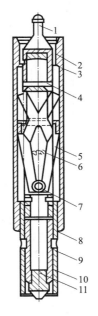

图 16-32　工作筒与堵塞器
1—打捞头；2—主体；3—支撑卡体；
4—提升销钉；5—支撑卡；
6—支撑弹簧；7—心轴；
8—O 形密封填料；9—密封短节；
10—密封段；11—导向头

母及导向轴母组成，它的作用是按照组合尺寸与它的配套井下工作筒配合对油管通道起密封作用，起出时便解除密封作用。堵塞器与工作筒相配套亦分内径55.5mm、50mm、42mm 三种。

　　（3）打捞器：主要用于不压井、不放喷施工作业之后，将下入井内工作筒中的堵塞器打捞上来，以便打开油管通道，进行洗井投产等下步工序。打捞器的种类很多，按打捞部件的特点图分为爪块式、弹簧式、卡瓦式几种，其各自的技术规范及适用于打捞头的直径也不同。因此，在打捞堵塞器之前，必须要对所要打捞的堵塞器的技术规范，特别是打捞头的尺寸大小要了解清楚，才能正确地选用适当的打捞器，图 16-33 为卡瓦打捞器，它是由压紧接头、密封填料、弹簧、卡瓦筒、弹簧座、卡瓦片组成。

　　（4）安全接头：安全接头是与打捞器配套使用的工具。在打捞井下堵塞器

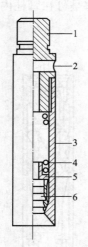

图 16-33　卡瓦打捞器

1—压紧接头；2—密封填料；3—弹簧；

4—卡瓦筒；5—弹簧座；6—卡瓦片

时，当井下堵塞器由于沉砂或其他原因有卡阻时，可以在安全接头销钉处拉断脱开，脱开后井下余留部分顶端为打捞头，便于下次打捞。如果在打捞堵塞器时不安装安全接头，那么在打捞遇阻时就可能拔断钢丝绳或钢丝，造成油管内落物事故。

一般在打捞井下堵塞器时，下井打捞工具的连接顺序由上而下为钢丝绳帽、加重杆、安全接头、打捞器。在连接打捞工具时，应用900mm（36in）管钳上紧，防止在起下过程中钢丝绳自动旋转使打捞工具脱扣。但在用管钳上扣时不允许在安全接头的上、下接头部位上扣，防止剪断销钉。

2）钢丝投送可捞式油管桥塞

图 16-34 为钢丝投送可捞式油管桥塞。钢丝投送可捞式油管桥塞可以通过钢丝试井车、钢丝橇，在带压作业井施工前进行预堵塞，为带压作业装置的安装、全井管串试提、井口更换提供了最基本的保障，同时还可根据工艺需要，对管串进行定点堵塞。

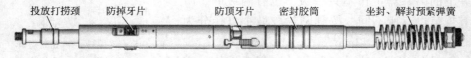

图 16-34　钢丝投送可捞式油管桥塞

投放：钢丝作业将油管桥塞下入井内，由快速下放突然制动钢丝绞车，利用惯力将投送头甩开，防掉牙片张开锚定桥塞；同时坐封预紧弹簧打开，在弹力作用下压缩密封胶筒密封油管并打开防顶牙片。

打捞：下入捞筒，抓住打捞颈；上提钢丝，解封销钉剪断，释放解封预紧弹簧势能；在弹力作用下，强迫密封胶筒和防顶牙片收缩；继续上提钢丝放掉牙片脱离支撑锥面，即可捞出。

3）高压气动油管桥塞

"高压气动油管桥塞"的称呼与常规钢丝桥塞、电缆桥塞一样，主要是描述桥塞坐封方式，而不是指桥塞的结构特点，一种桥塞也可以用几种方式坐封。这里的"高压气动油管桥塞"也称为"冷动力油管压力控制技术"，"冷动力"是与火药坐封相比提出来的。在地面通电时，高压氮气引起坐封工具动作，使桥塞坐封。

（1）坐封工具：由单流阀、高压储气瓶、电磁阀和多级增压缸组成。其中，单流阀连接在高压储气瓶上端，能够通过气体增压系统为储气瓶储存高压气体。高压储气瓶储存高压气体，为多级增压缸提供坐封动力源。电磁阀连接在高压储气瓶下方，能够通过地面控制将高压储气瓶内的高压气体输送到多级增压缸。多级增压缸位于坐封工具最下端，为油管桥塞提供坐封动力。

（2）电缆作业配套工具：配合电缆作业下入工具，并能将井下信号和地面控制信号分别传输到地面控制仪和坐封工具，包括电缆鱼雷、定位仪、过桥式旋转接头、柔性短节、过桥式加重杆等工具。

（3）钢丝作业配套工具：配合钢丝作业下入和起出井下工具，主要用于油管桥塞打捞，包括绳帽、加重杆、震荡器、万向节、打捞筒等。

（4）下井工具串：自上而下为电缆头、旋转短节、加重杆（数量由井压确定）、柔性短节（具体位置根据井身结构确定）、测试短节（包括磁定位仪、储气瓶压力测试仪和温度测试仪）、高压储气瓶、多级增压液压缸、油管桥塞，如图 16-35 所示。

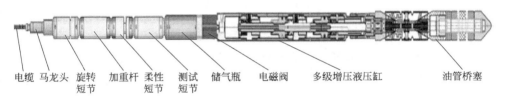

电缆　马龙头　旋转　　加重杆　柔性　测试　储气瓶　电磁阀　　多级增压液压缸　　　　油管桥塞
　　　　　　　短节　　　　　短节　短节

图 16-35　高压气动油管桥塞

工艺原理：该桥塞下井前，增压泵将制氮机产生的氮气加压储存到高压储气瓶内，由电缆下入井内预定位置；地面数控仪发出指令，高压储气瓶的电磁阀打开，高压氮气进入多级增压缸内并推动活塞运动，进而带动桥塞坐封和丢手。需要打捞时采用钢丝作业下入专用工具，打捞油管桥塞的打捞颈；上提钢丝，使止退压块与桥塞的中心杆自动分开，在密封胶筒的弹力作用下实现解封。

4）外挂式堵塞器

外挂式堵塞器用于管柱内有钢丝落物、结垢严重等特殊情况下，通径达不到要求时的油管压力控制。在起下油管时，堵塞器的翻板可自动封堵已卸扣的油管接箍顶端，用以密封油管内压力。图 16-36 为外挂式堵塞器。

5）接箍类堵塞器

接箍类堵塞器专用于管柱内结垢的回注井。需要配合带压作业装置内倒扣工艺，可实现油管压力控制。图 16-37 为接箍类堵塞器。

6）各类内防喷工具的适用条件

图 16-36　外挂式堵塞器

图 16-37　接箍类堵塞器

（1）电缆桥塞：电缆作业，不可捞，适用于原井管柱。

（2）高压气动力油管桥塞：钢丝作业，可捞，适用于所有管柱。

（3）可捞式堵塞器：钢丝作业，可捞，适应于有通径要求的工序和完井管柱。

（4）撞击定位堵塞器：钢丝作业，不可捞，适应原井工具串堵塞。

（5）单流阀：随没有通径要求的工序管柱下入。

（6）旋塞阀：安装在管柱顶部，用于应急。

16.2.3.2　液体桥塞

液体桥塞为解决上法兰井口、油管内结垢、油管内有钢丝落物等特殊情况下的油管压力控制技术。电缆作业，不可捞，适用于原井管柱。

16.2.3.3　冷冻暂堵技术

主要是通过冷冻装置注入系统将暂堵剂注入环空和油管内，在最外层套管上的冷冻盒内加入冷冻介质将套管周围的温度保持在-70℃左右，由外层套管逐渐向油管内冷冻，经过一定时间，暂堵剂与套管、油管紧密结合，起到封隔器的作用，从而封隔下部压力，更换井口任何闸阀。冷冻暂堵技术常用的有干冰冷冻和氮气冷冻。

（1）干冰冷冻：钢丝作业，可捞，适用于所有管柱。

（2）氮气冷冻：钢丝作业，可捞，适应于有通径要求的工序和完井管柱。

16.2.4　智能化带压作业设备

目前，带压作业设备能够满足基本的环境保护和储层保护的需求，但人员操作流程较为复杂，作业区域风险较高。为此，在现有带压作业设备基础上，行业内提出了智能化带压作业设备的设想。智能化带压作业设备见图 16-38。其主要是引入气动、电动等设备及控制系统，通过智能化、数字化、可视化的控制，实现作业设备、井控设备自检、机械动作等功能，简化设备操作，降低劳动强度，保证安全作业，保证设备标准化工作，降低作业风险和井控风险。

Snubsmart系统

闸板防喷器位置信号发射器

指示灯

油门信号发射器

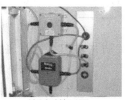
液压系统三通

图 16-38　智能化带压作业设备

16.3　带压作业井控装置的使用

16.3.1　带压作业井控设备选配要求

16.3.1.1　工作防喷器组

（1）工作防喷器组一般包括环形防喷器、上半封闸板防喷器、下半封闸板防喷器、平衡/泄压阀和管汇、四通等；

（2）工作防喷器应符合 API Spec 16A 要求，国产工作防喷器，其生产企业还应获得集团公司井控装备生产企业资质认可；

（3）工作防喷器的额定工作压力应大于井口最大工作压力；

（4）平衡/泄压管汇的压力等级与半封工作防喷器的额定压力匹配，气井作业时平衡/泄压管汇上应有节流装置；

（5）半封闸板防喷器应与工作管柱外径相匹配；

（6）低于 21MPa 作业井至少应配置一个环形防喷器和一个闸板工作防喷器；

（7）高于 21MPa 作业井至少应配置一个环形防喷器和两个闸板工作防喷器。

16.3.1.2　安全防喷器组

（1）安全防喷器组至少应配备一个全封闸板防喷器和一个半封闸板防喷器；

（2）天然气井及含硫井应安装剪切闸板防喷器，并安装在安全防喷器组的最底部；

（3）安全防喷器应符合 API Spec 16A 要求，国产安全防喷器，其生产企业还应获得集团公司井控装备生产企业资质认可；

（4）安全防喷器组的压力等级不应低于当前地层压力和井口油管头额定工作压力的两者中最小值；

（5）半封闸板防喷器应与工作管柱外径相匹配；

（6）若井下管柱为复合管柱时，宜增加相应数量半封闸板防喷器。

16.3.1.3　液压控制装置

（1）液压控制装置应符合 API Spec 16D、API RP53 或 SY/T 5053.2—2007《钻井井口控制设备及分流设备控制系统规范》要求；

（2）液压控制装置均应配备有低压警报系统；

（3）气井带压作业安全防喷器组应单独配备一套液压控制装置；

（4）液压控制装置的蓄能器组配备应满足当液压泵源发生故障时，储存压力在完成一个工作闸板防喷器、平衡/泄压旋塞阀开、关一次动作后，或只关闭环形防喷器，观察 10min 后蓄能器的压力至少保持在 8.4MPa 以上。

16.3.1.4　井控管汇

（1）井控管汇的安装标准按照所在油区的井控细则执行；

（2）放喷管线至少应安装一条并固定；

（3）节流、压井管线（管汇）、放喷管线（管汇）压力等级不低于安全防喷器压力等级。

16.3.1.5　带压作业安全装置

（1）卡瓦联锁装置。天然气井在液压控制装置上应配备卡瓦联锁装置。

（2）锁定装置。带压作业机的卡瓦、防喷器、液压缸等主要控制组件应配备锁定装置。

（3）地面逃生装置。逃生系统可选择逃生杆、逃生带、逃生滑道、载人吊车等应急逃生装置，操作台应配备一套及以上逃生装置。

16.3.1.6　油管内压力控制

油管内压力控制工具，包括堵塞器、桥塞、单流阀、破裂盘等，油管内压力控制工具选取原则：

（1）井下管柱带有预置工作筒且完好情况下，优先选取与工作筒匹配的堵塞器；

（2）井下管柱无预置工作筒，优先选取钢丝桥塞或电缆桥塞；

（3）工作管柱宜选取单流阀等油管内压力控制工具；

（4）完井管柱宜选用尾管堵塞器或可捞式堵塞器。

16.3.1.7　油管内压力控制工具试压

（1）在地面安装的油管内压力控制工具，下井前应从油管内压力控制工具底部进行试压，试压压力为井底压力的 1.1 倍。

（2）将油管内压力控制工具下至坐封位置，进行油管封堵，油管压力控制工具坐封后，放掉油管内压力，观察 30min 以上，油管压力为零，油管封堵合格；天然气井油管堵塞后，应向油管内灌入一定量的清水。

16.3.2　设备检测要求

（1）防喷器的检查周期与检查内容按 SY/T 6160—2014《防喷器检查和维修》执行；

（2）防喷器液压控制装置按 API SPEC 16D 和 SY/T 5053.2—2007《钻井井口控制设备及分流设备控制系统规范》执行；

（3）平衡管线（软管线或者钢管线）检测间隔 3 年进行探伤、试压；

（4）各种压力表、关键仪表（下压力表、承重指重表、扭矩表、液压压力表），检测间隔 1 年进行探伤、试压；

（5）平衡管线（软管线或者钢管线）、泄压闸门、平衡闸门、泄压/平衡四通、液压管线接头、试压四通检测间隔 3 年进行探伤、试压。

16.3.3　带压作业防喷装置现场试压

带压作业防喷装置现场安装完毕后，应对所有的防喷器组按由下至上、由低到高的原则逐级进行试压与功能测试，并有试压记录曲线及功能测试记录。

16.3.3.1　试压介质

除液控装置外，其余试压介质宜采用不含腐蚀介质的清水。

16.3.3.2　防喷器组试压

（1）现场安装完毕后，应对所有的防喷器组进行试压与功能测试，并有相应的记录。

（2）试压时应按由下至上分别进行低压、高压试压。

（3）施工过程中更换防喷器配件后，应对该防喷器进行现场试压，并做好记录。

（4）试压前应将空气排尽，所有试压介质宜采用清水，应先做 1.4~2.1MPa 的低压试压，稳压 10min，压降不大于 0.07MPa 为合格；高压试压取采气井口额定压力等级和目前最大井底压力两者中的最小值进行试压，稳压 30min，压降不大于 0.7MPa 为合格。

16.3.3.3　安全防喷器的试压

（1）现场应有室内压力测试（井控车间）的试压报告和试压曲线。

（2）低压试压：试压前应将空气排尽，对于有油管悬挂器和/或压裂用大阀门的井，应对上、下半封闸板防喷器先做 1.4~2.1MPa 的低压试压，稳压 10min，压降不超过 0.07MPa 为合格。

（3）高压试压：按采油采气井口额定压力等级和预计井口压力的 1.1 倍两者中的最小值进行逐级加压试压。验收准则：稳压时间为 30min，压力降不大于 0.7MPa 为合格。

（4）闸板防喷器在套管抗内压强度的 80%、套管四通额定工作压力、闸板防喷器额定工作压力三者中选择最小值进行试压。

16.3.3.4　工作防喷器的试压

（1）环形防喷器只能做管柱封闭下的试压。

环形防喷器（封闭钻杆或油管）在不超过套管抗内压强度 80%、套管四通额定工作压力、闸板防喷器额定工作压力的情况下，试其额定工作压力的 70%。

（2）低压试压：试压前应将空气排尽，对于有油管悬挂器和/或大阀门的井，闸板防喷器应做 1.4~2.1MPa 的低压试压，稳压 10min，压降不超过 0.07MPa 为合格。

（3）高压试压：

① 对于有油管悬挂器和/或大阀门的井，按采气井口额定压力等级和预计井口压力的 1.1 倍两者中的最小值进行逐级加压试压。

② 对于没有油管悬挂器和/或大阀门的井，可以用井口关井压力试压，稳压 30min，压力降不大于 0.7MPa 为合格。

16.3.3.5　平衡/泄压管汇的试压

对平衡/泄压管汇先做 1.4~2.1MPa 的低压试压，稳压 10min，压降不超过

0.07MPa 为合格。然后按闸板工作防喷器试压值进行试压，稳压 30min，压力降不大于 0.7MPa 为合格。

16.3.3.6　防喷、节流管汇、压井管汇、放喷管线的试压

防喷、节流管汇、压井管汇的试压按安全防喷器试压值进行试压，放喷管线试压压力为 10MPa。

16.3.3.7　旋塞阀的试压

用于抢装的旋塞及防喷单根上的旋塞应按额定工作压力试压，并有试压记录曲线。

16.3.3.8　控制装置的试压

（1）液压控制装置连接管线试压标准及要求见 SY/T 5964—2006《钻井井控装置组合配套安装调试与维护》4.3 执行。

（2）安全防喷器组液压控制装置连接管线还应进行高压关井试压。

（3）工作防喷器组蓄能器还应定期做功能测试，功能测试时间间隔不大于 14d。

16.3.4　带压作业井控设备使用中的错误做法

（1）把控压设备（工作防喷器组）功能与井控设备（安全防喷器组）的功能混淆。

经常用安全防喷器组的井控设备参与控压，降低了安全防喷器组井控设备保障作用，一旦控压设备失效，存在安全防喷器组的井控设备也关不了井的危险。

把控压防喷器与安全防喷器混用、等同对待。不是增加了控压设备检测要求，影响控压设备的使用寿命、增加施工成本，就是降低了安全防喷器的安全系数。

（2）把控压设备和安全防喷器组的远程控制系统合二为一。

增加了井口失控风险处理的难度。搞清控压设备与安全防喷器组的功能定位、工作原理，对延长防喷器使用寿命、保证安全生产有着重要意义。带压作业远程控制装置不能把安全防喷器组的远程控制台与控压（工作防喷器组）操作控制台组合在一起，应当将工作防喷器组与安全防喷器组的远程控制台单独分开，配套安装，以备应急关井。

第 17 章　井控相关设备

17.1　完井井口装置

　　气井完井井口装置由套管头、油管头和采气树组成。其主要作用：悬挂井内各层管柱；密封各层管柱之间的环形空间；通过油管或套管环行空间进行采气、压井、洗井、酸化、加注防腐剂等作业；控制气井的开关，调节压力、流量。

　　为便于操作、维护和管理，井口装置上的阀门按"逆时针从中至左至右"的原则，进行编号。井口装置的编号顺序：正对采气树，按逆时针方向从内向外依次编号为 1 号阀、2 号阀、3 号阀，4 号阀、5 号阀、6 号阀，7 号阀、8 号阀、9 号阀，10 号阀、11 号阀（图 17-1）。

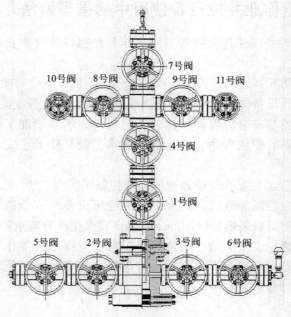

图 17-1　井口装置阀门标注示意图

17.1.1　型号表示

卡麦隆、FMC 等国外井口装置从命名中基本可以看到井口装置的所有信息。例如，井口名称为"2 9⁄16in 10000psi LU FF-NL PSL3G PR2"，表示通径 2 9⁄16in，压力等级 10000psi，温度等级 LU，材料等级 FF-NL、产品性能等级 PSL3G、产品规范等级 PR2。

目前国内主要是井口装置制造行业内习惯的、约定俗成的命名和标注方式，见图 17-2。国内井口装置命名相对简单，无法体现井口装置材料、温度等级等相关信息。

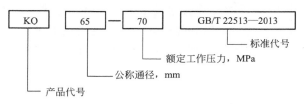

图 17-2　井口装置的表示方法

产品代号用汉语拼音字母表示，公称通径用数字表示，单位为 mm，额定工作压力单位为 MPa，标准代号通常可以省略。例如 KQ65-70 GB/T 22513—2013 抗硫采气井口装置，其中 K 代表抗硫，Q 代表采气，65 代表井口装置通径为 65mm，70 代表井口装置的额定工作压力为 70MPa，采用 GB/T 22513—2013 标准生产的采气井口装置。

通常采气井口装置按额定工作压力分为 14MPa、21MPa、35MPa、70MPa、105MPa、140MPa 六个压力等级。

17.1.2　套管头

套管头是为了支持、固定下入井内的套管柱，安装防喷器组、采气树等其他井口装置，而以螺纹或法兰盘与套管柱顶端连接并坐落于外层套管的一种特殊短接头。在套管头内还设置套管挂，用以悬挂相应规格的套管柱，并密封环空间隙。

套管头的分类方式较多，按密封环空的方式分为：套管头橡胶密封和金属密封；按悬挂套管的层数分为：单级套管头、双级套管头和三级套管头；按本体的组合形式分为单体式和组合式；按悬挂套管方式分为：卡瓦式套管头和芯轴式套管头。

套管头由套管头本体、套管悬挂器、套管头四通、密封衬套、底座五部分组成。现根据套管悬挂方式简要介绍芯轴式套管头和卡瓦式套管头。

17.1.2.1　芯轴式套管头

芯轴式套管悬挂器和芯轴式套管头如图 17-3 所示。芯轴式套管悬挂器是由芯轴、主密封金属环、主密封压环、卡簧等组成。与卡瓦式悬挂器相比，它不但结构简单、不需要在井口切割套管和磨削破口，而且不存在挤扁套管、卡瓦牙咬伤套管的问题，对于井口稍微偏斜、卡瓦不易卡紧套管的油气井尤为实用。但它的悬挂能力较小，对套管的安装长度要求严格。目前芯轴悬挂器下部一般设计成与套管相应的特殊内螺纹，上部扣型与联顶节扣型相一致。芯轴中部外圆加工有与套管头四通内孔相适应的承载台肩用于套管柱在套管头四通内坐挂；当套管头四通上部法兰上的 10 条顶丝旋紧后通过主密封压环对金属主密封环产生下压楔紧力，使特制的异型主密封金属环弹性变形来实现刚性密封；芯轴上部外圆还加工有副密封装置的安放位置与油管头二次副密封组件配合实现套管环空的二次增强密封。

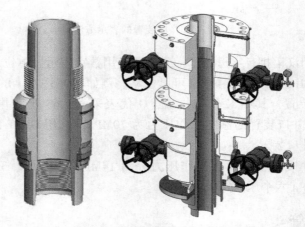

图 17-3　芯轴式套管悬挂器和芯轴式套管头

17.1.2.2　卡瓦式套管头

卡瓦式套管悬挂器主要由卡瓦、补芯、导向螺钉、压板、胶圈、垫板、连接螺栓等组成。卡瓦卡紧套管的作用是靠套管柱自身的重量所产生的轴向载荷，通过卡瓦背部锥斜角产生一个径向分力，这个径向分力使卡瓦卡紧套管。在套管头设计中，把这个径向分力达到挤毁套管时的值定为悬挂器的极限载荷，如果能减小这个分力，又不使套管滑脱，就可增大悬挂器的承载能力。卡瓦悬挂器对套管安装长度要求不严，高出井口多余套管可用专用工具割掉，这给安装井口带来很多方便。CS-3 型卡瓦悬挂器和卡瓦式套管头如图 17-4 所示。

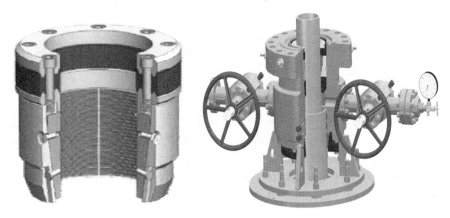

图 17-4　CS-3 型卡瓦悬挂器和卡瓦式套管头

17.1.3　油管头

油管头用来悬挂油管和密封油管和套管之间的环形空间，其结构有锥坐式、直坐式两种。

油管头由大四通、油管悬挂封隔机构（油管挂）、平板阀等部件组成（图 17-5），在油管头的一侧旁通可安装压力表，以观察和控制油管柱与套管柱之间环形空间内的压力变化，在两侧旁通都安装有闸阀，以便进行井下特殊作业。

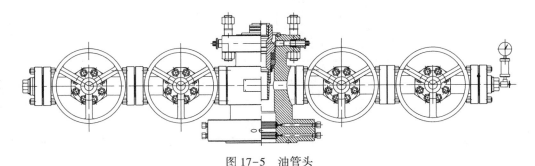

图 17-5　油管头

油管挂下端加工有内螺纹，螺纹类型与所连接油管的内螺纹一致，用于连接并悬挂井内油管。油管挂上端加工有内螺纹，可挂接钻杆后取出油管柱。为保护油管挂上部内螺纹，在油管挂上端内还旋有一个护丝。

油管挂通过油管头四通上的顶丝固定在油管头上，顶丝孔内安装有 V 形填料和压环，通过填料压盖压紧填料使顶丝和孔壁达到密封。顶丝的主要作用是防止油管挂在井内压力的作用下被顶出。

油管头两侧安装有套管阀门，用于控制油管、套管的环空压力。套管阀门一端接有压力表，可观察采气时的套管压力。从套管采气时，可用于开关气井。修井时可作为循环液的进口或出口。

17.1.3.1 锥坐式油管头

如图 17-6 所示，锥坐式油管头的油管挂是一个锥体，外面有三道密封圈，油管挂坐在大四通的内锥面上，在油管自重作用下密封圈和内锥面密合，隔断了油管和套管之间的环形空间。顶丝顶住油管挂的上斜面，以防止在上顶力的作用下油管挂位移。锥坐式油管头的缺点是锥面密封压得很紧，上提油管时要较大的起重力，同时密封圈容易损坏。为了克服这些缺点，目前设计的采气井口多采用直坐式油管头。

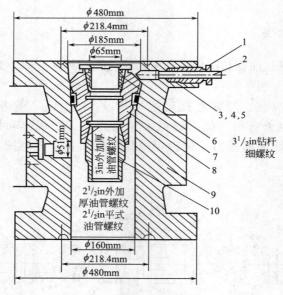

图 17-6　锥坐式油管头

1—压帽；2—顶丝；3,4,5—密封圈座；6—护丝；7—O 形密封圈；8—油管挂；9—大四通；10—油管短节

17.1.3.2 直坐式油管头

直坐式油管头的油管挂和上法兰的孔之间也装有两道复合式自封密封填料（图 17-7）。上法兰有小孔与油管挂上部环行空间连通，通过此孔可以测出环形空间的压力，以了解油管挂密封圈和油管挂上的复合式密封圈的密封是否良好。直坐式油管头的油管挂和大四通两侧的侧翼阀孔道中，设计有安装堵塞器的座

子，必要时可送入堵塞器堵塞油管或侧翼阀孔道，在不压井的情况下更换总阀门或套管阀门。

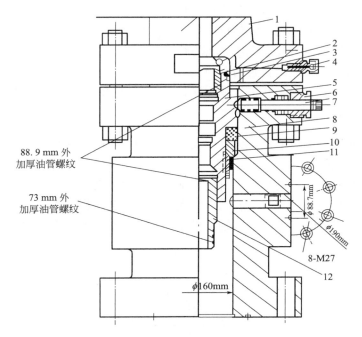

图 17-7　直坐式油管头

1—上法兰；2—护丝；3—自封密封填料；4—测压接头；5—油管挂；6—压帽；7—顶丝；
8—大四通；9—密封圈；10—金属托圈；11—圆螺母；12—油管短节

17.1.4　采气树及相关操作

油管头以上部分称为采气树（或采油树），由闸阀、角式节流阀和小四通等组成。其作用是开关气井、调节压力、气量、循环压井、下井下压力计测量气层压力和井口压力等作业。

17.1.4.1　采气树各部件的作用

总闸阀：安装在上法兰上，是控制气井的最后一个闸阀。总闸阀非常重要，一般处于开启状态，如果要关井，可以关采气树侧翼油管闸阀。总闸阀一般有两个，以保证安全。

小四通：安装在总闸阀上面，通过小四通可以采气、放喷或压井。

油管闸阀：当气井用油管采气时，用来开关气井。

节流阀（针型阀）：用于调节气井的生产压力和气量。

测压闸阀：通过测压闸阀使气井在不停产的情况下，进行下井底压力计测压、测温、取样作业。其上接压力表可观察采气时的油管压力。

压力表缓冲器：装在压力表截止阀和压力表之间，内装隔离液，隔离液对压力表启停起压力缓冲作用，以防止压力表突然受压损坏。在含硫气井上，隔离液能防止硫化氢进入压力表造成压力表的腐蚀。

套管闸阀：用于控制套管的闸阀，一端接有压力表，可观察采气时的套管压力。从套管采气时，用于开关气井。修井时可作为循环液的进口或出口。

17.1.4.2 闸阀

采气树闸阀按闸板形式，分有楔式闸板阀和平行闸板阀两种。

1）楔式闸板阀

阀门两侧密封面不平行，密封面与垂直中心线成某个角度，阀板呈楔形，楔形闸阀是靠楔形金属闸板与金属阀座之间的楔紧实现密封（图17-8）。阀杆为明杆结构，能显示开关状态。采用轴承转动，操作轻便灵活。轴承座上有加油孔，

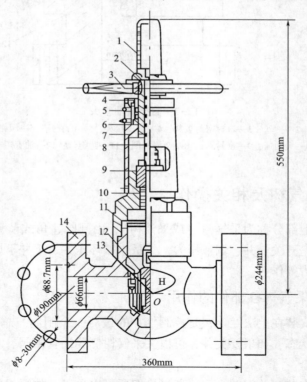

图 17-8　KQ-350 型采气井口楔式闸板阀

1—护罩；2—螺母；3—手轮；4—轴承盖；5—轴承；6—阀杆螺母；7—轴承座；8—阀杆；9—压帽；
10—密封填料；11—阀盖；12—闸板；13—阀座；14—阀体

可给轴承加油润滑。在轴承座和阀杆螺母之间加有 O 形环，能防止轴承被硫化氢腐蚀，密封圈采用聚四氟乙烯，配合金属密封环，具有密封可靠和抗硫化氢腐蚀的性能。

2）平行闸板阀

平行闸板阀是井口装置上最常用的阀门，密封面与垂直中心线平行，是两个密封面互相平行的闸阀，主要由阀体、阀杆、尾杆、阀板、阀座、阀盖等零部件构成（图 17-9）。

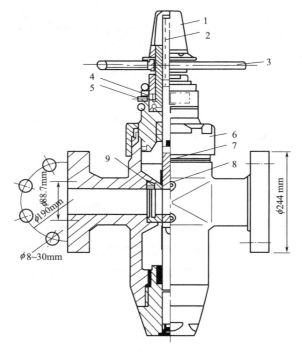

图 17-9　采气井口平行闸板阀
1—护罩；2—阀杆；3—手轮；4—止推轴承；5—黄油嘴；6—阀盖；7—闸板；8—阀座；9—密封圈

平行闸板阀是一种有导流孔平板闸阀，靠金属阀板与金属阀座平面之间的自由贴合实现密封作用。需要注意的是平行闸板阀的阀板阀座的密封是借助介质压力作用在波行弹簧的预紧作用力下使其处于浮动状态而实现密封，因此阀门开关到上、下死点后，应将手轮回转 1/4～3/4 圈。该阀为明杆结构，并带有平衡尾杆，从而大大降低了操作力矩。本阀只能在全开或全关状态下使用，不允许为调节流体流量而使阀门处于部分开启状态。在操作过程中，旋转手轮快到终点时，不应太快，以免损伤阀杆和阀盖倒锥。

17.1.4.3　节流阀

节流阀也称为针形阀，用于井口节流调压，主要由阀体、阀针、阀座、阀杆、阀盖、传动机构组成（图17-10）。节流阀的安装具有方向性，一般为针尖正对气流方向。

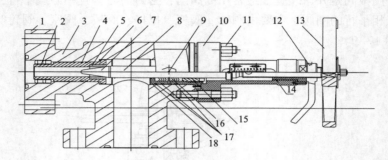

图 17-10　节流阀结构图

1—法兰；2—阀座压套；3—阀体；4—O形圈；5—阀座；6—密封钢圈；7—针尖；8—阀杆；
9—注脂器；10—阀盖；11—螺母；12—锁紧螺栓；13—手轮；14—轴承；15—填料压帽；
16—V形填料；17—O形密封圈；18—密封圈下座

旋转传动机构，带动阀杆及与相连的阀针上下运动，进入和离开阀座，从而达到对天然气进行节流降压的目的。通过调节节流阀的开度，改变阀针和阀座之间的间隙大小，进而改变天然气气流的流通面积，起到调节天然气流量的作用。为抗高压高速流体冲刷，阀杆的阀针和阀座套采用硬质合金材料，以延长使用寿命。

节流阀操作维护注意事项：

（1）本阀安装时，气流方向应与阀体上的流向标志一致。

（2）本阀在使用中，主要用于调节介质流量和压力，一般不能起截止作用。

（3）调节前应松开锁紧螺母，调定后应锁紧，以避免阀杆因振动而自行退出。

（4）如阀杆密封填料处发生泄漏，可放空系统压力后，适当压紧阀杆密封填料。泄漏严重时，应更换密封填料恢复使用性能。

（5）本阀在调节过程中，动作应缓慢，以避免压力或产量发生较大波动。

17.1.4.4　压力表截止阀和缓冲器

缓冲器内有两根小管A、B，缓冲器内装满隔离油（变压器油），当开启截止阀后，天然气进入A管，并压迫隔离油（变压器油）进入B管，并把压力值

传递到压力表（图 17-11）。由于隔离油（变
压器油）作为中间传压介质，硫化氢不直接接
触压力表，使压力表不受硫化氢腐蚀。泄压螺
钉起泄压作用，当更换压力表时，关闭截止阀
微开螺钉，缓冲器内的余压由螺钉的旁通小孔
泄掉。

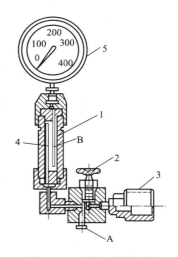

图 17-11　压力表缓冲器
1—缓冲器；2—截止阀；3—接
头；4—泄压螺钉；5—压力表

17.1.5　井口装置种类

井口装置根据其分类依据不同，有多种分
类方法。常见的分类方法有按井口装置外形划
分、按额定工作压力划分、按额定工作温度划
分、按所用材料级别来划分等。

（1）根据井口装置外形，可分为十字双翼
井口采气树、Y 形双翼井口采气树、整体式采
气树（图 17-12）。

（2）根据采气井口装置额定工作压力，

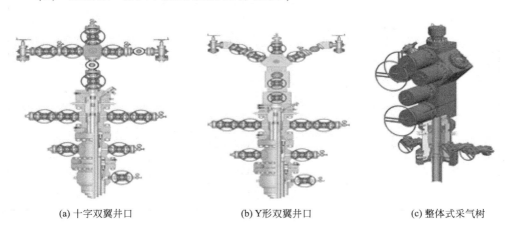

(a) 十字双翼井口　　　　(b) Y形双翼井口　　　　(c) 整体式采气树

图 17-12　常见井口装置外形图

可分为 14MPa、21MPa、35MPa、70MPa、105MPa、140MPa 六种压力级别。
采气井口装置零部件的额定工作压力应按其端部或出口连接的额定工作压力
确定。当端部或出口连接的额定工作压力不同时，应按其较小的额定工作压
力来确定。

（3）根据井口装置额定工作温度，可分为 K、L、P、R、S、T、U、V 类型
（表 17-1）。

表 17-1　井口装置温度分类表

温度类型	作业范围,℃	
	最小值	最大值
K	−60	82
L	−46	82
P	−29	82
R	室温	
S	−18	66
T	−18	82
U	−18	121
V	2	121

（4）根据井口装置所用材料，可分为 AA、BB、CC、DD、EE、FF、HH 类别（表 17-2）。

表 17-2　井口装置材料分类表

材料类别	材料最低要求	
	本体、盖、端部和出口连接	控压件、阀杆、芯轴悬挂器
AA（一般使用）	碳钢或低合金钢	碳钢或低合金钢
BB（一般使用）		不锈钢
CC（一般使用）	不锈钢	不锈钢
DD（酸性环境）	碳钢或低合金钢	碳钢或低合金钢
EE（酸性环境）	碳钢或低合金钢	不锈钢
FF（酸性环境）	不锈钢	不锈钢
HH（酸性环境）	抗腐蚀合金	抗腐蚀合金

17.1.6　井口装置的维护保养

17.1.6.1　井口闸阀传动装置加注润滑脂操作

（1）卸下注油嘴对面的螺钉。

（2）用黄油枪的注脂嘴顶开黄油嘴的弹珠，挤压黄油枪手柄，注入润滑脂。

（3）当出油口出现润滑脂时，则判断润滑脂已经加满，拧上螺钉。

（4）活动阀门，使润滑脂均匀分布传动装置盒内。

17.1.6.2　井口闸阀加注密封脂

（1）准备注脂枪：将密封脂加入注脂枪内，并检查注脂枪，确保能正常使用。

（2）阀杆填料加注密封脂。

① 逆时针旋转手轮，直至阀杆处于上死点，使阀杆倒锥与阀盖密封紧密。

② 拧下注脂器上的盖帽，将注脂枪通过高压软管安装到注脂器上。

③ 关闭液压泵的回流阀，缓慢挤压注脂枪手柄，使注脂枪的压力表起压，将密封脂注入填料盒内。

④ 加注完成后，打开手压泵回流阀，将加注系统降压为零。拆卸连接管路，拧紧盖帽。

（3）阀腔加注密封脂。

① 将闸阀处于全开或全关位置，然后将手轮回转 1/4~3/4 圈。

② 拧下注脂嘴上的盖帽，将注脂枪通过高压软管安装到注脂器上。

③ 关闭液压泵的回流阀，缓慢挤压注脂枪手柄，使注脂枪的压力表起压，将密封脂注入阀腔内。

④ 加注完成后，打开液压泵回流阀，将加注系统降压为零。拆卸连接管路，拧紧注脂器盖帽。

（4）尾杆填料加注密封脂。

① 顺时针旋转手轮，直至尾杆处于下死点，使尾杆倒锥与阀盖密封紧密。

② 取下注脂嘴上的盖帽，将注脂枪通过高压软管安装到注脂器上。

③ 关闭液压泵的回流阀，缓慢挤压注脂枪手柄，使注脂枪的压力表起压，将密封脂注入填料盒内。

④ 加注完成后，打开液压泵回流阀，将加注系统降压为零。拆卸连接管路，拧紧盖帽。

（5）清洁设备、工具、用具、场地，并将工具、用具归档。

17.1.6.3　井口平行闸板阀操作维护注意事项

（1）若阀杆或尾杆密封圈泄漏，可以通过阀盖上的注脂器加注密封脂。对阀盖上只有一个注脂器的平板阀，应将阀（尾）杆旋至上（下）死点，利用阀（尾）杆的倒锥密封，将阀杆密封脂注入密封圈。对于阀盖上有两只注脂器的平板闸阀，应根据阀盖上的铭牌标注将密封脂注入密封圈。

（2）定期用黄油枪向注油孔中加注润滑脂，以降低操作力矩。注润滑脂时，应卸开对面的排污螺钉或胶塞。

（3）每开关 10 次左右，应定期向阀腔内加注 7903 密封脂。加注时，阀门应处于全开或全关状态。加注前应将注脂器上的帽盖松开，如注脂器单流阀不内漏，则可卸下帽盖，接上注脂枪，将密封脂注入阀腔内；如注脂器单流阀内漏严重，则应旋紧帽盖，终止注脂，等待整改。

17.2 防喷井口

17.2.1 防喷井口的作用

在井下作业施工过程中，若井口出现溢流，可以抢装旋塞关防喷器关井，也可以选择抢装防喷井口关井。在起下钻工况发生溢流，在井内管柱较少，管柱重量较轻，若溢流量不大，控制井口时间允许，可采用抢装防喷井口的方式关井。防喷井口抢装成功后可克服管柱上顶力。在下完完井管柱，卸掉防喷器准备装采气树时发生溢流，则可以抢装防喷井口关井。

防喷井口与所选用的防喷器工作压力一致。气田使用不低于 35MPa 压力级别的防喷井口。例如，KFP65/35 就是指压力级别为 35MPa 的防喷井口。

17.2.2 防喷井口的结构组成

防喷井口主要由提升短节、闸阀、法兰、双公短节组成，如图 17–13 所示。

图 17–13 防喷井口示意图

17.2.3 抢装防喷井口注意事项

（1）吊装防喷井口必须满足吊装作业安全技术要求。
（2）挂吊环至防喷井口时，必须插上吊卡销。

（3）安装防喷井口前，三岗应提前将钢圈套在吊卡上部。

（4）防喷井口与井口油管头对接时必须注意扶正井口，缓慢下放游车。

（5）防喷井口坐入防喷器上法兰前，三岗应在钢圈上涂抹黄油，并放入钢圈槽。

（6）待防喷井口法兰盘下平面距井口上法兰盘上平面 20cm 左右刹车，穿好全部螺栓，再下放井口坐好。

（7）对角上紧井口四条螺栓，再上紧其余全部螺栓。

17.3　井口试压装置

以防喷器为主体的井口装置只有处于良好的工作状态，并随时能有效封闭井口压力，才能保证井控安全。因此，定期试压检查，是保证井口装置处于良好的工作状态的重要手段。

17.3.1　井口快速试压工具

修井作业的井控设备现场试压一直是困扰井控工作的难点，修井施工单井井控设备更换频次高，施工周期短，有些施工区域山高路远，缺水、试压成本高，这些因素极大地限制了修井作业井控设备的单井试压落实。井口快速试压工具简单便携、低成本，是符合作业需求的井口试压工具，如图 17-14 所示。

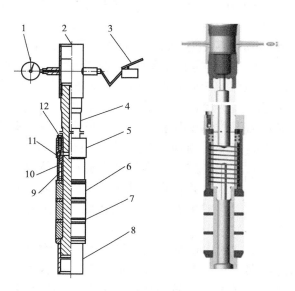

图 17-14　井口快速试压工具

1—压力表；2—试压上接头；3—手压泵；4—中心管；5—定压泄压阀座；6—密封胶套；7—隔环；
8—下接头；9—复位弹簧；10—弹簧座；11—活塞环；12—定压泄压阀

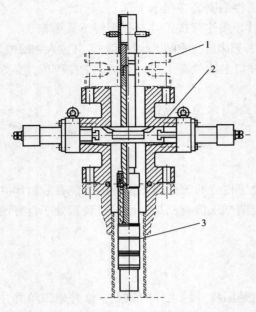

图 17-15 井口试压工具在井口
上的安装示意图
1—油管吊卡；2—闸板
防喷器；3—快速试压工具

井口试压工具在井口上的安装示意图如图 17-15 所示。先把闸板防喷器 2 安装在作业井口上，然后把井口快速试压工具与井内油管串相连并下入井内，用油管吊卡 1 将其坐在待检测的闸板防喷器上，上端装好油管旋塞阀及抽油杆防喷器（或丝堵），即可用手压泵泵水试压。

试压原理：试压上接头旁通有两个小接头，如图 17-14 所示，一个接压力表，一个接手压泵，上端接旋塞阀及抽油杆防喷器（低压阶段试压后关闭旋塞阀可隔离），试压液体从手压泵出发，通过中心管内部小孔进入试压工具内部，高压液体压迫活塞下移，压迫密封胶套使之直径增大紧贴套管壁，形成局部密闭空间（不影响井下其他管柱）以进行试压；当工具内腔的液体压力超过设定的 5~6MPa 时，定压泄压阀打开将液压传递到油套环空，关闭防喷器（可手动给油套环空灌满水以加快进度）即可实现试压。该工具下端螺纹直接与井内油管相连，承重能力满足 30tf 重力承载要求，可在第一时间实现现场实时试压。

在上端油管旋塞阀关闭状态下，用手压泵给井口快速试压工具打压，活塞环受液压推动隔环向下压缩密封胶套，密封胶套外涨后紧贴套管内壁实现环空密闭。继续给工具打压，当压力达到或超过定压泄压阀设定的压力时，泄压阀打开，液体进入套管环空。当套管环空充满液体时，关闭防喷器和套管三通处的高压阀门，即可对井口进行试压，达到现场试压检测要求。泄掉部分压力后，打开旋塞阀，即可实现对连接在旋塞阀上端的抽油杆防喷器继续试压到额定压力。

该井口快速试压工具的优点是：利用该工具可以在井口现场对正在使用的或即将使用的防喷器进行一对一现场实时试压，确保在不同井口状况下均能做到简单、快捷、低成本、高效率地进行安装后的试压检验工作，以切实地保障施工中的井控安全。工具只形成局部高压，对试压工具下部的生产管柱没有影响。

17.3.2 便携式试压泵、记录仪

便携式井口防喷器试压装置可实现对井控装备的现场常规性试压检查，并集结果判断、数据记录、保存和打印于一体。它用于井控装备进行现场试压。图 17-16 为便携式试压泵、图 17-17 为便携式记录仪。

图 17-16 便携式试压泵

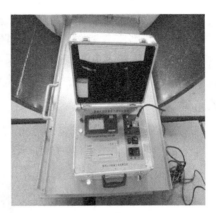

图 17-17 便携式记录仪

17.3.3 F 型皮碗式试压工具

F 型皮碗式试压工具如图 17-18 所示。它的上下接头为油管螺纹或钻杆螺纹，下到井内第一根套管内，将井内灌满液体，然后关住半封闸板上

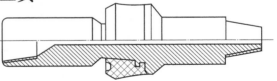

图 17-18 F 型皮碗式试压工具

提管柱，根据大钩的吨位数和环空截面积折算出压力，对井口进行试压。

17.4 压井液罐液位计与自动灌注压井液装置

17.4.1 压井液罐液位计

17.4.1.1 工作原理

溢流、井涌的一个关键报警信号是压井液罐内压井液体积的增加，当地层流体进入井内时，相等体积的压井液被替排进液罐，这种情况可通过压井液罐液位

计探测到。大多数压井液储液罐监测系统的基本原理是一个浮在压井液液面上并与经校核的记录器连接的浮力水平仪或超声波传感器向液面发出声波探测信号。为取得地面压井液总体积的信息，在每个压井液储液罐上安装液面传感器，这些传感器探测的液面变化信号，由压井液体积累加器管理，叠加在一起，便成为压井液总体积的信息。压井液总体积的变化信号，送记录仪记录，另一路送报警比较器比较，当变化量在比较器的上下限时不报警。如果压井液增加量超过比较器上、下限时，继电器动作，"高""低"报警指示灯显示，并驱动报警器报警。

NYB2000 型压井液储液罐液位监测报警仪，采用形象化数码显示报警器、非接触式液位传感器和新颖先进的系统管理软件，对压井液储液罐液位监测和井涌、井漏异常显示与报警，使用计算机实现全面自动化管理。

17.4.1.2　结构

NYB2000 型压井液储液罐液位监测报警仪由微机台、显示报警器、接线盒、液位传感器组成，如图 17-19 所示。

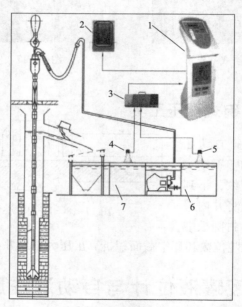

图 17-19　NYB2000 型压井液储液罐液位监测报警仪示意图
1—微机台；2—显示报警器；3—接线盒；4—液位传感器；5—液位传感器；6—压井液罐；7—压井液罐

17.4.1.3　主要功能

（1）数据采集和处理功能：能实时测量压井液储液罐的液位、储液量、总储液量和变化量，并将数据进行分析处理。

（2）显示与报警功能：微机台和钻台安装的显示报警器能同步显示压井液储液罐的储液量、总储液量和变化量。当压井液液位超过设定值时，微机台和显示报警器将同时进行井涌、井漏异常显示与报警，提请操作者注意，及时校对罐储液量，并采取相应的措施。

（3）报表打印功能：能定时输出打印压井液储液罐液位数据报表，实时输出打印井涌、井漏异常显示与报警数据资料报表。

（4）数据存储功能：能将采集的数据传送到计算机数据库存储，以便进行相应的数据分析处理。

17.4.2　自动灌注压井液装置

起钻灌压井液装置用于起钻时给井内罐压井液，以保持井内压力的平衡，同时通过对灌入压井液量进行计量，检测井内溢流或漏失，以便坐岗观察，及时发现井控险情。

17.4.2.1　重力灌注式

重力灌注式装置是一种简单的重力式灌注装置，计量罐安装在井口附近较高位置，起钻时当井内液面下降后，司钻打开注入阀，计量罐中的压井液借助其出口高于井口，在重力作用下注入井内，保持井内液面高度。可安装液面液位计记录灌入的压井液量。

17.4.2.2　强制灌注式

强制灌注式装置由单独的补给计量罐、补给泵、超声波液位计（显示压井液体积）、直读式标尺等组成。

17.4.2.3　自动灌注式（反循环式）

自动灌注式装置由传感器、电控柜、显示箱和灌注系统组成，其工作原理：传感器把井筒液流信号转化为电信号输至电控柜中，由电子控制系统指挥灌注系统，按预定时间向井内灌注压井液并能自动计量和自动停灌，预报溢流和井漏。

17.5　除气设备

作业过程中常常遇到压井液气侵，除气器是井控作业中必不可少的重要设备。当压井液中含有气体时，可先经气体分离器脱掉气侵压井液中的大气泡，然后将其送入真空除气器进一步脱气，有效地恢复其密度，避免盲目加重而带来加重剂的大量浪费或把地层压漏，同时有利于压井时迅速地排除溢流。

除气器依其结构或工作原理不同，可分为初级除气器（液气分离器）、常压除气器、真空除气器。

17.5.1 初级除气器

17.5.1.1 分类和结构

初级除气器又称液气分离器，目前常用的是沉降式液气分离器。按照控制分离室内液面的方法，沉降式液气分离器分为浮球式和静液（U 形管）式两种，结构如图 17-20 所示。

修井液气体分离器用来处理从节流管汇出来的含气修井液，除去修井液中的空气与天然气，回收初步净化的修井液。作业中，要求液气分离器的处理量不小于井口返出流量的 1.5 倍，允许采用两台以上的液气分离器并联或串联使用。

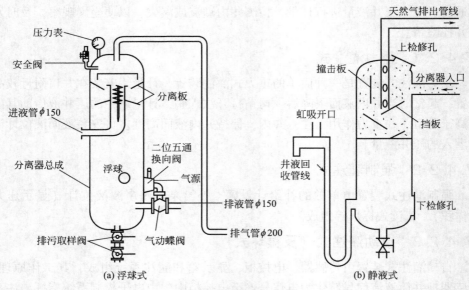

图 17-20　液气分离器

17.5.1.2 工作原理

从井内经节流管汇返出的含气修井液进入分离器，按分离板布置的流动方向经分离板，表面积增大，并在分离板上分散成薄层使气体暴露在压井液的表面，气泡破裂，从而使修井液和气体得到分离。分离出的气体从分离器顶部经排气管引至远离井口处燃烧掉。

分离器的工作压力等于游离气体由排出管线排出时的摩擦阻力。分离器内始终保持一定高度的液面，如果上述摩擦阻力大于分离器内压井液柱的静液压力，将造成"短路"，未经分离的混气压井液就会直接排入振动筛。一般要求液气分离器的工作压力应不小于1MPa。

17.5.1.3　液气分离器的正确使用

（1）入口液体流量应等于出口液体流量。

若入口流量大于出口流量，液体就会进入排气管线堵塞排气通道。

（2）气体进入流量等于出口气体排出流量。

若进入量大于排出量，气体就会形成憋压。

17.5.2　真空除气器

目前现场常用的除气器是真空除气器，其作用是在作业过程中及时除掉压井液中的气体，恢复压井液原密度和黏度。真空除气器如图17-21所示。

工作时气侵压井液在罐内外压差的作用下，通过进液阀被送到罐的顶部入口，进入罐内以后，由上到下通过伞板和二层斜板，被摊成薄层，其内部的气泡被暴露到表面，气液得到分离，气体往上被真空泵的吸入管吸出而排往大气中，脱气后的压井液下落聚集在罐的底部，回收。

图 17-21　真空除气器

装在罐中的液位控制机构是为限制罐内液位高度而设计的，它由一个浮球、连杆机构及进气阀组成。当罐内液位超过设计允许高度时，浮球被浮起，在连杆机构的作用下，进气阀被打开。此时真空泵的吸入口与大气相通，从而使罐内压力升高，这样罐内外压差减小，进入罐内的压井液流量减少，液面随之降低，进气阀又自动关闭，液位控制机构就是通过进气阀的关开来控制罐内外的压差，调节进入罐内压井液的流量，从而达到出液量平衡和罐内液位的相对恒定。

罐顶部的放空阀是用来调节罐内真空度和清洗罐内部而设计的。当罐内真空度过高时，适当打开放气阀，调节到适当的真空度。

罐内顶部出气口设计有进气安全阀，是为防止液面达到罐的顶部进入真空泵而设计的。

作业现场使用的另一种真空式除气器，是将旋流漏斗并联于真空室，借助压井液在旋流漏斗内的快速流动，使分离室内形成真空，其结构简单、维修方便，

图17-22　远程点火装置

且分离效果也较好。

使用真空式除气器应注意，排液管线必须埋入罐内，否则不能形成真空。

17.6　远程点火装置

在处理气体溢流的过程中，要使用液气分离器将混合在压井液中的天然气进行分离处理。从分离器出来的天然气要用排气管线引出井场一定距离烧掉。放喷泄压时放出的混有大量天然气的压井液同样要烧掉。放喷管线点火装置就是为解决天然气的远程点火问题而设计的。远程点火装置如图17-22所示。

17.6.1　远程点火装置（放喷管线点火装置）的点火操作

（1）按下点火控制器开关，打开液化气瓶开关，几秒钟后，引出的液化气被点燃。火炬点燃后可松开点火开关按钮，停止点火。

（2）火炬可能会出现熄火状态，这时重复第（1）步骤点燃火炬。

17.6.2　远程点火装置的现场维护和管理

当现场安装调试后，作业队必须定岗，并有专人对设备进行例行的检查，定期进行试点火。

（1）定期清洗点火棒挡板上的积炭，以保证点火的成功率。

（2）每班必须检查控制箱电瓶的存电情况，电压低于规定值或红灯亮时就应立即充电补充。可在充电的情况下进行点火操作。

（3）不用时，可用透明塑料布包住，以防风沙。

（4）长期不用或回收拆除时，要切断箱内电源。

（5）回收设备时应拆下电缆接头和充电插头，充电插头可放入控制箱内，电缆线要包装好，一起送回井控车间。

第18章 井控常见隐患实例分析

井控工作的现场监督管理，井控装置在现场的正确使用，是保证井控安全的关键。所谓"工欲善其事，必先利其器"，下面就现场管理和井控装置使用中出现的一些常见问题用实例进行探讨分析，希望大家能举一反三，防微杜渐，做好井控工作。

18.1 现场计量器具管理和使用常见问题示例

（1）隐患：压力表无校验合格证、校验过期，无压力表警戒红线。

对策：压力表校验标识粘贴在表盘玻璃的下方，压力表警戒红线（高、低压）则应该划在其刻度盘上，并在校验后加铅封（图18-1）。

图18-1 压力表无校验合格证

（2）隐患：压力表未按标准要求垂直安装，如图18-2所示。压力表倾斜安装不便于读取数据，读值误差大，缩短仪表寿命，抗震压力表的抗震性能减弱。

对策：压力表必须相对于地面垂直安装。①因为压力表是垂直标定的，横过来时压力表弹簧克服指针的重量与垂直时不一样，会产生读数误差。②对于容易产生凝液的气体压力表，还可以防止凝液进入表中影响测量数据。其安装位置可以根据引压管来调整，方便记录、读数，读压力表数值时眼睛的视线应与压力表水平。

图 18-2　压力表未垂直安装

（3）隐患：压力表量程选用不当。例如，××井的预测最高关井压力1.7MPa，内防喷管线套压表选择为量程 0~40MPa 的压力表，如图 18-3 所示。

对策：压力表量程的选择根据《石油化工自动化仪表选型设计规范》（SH/T 3005—2016）规定，测量稳定压力时，正常操作压力应为量程的 1/3~2/3；测量脉冲压力时，正常操作压力应为量程的 1/3~1/2。实际生产中，一般保证压力在量程的 1/3~2/3。在工程实际中按《仪表工手册》选择压力表的量程比较合适一些。《仪表工手册》中对于弹性式压力表，在测稳定压力时，最大压力值不应超过满量程的 3/4；测波动压力时，最大压力值不应超过满量程的 2/3。

图 18-3　××井内防喷管线压力表量程选用不当

18.2　现场井控管理和井控设备安装、使用常见问题示例

（1）隐患：现场设备安装不严格执行设计要求。例如，某井的节流管汇距井口距离与设计不符，经查设计要求节流管汇距井口距离应为 3~7m，但现场实

际距离接近 10m，如图 18-4 所示。

对策：设备安装应依据行业标准和技术规范，现场设备安装应严格按照设计要求执行。

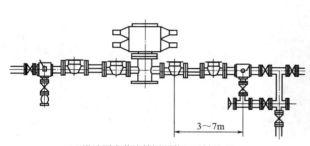

(a) 设计要求节流管汇距井口3号阀3～7m　　　　(b) 现场实际节流管汇距井口距离近10m

图 18-4　节流管汇距井口距离与设计不符

（2）隐患：防喷器固定绷绳用两根钢丝绳缠绕固定，防喷器受力不均匀，安装稳定性差，如图 18-5 所示。

对策：防喷器固定绷绳应该用四根钢丝绳分别对角绷紧固定，如图 18-6 所示。

图 18-5　防喷器固定绷绳用两根　　　　　图 18-6　防喷器固定绷绳用四根
　　　钢丝绳缠绕固定　　　　　　　　　　　　钢丝绳分别对角绷紧固定

（3）隐患：液控管线与闸板防喷器的连接使用的是直管，弯曲部位的管线容易过早老化损坏，而影响液控系统的密封，图 18-7 所示。

对策：液控管线与闸板防喷器的连接处应使用专用弯头。

（4）隐患：液控管线埋入地下。这样易腐蚀，缩短管线寿命；不能及时发现管线渗漏或泄漏，也不便于检查维修，如图 18-8 所示。

　　对策：液控管线不得掩埋，也不得直接搁置在地面，可以放置在离地 10cm 左右的支架上，或使用管排架，车辆通过处安装过桥盖板。

图 18-7　液控管线与闸板防喷
　　　　器的连接使用直管

图 18-8　液控管线被埋入地下

　　（5）隐患：远控房油雾杯油量只有 1/3，如图 18-9 所示。油雾杯缺油，导致气动泵活塞润滑不良。

　　对策：油雾杯盛油应过半。

　　（6）隐患：目视化管理不到位，如图 18-10 所示采油树阀门挂牌无编号，图 18-11 为节流阀挂牌不清晰。

图 18-9　远控房油雾杯油量只有 1/3

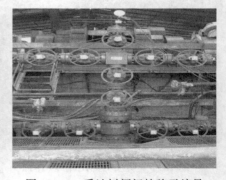

图 18-10　采油树阀门挂牌无编号

　　对策：现场所有闸阀、节流阀必须挂牌编号，并表明开关状态，以防止现场误操作。

　　（7）隐患：远程控制台备用的三位四通换向阀处于开位，如图 18-12 所示。

　　对策：远程控制台备用的三位四通换向阀应处于中位，处于泄压状态。

图 18-11 节流阀挂牌不清晰

图 18-12 远控台备用的三位
四通换向阀处于开位

（8）隐患：远控台全封换向阀处于限位状态，无法实现遥控关井，如图 18-13
所示。

对策：远控台全封换向阀不得安装限位装置。

（9）隐患：旋塞阀标识存在问题。
旋塞阀无标识，连到钻具上后，无法识
别旋塞的开关状态；旋塞开关的方向与
常规方向不相符，导致现场在紧急情况
下，开关错误，引发井喷险情。

① 旋塞阀没有开关标识，如图 18-14
所示。

② 旋塞阀通孔方位标记指示标识不
明显，如图 18-15 所示。

③ 旋塞开关的方向与常规方向不相
符，如图 18-16 所示。

图 18-13 远控台全封换向阀处于限位状态

对策：旋塞阀必须有清晰的开关标识与通孔方位标记，如图 18-17 所示。

图 18-14 旋塞阀没有开关标识

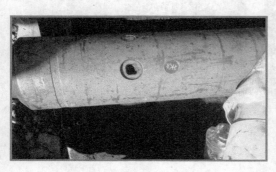

图 18-15　旋塞阀指示标识不明显

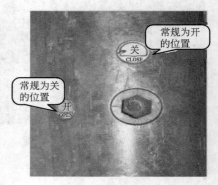

图 18-16　旋塞开关的方向与
常规方向不相符

图 18-17　旋塞阀开关标识

（10）隐患：旋塞阀检验压降超过行业标准，如图 18-18 所示旋塞阀检验试压压降为 0.09MPa，超过企业标准。

对策：井控装置试压检测必须依据在用的行业标准和技术规范执行。依据中国石油天然气集团公司《井下作业井控技术规范》（Q/SY 1553—2012）的 5.3.1.2 规定，除环形防喷器试压稳压时间不少于 10min，其余井控装置试压稳压时间不少于 30min，密封部位无渗漏，压降不超过 0.07MPa 为合格。低压密封试压稳压时间不少于 10min，密封部位无渗漏，压降不超过 0.07MPa 为合格。

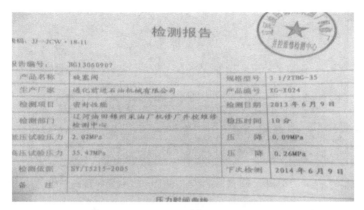

图 18-18　旋塞阀检验试压压降为 0.09MPa 超过企业标准

（11）隐患：防喷井口钢圈有损伤，不能起到有效密封作用，如图 18-19 所示。

对策：在日常作业过程中，应定期检查防喷井口钢圈，使之处于完好状态。

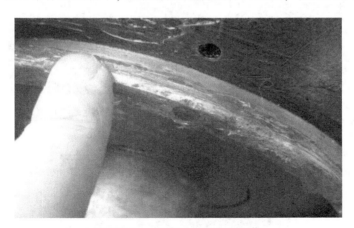

图 18-19　防喷井口钢圈有损伤

（12）隐患：防喷器上法兰的上平面未装保护法兰，防喷器上法兰的钢圈槽没有保护措施，在无钻台起下钻作业中，吊卡直接放在防喷器上法兰平面上，易导致磕碰损坏钢圈槽，如图 18-20 所示。

对策：无钻台作业应在防喷器上法兰上装保护法兰，以保护防喷器上法兰钢圈槽，该保护法兰在防喷器出厂时应配备，现场使用时应妥善保管，不得随意拆除弃之不用，如图 18-21 所示。

（13）隐患：闸板防喷器手动锁紧、解锁开关不灵活。例如，××作业队双闸板液动防喷器右侧手动锁紧、解锁开关不灵活，如图 18-22 所示。

图 18-20　防喷器上法兰的上平面未装保护法兰

图 18-21　防喷器上法兰的上平面装法兰保护装置

图 18-22　××作业队双闸板液动防喷器右侧手动锁紧、解锁开关不灵活

　　对策：防喷器在现场应设专人负责定期进行保养，检查手动锁紧杆开关的灵活性。

（14）隐患：部分井口安装防喷器后距地面过高（单闸板平均 1.55~1.65m，双闸板有的高达 1.84m），井口操作台太低、人员站立面积不足且没有安全防护栏，不能满足现场作业人员在井口起下钻作业，溢流后关井及抢装防喷井口等安全操作要求，存在极大的井控风险，如图 18-23 所示。

对策：① 规范井下作业施工的井口操作台，如使用可调高度的井口操作台并安装安全护栏。

② 修井机钻台高度应能满足井控装置安装要求，保证足够高度的防喷器组的连接空间。修井机提升动力充足，满足现场安全操作要求。

图 18-23　作业现场井口操作台太低且没有安全防护栏

图 18-24　停工期间没有关闭井口

（15）隐患：停工期间没有关闭井口，井喷风险极大，如图 18-24 所示。

对策：停工期间必须保证井口处于关闭可控状态，如关闭防喷器和旋塞阀或关闭井口阀门。

（16）隐患：逃生方向指示错误。图 18-25(a) 为逃生方向指向防喷出口，图 18-25(b) 为逃生指示牌模糊且放置在下风方向。

(a)逃生方向指向放喷出口

(b)逃生指示牌模糊且放置在下风方向

图 18-25　逃生指示错误

对策：逃生路线指示方向，应避开井场及周围危险区，考虑当地季节风的风向，一旦井场发生险情，根据风向，人员能安全快速撤离至安全区。

（17）隐患：距井口 30m 内接线不符合防爆要求。图 18-26（a）为远控房接不防爆电线，图 18-26（b）为灌液罐处接不防爆电线。

对策：作业时应严格检查井场防爆电线的使用情况，对不合格电线应及时更换。

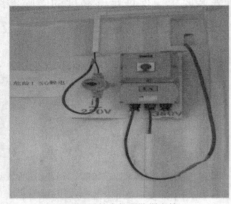 

(a) 远控房接不防爆电线　　　　　　　　　(b) 灌液罐处接不防爆电线

图 18-26　井口 30m 内接线不符合防爆要求

（18）隐患：机车喇叭为自动复位式按键喇叭，不利于应急操作，如图 18-27 所示。

对策：建议机车喇叭应使用保持型报警喇叭，如两位转阀。

图 18-27　按键式机车喇叭

（19）隐患：防火罩未起到安全防护作用，存在火灾隐患。例如，①某作业队作业机防火帽破损，用铁丝固定凑合，如图 18-28 所示；②某试气队通井机防火罩作业时处于开启状态，如图 18-29 所示。

　　对策：作业前必须对通井机防火罩的完好情况、开关状态等进行安全检查，发现隐患，及时排除。

图 18-28　防火帽破损，用铁丝固定凑合　　　图 18-29　通井机防火罩作业时处于开启状态

参 考 文 献

［1］石油天然气井下作业井控编写组．井下作业井控技术．北京：石油工业出版社，2008.

［2］张桂林，牛建新，等．井下作业技术、管理人员井控技术．东营：中国石油大学出版社，2013.

［3］苏国丰．高含硫气田井控技术．北京：中国石化出版社，2014.

［4］张桂林，李敬奇，张之悦，等．采油、采气井控技术．东营：中国石油大学出版社，2012.

［5］孙孝真．实用井控手册．2版．北京：石油工业出版社，2013.

［6］奥林·弗拉尼根．储气库的设计与实施．张守良，陈建军，等译．北京：石油工业出版社，2004.

［7］谭羽非，等．天然气地下储气库技术及数值模拟．北京：石油工业出版社，2007.

［8］丁国生，张昱文．盐穴地下储气库．北京：石油工业出版社，2010.

［9］郭平，等．高含水油藏及含水构造改建储气库渗流机理研究．北京：石油工业出版社，2012.

［10］马小明，等．地下储气库设计实用技术．北京：石油工业出版社，2011.

［11］天然气地面工程委员会编委会．天然气地面工程与管理．北京：石油工业出版社，2011.

［12］蒋长春．采气工艺技术．北京：石油工业出版社，2009.

［13］于宝新，于建勋．油田井下作业施工方案设计与管理．北京：石油工业出版社，2014.

［14］王林．井下作业井控技术．北京：石油工业出版社，2013.

［15］万仁溥．现代完井工程．北京：石油工业出版社，2013.

［16］张桂林，牛建新，等．井控车间人员井控技术．东营：中国石油大学出版社，2013.